城市与区域规划研究

本期执行主编　武廷海

2016年·北京

图书在版编目（CIP）数据

城市与区域规划研究（第8卷第1期，总第20期）/ 武廷海本期执行主编. —北京：商务印书馆，2016
ISBN 978-7-100-12426-3

Ⅰ.①城… Ⅱ.①武… Ⅲ.①城市规划一研究一丛刊②区域规划一研究一丛刊 Ⅳ.①TU984-55②TU982-55

中国版本图书馆 CIP 数据核字（2016）第 173099 号

城市与区域规划研究
本期执行主编　武廷海

商 务 印 书 馆 出 版
（北京王府井大街36号　邮政编码100710）
商 务 印 书 馆 发 行
北 京 冠 中 印 刷 厂 印 刷
ISBN 978-7-100-12426-3

2016年9月第1版　　开本 787×1092 1/16
2016年9月北京第1次印刷　　印张 14¼

定价：42.00元

主编导读
Editor's Introduction

A living environment, in which people can not only enjoy the natural landscape but also experience nostalgia, may be people's most simple demand for human settlements. It is also an important part of the "Chinese Dream" of the Party and state leaders. How to create better human settlements? How to build greener and more sustainable human settlements in the transformation of China's development to "New Normal"? These are the topics that urban and regional planners must face and study thoroughly.

With the "Sciences and History of Human Settlements" as the theme, this issue invited Prof. WU Liangyong to write a feature article entitled "Brief Review and Prospect on the Sciences of Human Settlements". Starting from the disciplinary system that consists of Architecture, Urban & Rural Planning, and Landscape Architecture, this article explores the main scientific value and social significance of the Sciences of Human Settlements which goes beyond disciplinary boundaries toward the integration of greater science, greater humanity, and greater art. It particularly emphasizes that, in addition to focusing on the spatial entity that is made up of natural, social, human, housing, supporting network, and other elements, the creation of better human settlements should also pay attention to the application of meteorological, geological, transportation, as

"看得见山，望得见水，记得住乡愁"，也许是人民大众最朴实的人居环境诉求，也成为党和国家领导人"中国梦"的重要组成部分。如何创造更加优良的人居环境？"新常态"转型发展时期如何营造更加绿色、更加可持续的人居环境？是摆在城市与区域规划工作者面前无法回避且需要深入研究的课题。

本辑以"人居科学与历史"为题进行组稿，特约吴良镛先生撰写"人居环境科学的简要回顾与前瞻"专稿，从建筑学、城乡规划学、风景园林学"三位一体"学科体系出发，论述了发展超越学科边界，走向大科学、大人文、大艺术的综合集成的人居环境科学的重要科学价值和社会意义，特别强调营造美好人居环境除了重视自然、社会、人、居所、支撑网络等要素组成的空间实体外，针对

well as the increasingly widely used computer knowledge, so as to deal with the rapid economic growth, high-speed urbanization, fragile ecological system, and global climate change.

The "Human Settlement Study of China in the New Data Environment" written by LONG Ying et al., puts forward a big data-driven tool for urban and regional quantitative research (it can be called a "big model"), and conducts multi-dimensional study on China's human settlements from the perspectives of micro-level basic data construction, urban space development, urban spatial structure, ecological and environmental system analysis, response from urban planning and design, etc. The "Urbanization Quality and Level of China's County-Level Cities" written by YU Taofang, using urban human capital data and employment data in the national census, measures the spatial feature of urbanization quality in China's county-level cities, summarizes the types of driving forces for urbanization quality, and reveals the changes of urbanization quality in China during 2000-2010 and the relationship between these changes and the change of urbanization level in China. The "Effects of Compact City Form on Transportation Energy Consumption and Air Pollution – Focusing on the Major Cities in Korea" written by PARK Juhee, taking 48 Korean cities as research objects, quantitatively analyzes the morphological features of the compact cities of Korea in terms of urban density, layout of central area, spatial distribution pattern, intensity and mixedness of land use, transport structure, economic level, etc., and attaches special importance to the urban transport energy consumption and CO_2 emission impacts in the global

快速的经济增长、高速的城市化进程、脆弱的生态系统以及全球气候变化，重视气象学、地质学、交通工程和日益广泛的计算机学科知识运用等成为新趋势。

龙瀛等的"新数据环境下的中国人居环境研究"，提出了由"大数据"驱动的城市与区域定量研究工具（"大模型"），进行从微观层面基础数据构建、城市空间开发、城市空间结构到生态环境系统分析和城市规划及设计响应等人居环境研究尝试。于涛方的"中国县域城镇化质量与水平研究"，利用全国人口普查中城市人力资本和就业行业结构等方面的数据，测度了中国县级城市层面的城镇化质量空间特征，归纳了城镇化质量的驱动力类型，揭示了2000～2010年中国城镇化质量的变化及其与城镇化水平变化的关系。朴珠希的"紧凑城市形态对交通能耗及大气污染的影响——以韩国主要城市实证研究为例"，以韩国48个城市为研究对象，从城市密度、中心地布局形态、空间分布形态、土地利用的集约度及混合度、交通结构、经济水平等方面定量

change. The "Spatial Definition of Chang'an Region of the Tang Dynasty Based on Activity Analysis", written by GUO Lu, studies the human settlements in ancient capital by restoring the activity space of the four types of population: the emperor and nobilities, the common citizens, the official and literati, and the religious people. The "Protection of Historic and Cultural City in the Background of Climate Change- A Case of Yinchuan", written by HUO Xiaowei et al., takes Yinchuan as an example to discuss the impacts of climate and environment changes on the heritage system and core value of historic and cultural cities.

The "Living Between Heaven and Earth-Research on the Planning Theory of 'Modeling Heaven and Earth' of Chang'an City in the Han Dynasty" written by XU Bin, based on historical documents and archaeological material, tries to restore the sky structure and the layout of Chang'an as the capital during the reign of Emperor Wu of the Han Dynasty, revealing the planning thought of "heaven and earth correspondence, time and space integration" and urban construction concept of "dwelling in line with natural laws". Written by ZHOU Zhengxu, "A Study on Mountainous Settlements Construction in Southern Dong Area of Guizhou Province" carries out cases study on mountainous settlements located in counties of Liping, Congjiang, Rongjiang, etc. in Southern Dong area of Guizhou Province, and discusses the historical process of its settlements migration, siting, early construction, and evolution, thereby finding that a framework of settlements construction in "river flat-mountain valley-mountainside slope" since the Dong ancestors' early migration has been a featured settlement system formed on the basis of survival adaptability.

分析了韩国紧凑型城市形态特性，特别重视了全球变化下的城市交通能耗和 CO_2 排放影响。郭璐的"基于活动分析的唐长安地区空间界定初探"，通过复原唐长安地区的皇室贵族、普通市民、官宦文人、僧尼道冠四类人口的活动空间，进行古都人居环境研究。霍晓卫等的"气候变化背景下的历史文化名城保护——以银川为例"，探讨了气候环境变化对于"名城"遗产体系与核心价值的影响。

徐斌的"法天地而居之——汉长安象天法地规划思想初探"，以历史文献和考古资料为基础，尝试复原汉武帝时期的天空结构和都城长安布局，揭示当时天地对应、时空一体的规划思想，法天地而居之的建城意境。周政旭的"贵州南侗地区山地聚落人居环境营建初探"，对分布于贵州黎平、从江、榕江等县的南侗地区山地聚落进行案例研究，讨论其聚落迁徙、选址、初建、演变的历史过程，发现自侗族先祖迁徙已存在"河谷平坝—山间谷地—山腰坡地"聚落营建谱系，是基于生存适应性形成的特色聚落体系。

The "Global Perspectives" of this issue publishes a document "New and Emerging Challenges on Sustainable Urban Development – Progress since the Second United Nations Conference on Human Settlements (Habitat Ⅱ)", aiming to help readers to acquire further knowledge of the process of human settlements activity in worldwide scope and the preparation work of Habitat Ⅲ. Moreover, this column also includes "The Dynamics of Peri-Urbanization" written by Joe RAVETZ et al., which explores the peri-urbanization phenomena and its research achievements in the global and European context.

TANG Xiaofeng et al. interprets WU Liangyong's *The History of Chinese Human Settlements* in a book review entitled "Abundant Contents of Human Settlements, Distinctive Characteristics of Civilization", demonstrating that the book not only builds a theoretical system but also has distinct uniqueness and thus can be regarded as a new milestone in the research achievements during the construction of a scientific system of China's human settlements.

The next issue is about rural planning, and we hope to have your continued attention.

本辑国际快线栏目刊载"可持续城市面临的新挑战——'人居二'大会以来的进展",以供读者进一步了解世界人居运动进程和"人居三"的准备工作。此外,国际快线还收录乔·拉韦茨等的"半城市化的动力",展现了全球以及欧洲背景下审视半城市化现象及其研究成果。

唐晓峰等通过书评的形式就吴良镛所著《中国人居史》进行了解读,不仅认识到《中国人居史》建构了一个理论体系,也具有鲜明的独特性,是我国人居环境科学体系建设过程中新的里程碑式的研究成果。

下一辑主题"乡村规划",欢迎读者继续关注。

城市与区域规划研究

目　　次 [第 8 卷 第 1 期（总第 20 期）2016]

Journal of Urban and Regional Planning

CONTENTS [Vol. 8, No. 1, Series No. 20, 2016]

人居环境科学的简要回顾与前瞻

吴良镛

Brief Review and Prospect on the Sciences of Human Settlements

WU Liangyong
(School of Architecture, Tsinghua University, Beijing 100084, China)

Abstract The Sciences of Human Settlements was generated in the context of the common pursuit of housing and human settlements worldwide after the World War Ⅱ, as well as the demand for the transformation of urban and rural development pattern after the reform and opening-up in China. With Architecture, Urban & Rural Planning, and Landscape Architecture as three leading disciplines, the Sciences of Human Settlements encourages collision and resfructuring of different disciplines. The development of the Sciences of Human Settlements as a comprehensive integration of science, humanities, and art should be treated from the perspectives of national strategy and action plan beyond disciplinary boundaries. The academic development path with Chinese characteristics is the future direction for the Sciences of Human Settlements.
Keywords The Science of Human Settlement; academic development; Chinese characteristics

摘　要　人居环境科学是在“二战”后人类对住房与人居环境产生普遍追求以及改革开放之后中国城乡发展模式亟须转型的时代背景之下应运而生的。建筑学、城乡规划学、风景园林学“三位一体”构成了人居环境科学的主导学科群，在此之下应当鼓励不同学科方向的碰撞和重组。人居环境科学是科学、人文、艺术的综合集成，要超越学科边界，同时将人居环境建设提升到国家战略与行动计划的高度来认识。中国特色的学术发展道路是未来的发展方向。
关键词　人居环境科学；学术发展；中国特色

历史演变的过程本身实际上是一次又一次社会文化形态转变的过程。在这些转型的过程中，一些有识之士往往能得风气之先，着眼于时代发展的大趋势，提出一些有预见性的见解，从而引领时代前进的方向。在文明发展的进程中，有一点是始终不变的，那就是时代需要大思想、大战略、大手笔，社会要进步，人类要追求更加健康和美好的生活。人居环境建设是人类共同的事业，人居环境科学有广阔的发展前途。经过二三十年的探索，人居环境科学在理论与实践方面已初成体系，但我们仍要做更广泛、多层次的持续努力。

1　第二次世界大战后人类对住房和人居环境的普遍追求

第二次世界大战给人类社会带来了巨大的灾难和破坏，许多有识之士在战火烽烟中即开始思考和讨论战后重建问题。1947 年，梁思成先生在清华大学建筑系的第二学年开学

作者简介
吴良镛，清华大学建筑学院。

典礼上提出"居者有其屋"、"体形环境论"的重要思想。这个时期，正值联合国成立初期，国际社会开始关注人权及人人享有住房权。1948 年 12 月 10 日，联合国大会通过第 217A（Ⅱ）号决议并颁布《世界人权宣言》，其中第二十五条第一款提到了"住房权"，"人人有权享受为维持其本人及家属的健康和福利所需的生活水准，包括食物、衣着、住房、医疗和必要的社会服务"。

"二战"后，建设美好家园逐步成为人类的共同理想。1972 年，在斯德哥尔摩联合国人类环境会议上通过《人类环境宣言》，其中第一条即规定："人类享有自由、平等、舒适的生活条件，以及在有尊严和舒适的环境中生活的基本权利。同时，负有为当代人类及其子孙保护和改善环境的庄严义务。"第二条规定："地球上的各种自然资源，包括空气、水、土地、动物、植物以及其他各自然生态系统中有代表性的种群，应通过精心的规划及最适当的管理，为了当代人类及子孙后代的利益而加以保护。"这两条，可谓全球人居环境营造的基本原则。1978 年 10 月，联合国人居中心（United Nations Centre for Human Settlements，UNCHS）成立，即联合国人类住区委员会的办事机构和执行机关。2002 年 1 月，联合国人居中心升格为联合国人居署（United Nations Human Settlements Programme，UN-HABITAT)，以进一步促进全球人居事业的发展。

1970 年代末改革开放至今，中国经济社会的变迁令人瞩目，正经历着史无前例的大规模、高速度且影响剧烈的城镇化过程，既取得了极大的成就，又带来不容低估的人口、资源、环境的"欠账"。中国城乡发展模式需要转型，人居环境科学也正是在这样的时代背景下应运而生。2007 年，中共十七大报告提出，要努力使全体人民"学有所教、劳有所得、病有所医、老有所养、住有所居"。未来五年我国要全面建成小康社会，要切实提升中国人居发展水平。

2　人居环境科学探索与"三位一体"的学科发展设想

在人居环境建设中，建筑、城乡规划与风景园林是三个非常基础且发挥关键作用的学科。其中，建筑学的历史最为悠久，始自古希腊、古罗马时期。现代城市规划和风景园林成为独立专业，都在 19 和 20 世纪之交。我国亦开始向西方学习，有了近现代的学科划分，伴随着社会经济的发展，学科也在发展变化。

在梁思成的主持下，清华大学自 1946 年创办建筑系，包括建筑组、市镇组、园林组、工艺美术组、建筑服务组等，已不是一个单纯的建筑系，可以说具备了较为完整的建筑学院知识体系的雏形。可惜，在 1952 年院系调整后原有的构架被拆散。1981 年 12 月，在《中国大百科全书》第一版的编撰过程中，专家在镇江开会讨论分册问题，意见纷杂，最后确定将建筑、园林和城市规划列为一卷，可见这三个学科的重要性以及三者之间的密切关系。1993 年，我与周干峙、林志群提出"人居环境学"(吴良镛等，1994)。1996 年，在清华建筑学院成立 50 周年之际，我提出了建筑、园林、规划"三位一体"的学科发展设想（当时还没有景观系）（吴良镛，1996)。1999 年，国际建筑师协会（International Union of Architects，UIA）第 20 届世界建筑师大会在北京举行，我负责起草《北京宪章》，再次明确了这一观点，认为三者要融贯发展（吴良镛，2002）。2001年，《人居环境科学导论》出版，提倡以人为核心，拓展和整合建筑学、城乡规划学和风景园林学三个学科，作为人居环境科学主导学科群，与相关学科有关部分交叉，形成学科体系（吴良镛，2001）（图1）。除了理论上的探索以外，许多重大建设工程也体现了建筑、城市和园林的结合。

人居环境科学是一个动态的知识体系，其酝酿和发展是从对建筑学的困惑开始，不断摸索，尝试理出头绪，逐步建构知识体系，进而建立理论体系的过程。这个体系也不是一成不变的，而是伴随着生活所提出的问题，经过学习、思考，而不断有新的内容。每个人都可以从不同的起点和经历出发，建构自己的动态知识体系。

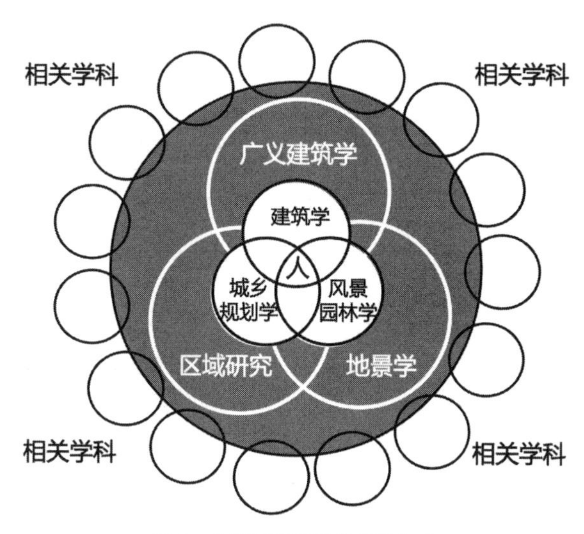

图1 人居环境科学的学科体系

3 鼓励建筑、规划、园林三个一级学科下的学科方向碰撞重组

2011年，城市规划、风景园林与建筑学同时位于我国110个一级学科之列。同年，我因人居环境科学的贡献而获得国家最高科学技术奖。可以说，学科发展进入了新的阶段，走向更加深入的综合性和整体性。正在编纂中的《中国大百科全书》第三版特设立“人居环境科学学科卷”，包括建筑学、城乡规划学、风景园林学以及人居总论四个分支，这是前所未有的，也进一步显示出这一科学发展的大趋势。

在这一新的形势下，人居环境科学该如何发展？一方面，要对过去的体系加以梳理与继承；另一方面，三个一级学科本身也都伴随着时代的变迁而发展出新的内容，应以更宏观的视野，预见更大的发展。具体说来，宜在三个学科固有体系的基础上，以现实发展中的问题为导向，共同面对人居环境科学展开探索，逐步走向综合融贯，随着时代的发展，融会而创新，而不是就建筑论建筑，就规划论规划，就园林论园林，人为构建学科的壁垒。要在人居环境科学的宏观视野下，探讨三个学科之间的相互关系与相互作用的可能性。

建筑、规划、园林三个学科本就关系密切，完全可以对三个一级学科下的学科方向进行碰撞和重组，更好地解决国家发展的专门问题。通过对相关部分进行解构与重组，可以开创出一种崭新的学科视野，或许在此过程中就能产生出“第三专业”、“第四专业”。例如，将建筑和景观规划设计当作一个整体来讨论，形成“建筑及景观规划设计专业”，培养学生们成为统合建筑及景观的规划设计师和负责总规划设计的领导者（图 2）。这并非学科的排列组合，而是以中国城乡发展中的现实问题为导向，发展学科，探索科学道路。

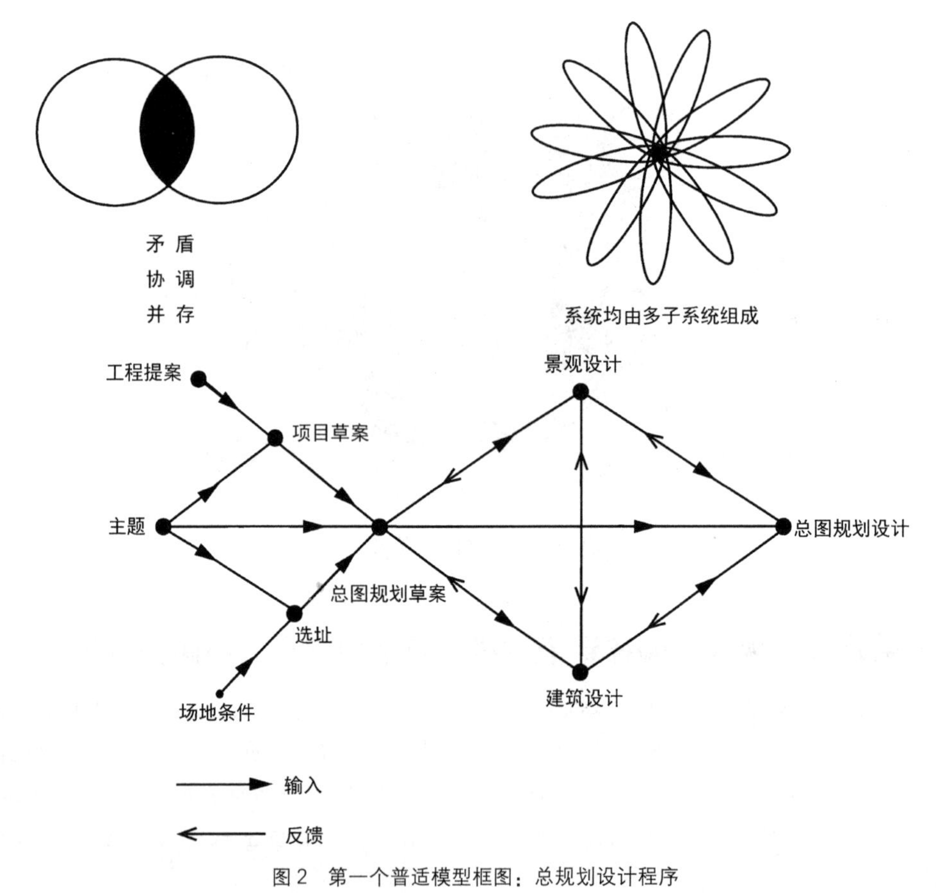

图 2 第一个普适模型框图：总规划设计程序

资料来源：徐萍“回答吴良镛先生的建议：第三专业——建筑及景观规划设计专业”（未刊稿）。

今天，我们的建设已经不仅仅是城市建设，而且扩展到区域的尺度，除城市外还包括村镇。“十三五”规划纲要提出要做空间规划，这是一个新的课题。空间规划涉及的范围很广，从邻里之间、城市/市政当局、城市群/大都市到国家组织，甚至跨国、越境，旨在促进物质空间和社会空间的转变，是一种影响人、物和活动空间分布及转移的政治决策与具体行动。城市设计是塑造城市、乡镇、村落人居环境的多学科过程。早在 1984 年，我曾著文“城市设计是提高城市规划与建筑设计质量的重要途径”，当今我国建筑界提倡重视城市设计，这是令人欣慰的现象。但面对今天建设尺度之大，范围之广，宜从空间规划的角度出发扩充其理念。过去十年，城市和空间规划引起了国际关注，2006 年在温哥华举行的第三届世界城市论坛通过了新城市规划理念，这是一个重要的里程碑。计划于 2016 年 10 月召开的联合国“人居三”会议，在准备的会议文件中提出“城市和空间规划与设计”，值得我们在学术方向上进行仔细的新探讨。

4 科学、人文、艺术综合集成，追求人居艺境

人居环境是科学、人文、艺术的综合创造，未来的发展应当超越学科的边界，探索其新的境界，形成“大科学＋大人文＋大艺术”的体系，实现更加壮大和更高的整合。中国古代人居环境建设取得过辉煌的艺术成就，从考古发掘、历史遗迹，到名家画卷、诗词歌赋，美不胜收。神州大地、万古江河构成多少壮观的城市、村镇、市井、通衢，庄子云“至大无外，至小无内”。当代学人应有俯仰一切的胸怀，从古代画卷、名城遗迹、典籍著作中体会、汲取丰富的美学营养与创作灵感，从实例和文献中提高美学修养，把它作为无限蕴藏，再借鉴西方当今之文明成就与生活需求进行再创造，从而创造出当代的“人居艺境”。

近期中国工程院正在组织开展“秦巴山脉区域绿色城乡空间建设战略研究”，秦巴山区不仅仅具有独特的自然地貌，在中国历史上它也具有特殊的地位，文化积淀深厚（图 3、图 4）。因此，对于这一地区的规划就不能运用惯常的做法，简单规划周边城市，中间划定为森林公园，再设置一些常规的旅游点。而是要进一步挖掘这一地区地域的历史文化特征及其形成过程，再相应地寻找历史文化的遗踪，如李白、杜甫等大家的诗文描绘的是哪里的景致？有哪些胜境曾经被画家描摹？古时的游记、方志中有哪些脍炙人口的名胜？历史上的摩崖石刻是否还能找到踪迹？王维《辋川别业》有“诗中有画，画中有诗”之艺术境界，辋川正是在秦岭山脉之中。从山川荟萃到名家手卷，借大自然巨石溪流而开创宜人新境。凡此种种，共同构成了秦巴山区的地域文化特色，也就是这一地区的“人居艺境”，这与世界著名的阿尔卑斯山、落基山区等相比，具有中国文化特色，别具一格，这是在当前的“国家公园”研究中值得深入思考的。

我们提倡在科研、教学的发展道路上，走一条融合之路，创造中国特色的人居意境，“观乎天文，以察时变”，“观乎人文，以化成天下”[①]，要把科学、人文、艺术结合起来，把政治、经济、社会、人文、生态、交通、建筑、规划、景观、能源、经济发展、社会发展等融合起来，追求合乎本时本土之“范式”（paradigm）。

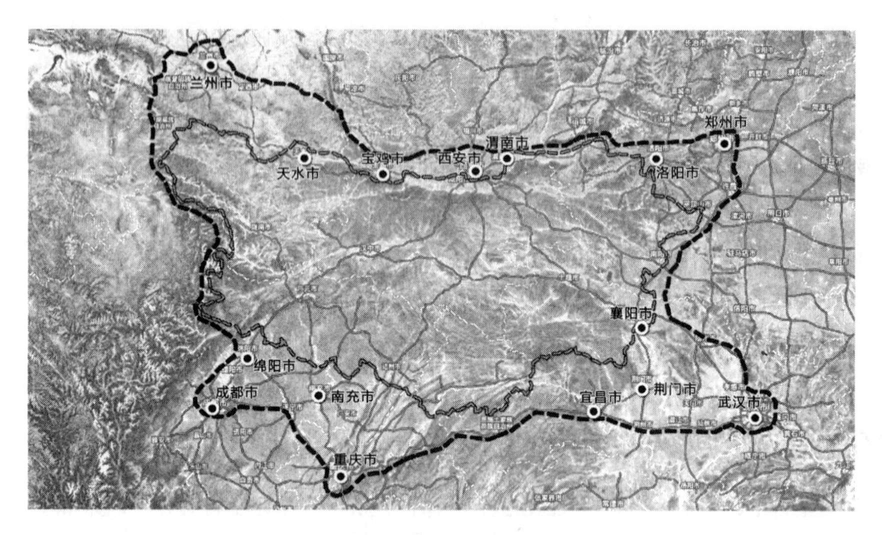

图3 秦巴山区概况

资料来源：中国工程院："秦巴山脉区域绿色城乡空间建设战略研究"，2015 年。

图4 终南山

资料来源：（清）毕沅《关中胜迹图志》。

5 把人居环境建设提到国家战略与行动计划的高度

2015年有两件事情，使我很感动。一个是“二战”结束后东方主战场胜利70年，在北京举行了盛大的阅兵式；另一个是作为建筑工作者，我参加工作也70年了，70年前我开始在中央卫生实验院工作。对于一个在内忧外患中成长的建筑学人，面对中华人民共和国成立以来的各项成就，还是百感交集，总是觉得建筑与城市建设会对国家发展、国家崛起产生巨大的影响。

在改革开放初期，我作为中国建筑学会代表团的成员，赴墨西哥参加UIA第13届世界建筑师大会，主题是“建筑与国家发展”，就已经感觉到建筑、城市与国家发展之间的密切关系。1981年UIA在波兰华沙举行的第14届世界建筑师大会，主题是“建筑·人·环境”，又是与城市协调发展的主题。

中国经历30年的快速城市化，取得了很大的成就。我们的城镇化虽然在时间上落在西方之后，但进展神速，而且做法有我们的中国特色，与西方走的是不同的道路。中国科学院、中国工程院和中国社会科学院组织了中国城市百人论坛，在中国城市百人论坛2015年年会上，我提出：建筑和城市建设与国家发展密切关联，在战略战术上需要积极探讨，以适应当前国家迅速发展的形势。交通、城镇建设、环境治理、生态补偿、农业发展等，都是相互关联的，不能割裂开来，应该有更高的、更宏观的战略战术，有整体的思维。在国家宏观战略高度上，综合性处理城市化的道路问题。

2015年12月20～21日，中央城市工作会议在北京召开，在国家战略层面上讨论城乡建设的重大问题。会议指出：“城市是我国经济、政治、文化、社会等方面活动的中心，在党和国家工作全局中具有举足轻重的地位。我们要深刻认识城市在我国经济社会发展、民生改善中的重要作用。”同时提出对城市工作的六项要求：“①尊重城市发展规律；②统筹空间、规模、产业三大结构，提高城市工作全局性；③统筹规划、建设、管理三大环节，提高城市工作的系统性；④统筹改革、科技、文化三大动力，提高城市发展持续性；⑤统筹生产、生活、生态三大布局，提高城市发展的宜居性；⑥统筹政府、社会、市民三大主体，提高各方推动城市发展的积极性。”总的来说，是要“在统筹上下功夫，在重点上求突破，着力提高城市发展持续性、宜居性”。这些都是国家战略层面的“顶层设计”。

“一带一路”是中共中央提出的宏大战略构想，旨在通过建设“丝绸之路经济带”与“21世纪海上丝绸之路”，促进沿线各国经济繁荣与区域经济合作，加强不同文明交流互鉴，这必然会对中国及欧、亚、非相关地区的人居环境的发展带来新的挑战和新的启示。这令我想起我在改革开放初期对“一带一路”地区的调查与研究。1981年，我自美国访问归来，阿卡汉建筑基金会与中国建筑学会组织各国建筑学家沿着丝绸之路沿线考察，主题为“变化中的农村居住建设”，从北京到西安，经“河西四郡”再到新疆，直至喀什，深入了解了这一地区的建筑与城市发展。1984年，我带领几位当时的年轻教师到东南沿海地区考察，经杭州、苏州到泉州、厦门。泉州正是历史上海上丝绸之路的起点，当时的调查虽以建筑与城市历史为主，但也获得了对这一地区的整体认知。这两个发展点，一个将带动新疆、甘肃、内蒙古等西北地区的发展，一个将带动福建、广东、广西等东南沿海地区的发展。所以，从更宏观的战略来看，我们面临巨大的历史契机，对人居环境的发展而言，带来新路。历史上“一带一路”的人居环境是层层累积的结果，新的创造也不可能在短时期内一蹴而就，而是要分区、分组有序推进。

6 繁荣人居环境科学，走中国特色的学术发展道路

学术发展是走中国的道路，还是走西方的道路，一直是个热门话题。早在1914年，王国维在《国学丛刊》序中就曾深切地指出，中西之学互相推动，学问之事本无中西（周锡山，2008）。

> 学之义不明于天下者久矣！今之言学者有新旧之争，有中西之争，有有用之学与无用之学之争。余正告天下曰：“学无新旧也，无中西也，无有用无用也。”
>
> 中国今日实无学之患，而非中学、西学偏重之患。
>
> 余谓中、西二学，盛则俱盛，衰则俱衰。风气既开，互相推动，且居今日之世，讲今日之学，未有西学不兴而中学能兴者，亦未有中学不兴而西学能兴者。……故一学既兴，他学自从之。此由学问之事，本无中西，彼鰓鰓焉虑二者之不能并立者，真不知世间有学问事者矣。

改革开放后，大的方向是与西方接轨，学习西方。而根据我们的认识研究，还是要复兴中国传统文化。中国道路还是西方道路到底是什么关系，还需要继续探索。我们这个世界丰富无比，正在孕育着更伟大的变革，我们这个社会——就像文艺复兴时代所提出的——是一个“巨人”的时代。恩格斯在《自然辩证法》中论文艺复兴时曾指出[②]：

> 这是一次人类从来没有经历过的最伟大的、进步的变革，是一个需要巨人而且产生了巨人——在思维能力、热情和性格方面，在多才多艺和学识渊博方面的巨人的时代。差不多没有一个著名的人物……不在好几个专业上放射出光芒，他们的特征是他们几乎全都处在时代运动中。

我每读到这段话总是热血沸腾，思绪万千。要将中国人居环境建设放到人类文明发展史的背景下，从时代发展的高度看待人居环境的发展。我们认识到人类正经历着规模巨大、速度空前的人居环境建设，这一进程将深刻而广泛地影响着世界的未来。纷繁的矛盾、复杂的问题和尖锐的挑战，对人居科学理论创建和实践创新提出广泛的课题与紧迫的诉求。2015年12月13日，在我提倡下成立了人居科学院。人居科学院的定位是研究国内外重大人居理论和实践问题的公益性学术交流平台，是汇聚各领域相关专家学者的学术共同体。人居科学院旨在研究人居环境建设的科学理论和实践案例，为中国乃至世界的人居环境建设和城镇化提供高端智库之咨询与科学知识之传播。

今天，我们正面临着一个大时代，我真诚地期望我们的这个时代能多产生这样的人物——21世纪的学术巨人，迎接中华文化的伟大复兴！这算是一个建筑学人跨越三个三十年的中国人居梦！把握建设美好人居的科学方向和社会追求，美丽人居环境与和谐社会共同缔造。

注释

①《易经・贲卦》。

②《马克思恩格斯选集》第3卷，人民出版社，1972年。

参考文献

[1] 吴良镛："城市设计是提高城市规划与建筑设计质量的重要途径"，《华中建筑》，1984年第4期。

[2] 吴良镛："在清华建筑学院的五十春秋"，载赵炳时、陈衍庆主编：《清华大学建筑学院（系）成立50周年纪念文集》，中国建筑工业出版社，1996年。

[3] 吴良镛：《人居环境科学导论》，中国建筑工业出版社，2001年。

[4] 吴良镛：《国际建协〈北京宪章〉：建筑学的未来》，清华大学出版社，2002年。

[5] 吴良镛、周干峙、林志群：《我国建设事业的今天和明天》，中国城市出版社，1994年。

[6] 周锡山编著：《王国维集》（第2册），中国社会科学出版社，2008年。

新数据环境下的中国人居环境研究

龙 瀛 郎 嵬

Human Settlement Study of China in the New Data Environment

LONG Ying[1], LANG Wei[2]
(1. School of Architecture, Tsinghua University, Beijing 100084, China; 2. Faculty of Construction and Environment, Hong Kong Polytechnic University, Hong Kong, China)

Abstract This paper is a systematic review about the new paradigm application in the urban system of China, which is presented by Long Ying, Wu Kang et al. (2014) as a "big model" for urban and regional research. These quantitative researches of urban systems of China from microscopic perspective include micro-level data construction, urban space development, urban spatial structure, ecological and environmental system analysis, and response from urban planning and design. This paper also made discussion and conclusion from research objects, methods, approaches, findings, and objectives, with an expectation of bringing new inspiration and reference for the future urban planning and development.

Keywords new data environment; big model; quantitative urban studies; new paradigm; Sciences of Human Settlements

摘 要 随着由大数据和开放数据所构成的新数据环境的形成，以及日益成熟的计算能力与日臻完善的区域及城市分析和模拟方法，龙瀛、吴康等（Long, Wu et al., 2014）提出了“大模型”这种城市和区域研究的新范式，它是由大规模数据驱动的定量城市与区域研究工具，利用简单直接的建模方式，兼顾了大尺度和精细化模拟单元。本文是“大模型”研究范式在中国城市系统应用的系统综述，这些细粒度的中国人居环境研究囊括了微观层面基础数据构建、城市空间开发、城市空间结构、生态环境系统分析、城市规划及设计响应等方面，致力于对中国人居环境进行多维度解读。最后，就研究对象、研究方式和方法、研究发现以及研究目标进行了评述，以期对未来的城市规划与城市发展带来新的启示和参考。

关键词 新数据环境；大模型；定量城市研究；新范式；人居环境科学

1 引言

随着信息通信技术与物联网技术的发展，智能终端、频射识别（RFID）、无线传感器等装置产生的数据量与日俱增。同时，对互联网依赖性不断加强的城市社会经济活动、网络平台（主题网站、社交网站、搜索引擎等）也在产生着大量数据信息（龙瀛，2014；Liu et al., 2015）。此外，各种政府和商业开放数据项目及志愿者地理信息项目（Volunteered Geographic Information, VGI）也在扩充着城市基础数据，这些数据共同形成了有别于传统抽样调研和静态统计数据的新数据环境。与传统数据相比，新数据环境

作者简介
龙瀛，清华大学建筑学院；
郎嵬，香港理工大学建筑与环境学院。

主要呈现出精度高（以单个人或设施为基本单元）、覆盖广（不受行政区域限制）、更新快（每月、每日甚至每分钟更新）等特点。例如，传统数据多反映某一时刻或一段时间内城市所处的状态，只能覆盖有限的空间范围。而包括公交刷卡、出租车轨迹、信用卡交易记录、在线点评以及位置微博和照片等在内的新数据环境，则可以反映个人乃至整个城市短至每秒、长至多年的动态变化（Bagchi and White，2004；龙瀛等，2012）。目前，在新数据环境下，我国开展的具有一定代表性的大范围细粒度的定量城市研究，详见龙瀛和刘伦的研究综述（龙瀛、刘伦，2016）。

在国家出台的《国家新型城镇化规划（2014～2020 年）》背景下，针对城市研究所面临的这些新的机遇和挑战，龙瀛、吴康等（2014）提出了“大模型”研究范式，试图在城市研究中兼顾覆盖大范围乃至全国范围的考量与精细化的数据处理分析。“大模型”是指由大规模数据驱动，兼顾大尺度和精细化计算单元的定量城市研究工具，代表了一种新的研究范式，其与传统的城市研究范式有较大不同（图 1）[①]。在传统数据环境下，受数据收集方法的限制，城市研究在研究覆盖范围和精细度上往往很难做到两者兼顾。“大模型”则兼顾了研究尺度和计算单元（大空间、细粒度）。“大模型”的空间覆盖多为城市群或更大（全国）范围的大量城市，基本研究单元在物理空间维度多为地块、街区或街道等，在社会空间维度多为居民、家庭和企业个体等。“大模型”多采用传统计量分析思路，以更加简单直观的方式，通过覆盖所有的城市来缓解中小城市的技术和数据鸿沟，并致力于归纳城市系统的一般规律及地区差异，进而完善已有或提出全新的城市理论，最终实现支持规划设计和其他城市发展政策设计。

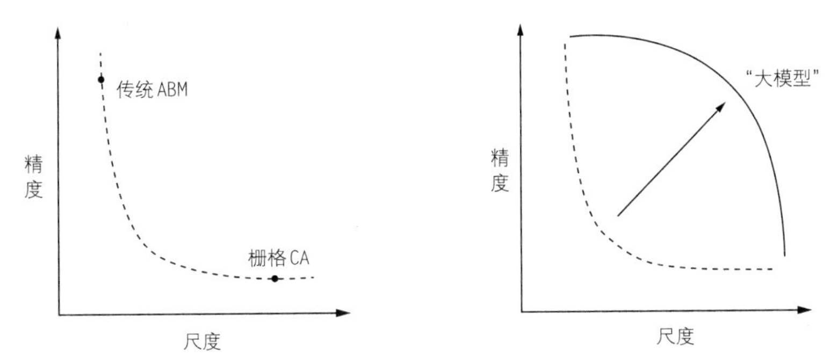

图 1　传统城市区域研究模型与“大模型”的对比

资料来源：龙瀛、吴康等（2014）。

新数据环境使“大模型”这一城市与区域研究的新范式的推广成为可能。自龙瀛及其合作者 2014 年提出“大模型”研究范式以来，大量的针对中国人居环境特别是城市系统的量化研究已经开展，涵盖微观层面基础数据构建、城市空间开发、城市空间结构、生态环境系统分析、城市规划及设计响应等多方面，总体框架如图 2 所示，六个方面的第一部分是细粒度基础数据重建，也是其他五个方面研究的基础，后五个方面分别对应中国城市发展的不同方面的重大问题。这些研究以人居环境质量为核心，细粒度为研究中国人居环境提供了新视角，以期对中国快速城镇化时期的人居环境质量进行全面的度量与监测，为国家决策提供依据和保障。下文将简要介绍各个方面的典型案例，并在最后从研究对象、研究方式和方法、研究发现以及研究目标等方面进行评述，以期抛砖引玉，给未来中国的城市研究、规划设计和政策制定带来新的启示与参考。

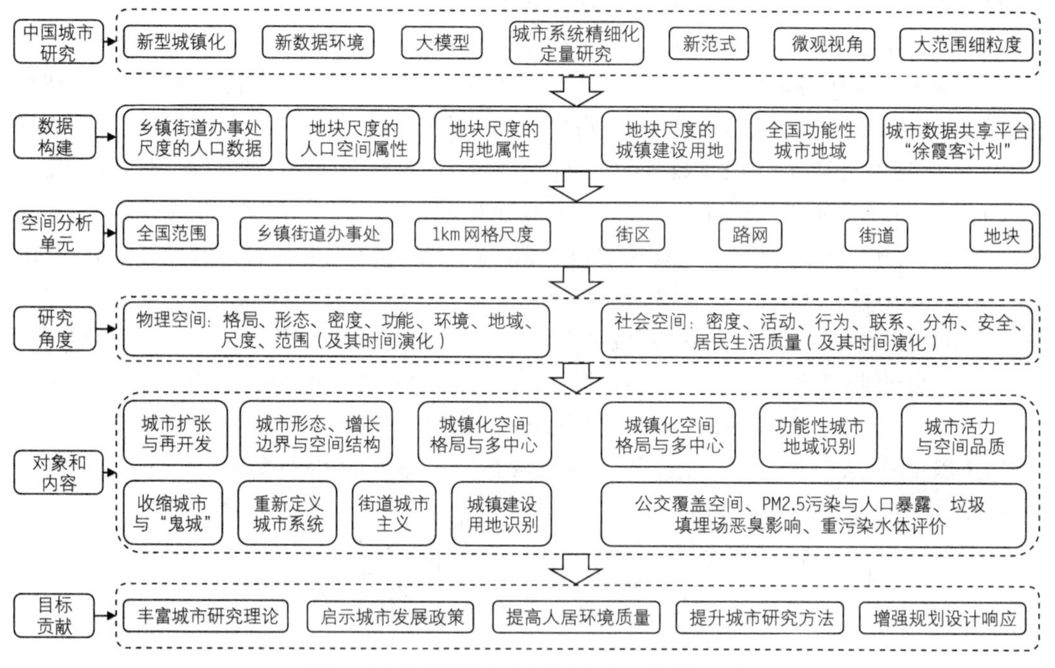

图2 “大模型”研究范式总体框架及其实证研究

2 微观层面基础数据构建

2.1 乡镇街道办事处尺度的人口密度

传统的人口空间格局研究多以省市或区县行政区作为分析单元，空间分辨率较粗，不易表达出精准的人口分布情况。毛其智等（2015）基于2000年第五次人口普查和2010年第六次人口普查的基础数据，在国内较早建立了全国乡镇街道单元层级的人口数据库。首先利用Google API进行地址的空间化匹配，得到2010年普查对应的43 536个乡镇街道单元点和2000年普查对应的50 518个乡镇街道单元点；然后以2012年全国乡镇街道办事处级别的政区边界为基础，对人口数据库的单元点进行匹配。结果显示，2000年常住人口在全国39 007个乡镇街道的平均密度为873人/km^2，到2010年则上升到977人/km^2。在39 000余个乡镇街道单元中，人口密度基本未变的仅为17 808个，不到50%，而大部分乡镇街道单元的人口密度都有所降低或增加，其中约22%的乡镇街道人口密度表现为显著降低或增加（图3）。密度降低的乡镇街道单元总计12 840个，总面积约173.4万km^2，而密度增加的乡镇单元总计8 359个，总面积约135.4万km^2。这套微观数据是后续开展多项中国城乡研究工作的基础。

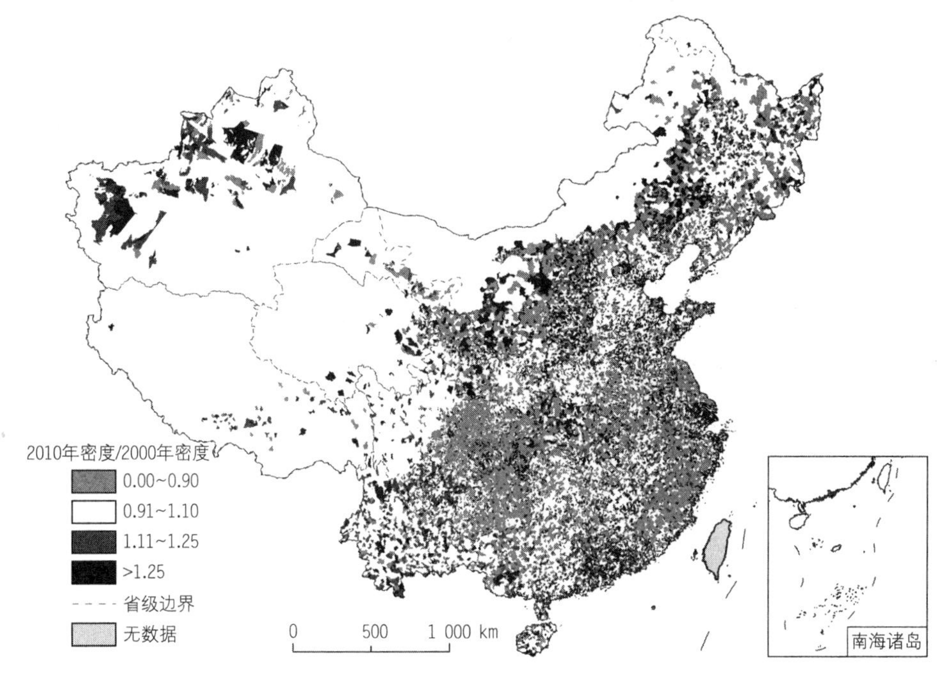

图3 2000～2010年中国乡镇街道办事处尺度的人口密度变化

资料来源：毛其智等（2015）。

2.2 地块尺度的人口空间化与属性合成

由于长期以来我国人口方面的微观数据严重匮乏，因此人口微观样本的合成（population synthesis）是在我国进行精细化城市研究的重要工作环节（龙瀛、茅明睿等，2014）。例如，龙瀛等学者基于统计资料、小规模样本调查和常识性知识，合成了北京市全样本的居民个体数据，为开展精细化城市模拟提供了条件（龙瀛等，2011；Long and Shen，2013）。同时，龙瀛和沈振江（Long and Shen，2015）还利用覆盖全国的开放街道地图（OpenStreetMap，OSM）中的道路资料划分地块，并基于矢量元胞自动机（Cellular Automata，CA）模型，结合兴趣点（Points of Interest，POIs）数据推测地块是否为城市用地，并利用住房相关的网络签到数据来区别城市用地中的居住地块。最后，利用龙瀛和沈振江（Long and Shen，2013）所开发的“Agenter”工具以及公开的区县尺度的人口分布数据，在地块尺度进行人口空间化，并对人口属性进行了合成（图4）。

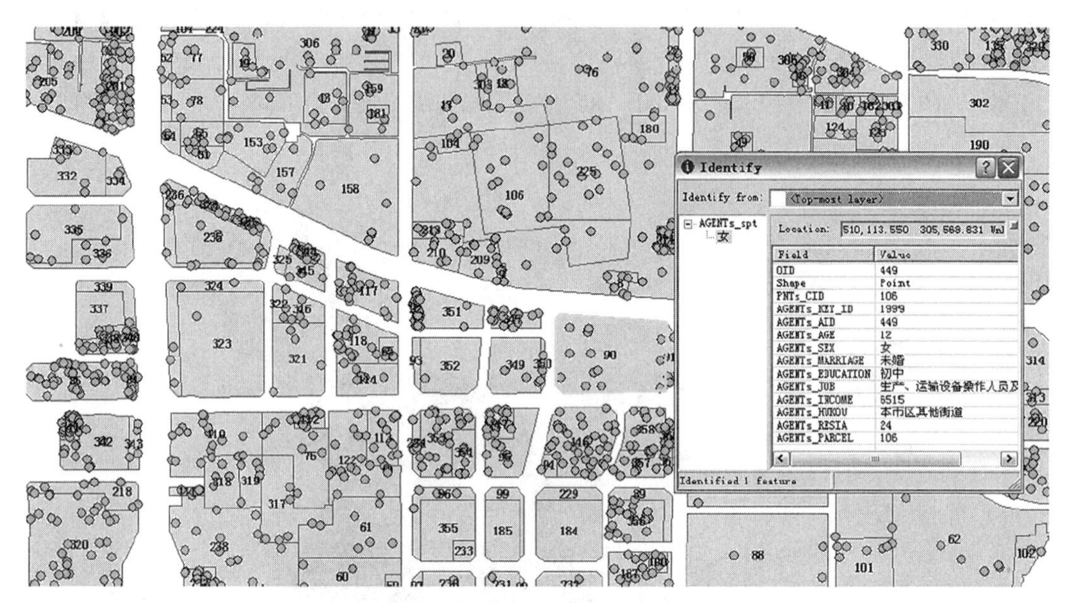

图4　北京市居民个体属性空间分布（部分）

资料来源：龙瀛和沈振江（Long and Shen，2015）。

2.3　地块尺度的用地属性推导

由于传统收集和处理用地属性数据的方式耗时较长，而且用地现状数据在我国一般要求保密。针对国内城市用地现状图开放度不足的问题，刘行健和龙瀛（Liu and Long，2015）提出了利用全国OSM路网和兴趣点数据自动化分地块并推导属性的方法，最终生成了全国297个城市的用地现状图，针对划分的各个地块，推导了主导用地功能、功能密度、功能混合度等指标（图5）。龙瀛和刘行健（Long and Liu，2013）还对功能混合度进行了专题研究。

2.4　基于道路网络和兴趣点的城镇建设用地识别

城镇建设用地识别多基于遥感数据获得，需要大量的财力和人力，同时难以在短时间内针对较大区域识别精细化尺度（如地块、街区等）的城镇建设用地。因此，采用道路网和兴趣点识别城镇建设用地会是一种快速而有效的方法，即道路交叉口密度法。龙瀛、沈尧等（Long，Shen et al.，2016）首先利用路网数据来划定地块边界，依据国家道路等级宽度标准对不同等级道路生成2～30m（单边）不同宽度的缓冲区，进而切割出地块（包括城镇和非城镇地块）；然后，基于矢量元胞自动机模型，根据地块的大小、POIs密度、区位特征等属性对初始地块进行筛选，识别出城镇地块；最后，借助

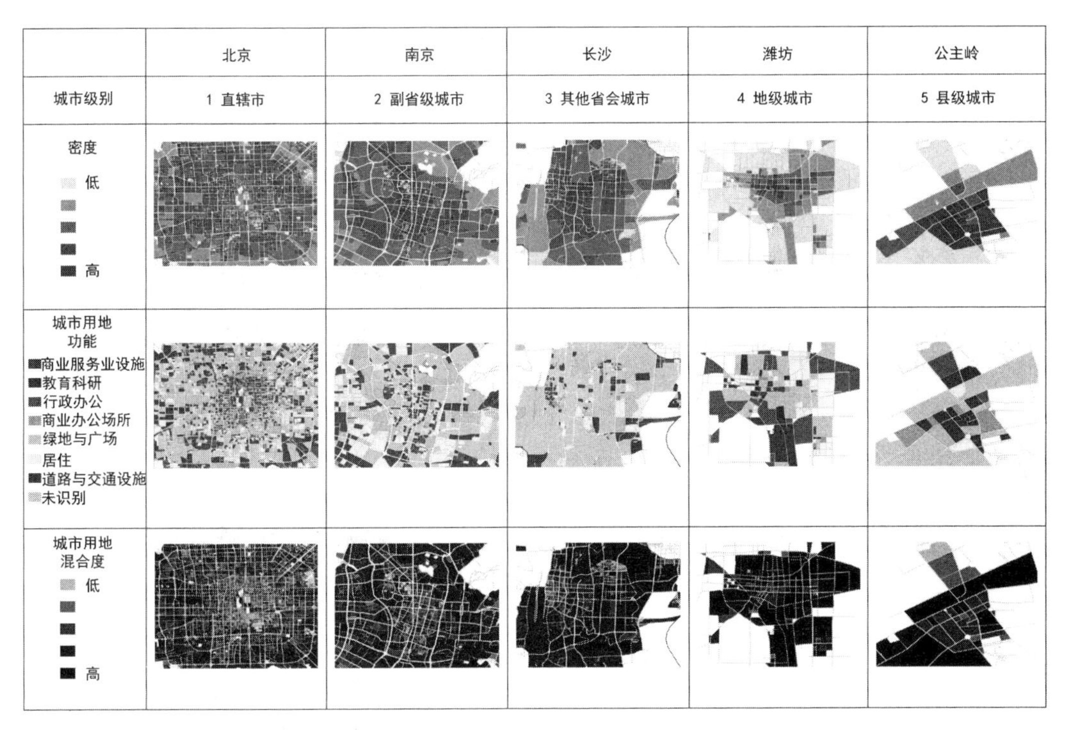

图 5 利用 OSM 和 POIs 推导用地功能、密度及混合性

资料来源：刘行健和龙瀛（Liu and Long，2015）。

ArcGIS 中“aggregate polygon”功能对筛选出的城镇地块进行合并，从而提取出城镇建设用地范围。该模型在对城市地块赋值时同时考虑了地块的内生属性和邻近地块的属性，过程快捷、直接、准确，数据结果与传统方法相比具有高精度的特征。其与其他方法的对比详见图 6。

2.5 功能性城市地域识别

城市的行政边界往往不能真正地反映出城市的实际大小、劳动就业及经济活动的实际情况。然而，长久以来中国尚没有公认的功能性城市地域（Functional Urban Area，FUA）的划定标准，以往研究多以单一区域或城市作为研究对象，并没有针对中国整个城市系统的探讨。为此，笔者及其合作者将 2010 年中国乡镇街道办事处尺度的人口密度数据（详见第 2.1 节）用于识别城市的内核，结合 2014 年全国的公交线路和站点资料来反映研究单元之间的联系，最终得到全国地级及以上城市的功能性城市地域，其中又细分为城市边缘区和城市中心区（图 7）。该研究是首次尝试对全国范围内的城市功能地域予以识别和分析。

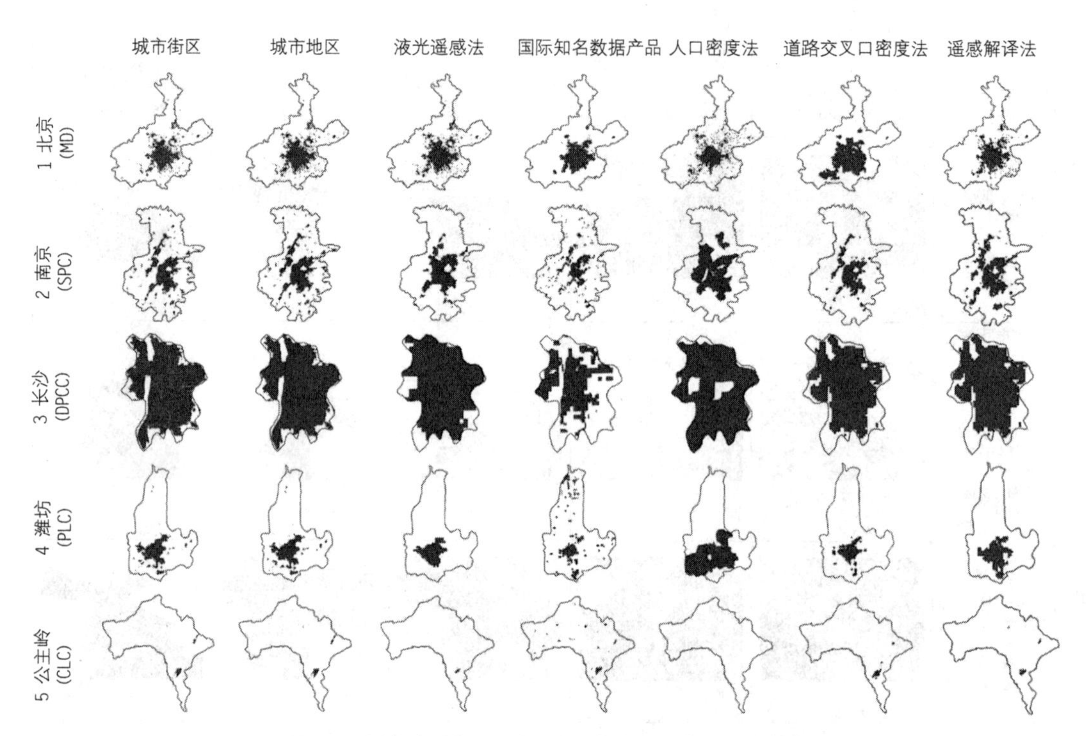

图6 不同方法对中国五座城市城镇建设用地的界定结果

资料来源：龙瀛、沈尧等（Long，Shen et al.，2016）。

2.6 “徐霞客计划”

和城市有关的数据正日益增多，且涉及人们生活的各个方面。城市研究者们正在尝试从非正统城市数据中加深对我们城市的理解。但由于很多数据过于精确，往往涉及隐私和数据持有者的核心利益，为此，龙瀛等发起了一种城市数据共享平台“徐霞客计划”（SinoGrids，http：//www. beijingcitylab. com/projects-1/14-sinogrids/）（Zhou and Long，2016）。该计划相比中国已有的共享数据计划，更倾向于反映社会空间的数据，致力于将散布在各个研究者手中的全国微观数据汇总到 1km 网格尺度。尺度上来说，1km 是既能够开展城市间区域分析也能够进行城市内部研究的尺度。该计划为潜在的数据贡献者提供了指南和工具，协助其将大规模的微观数据汇总到 SinoGrids 平台，进而形成一个“众包”的中国大数据和开放数据平台。目前，“徐霞客计划”已经征集到多个图层，涵盖人口密度、道路交叉口数量、公共设施数、Flickr 照片数、微博签到数等。

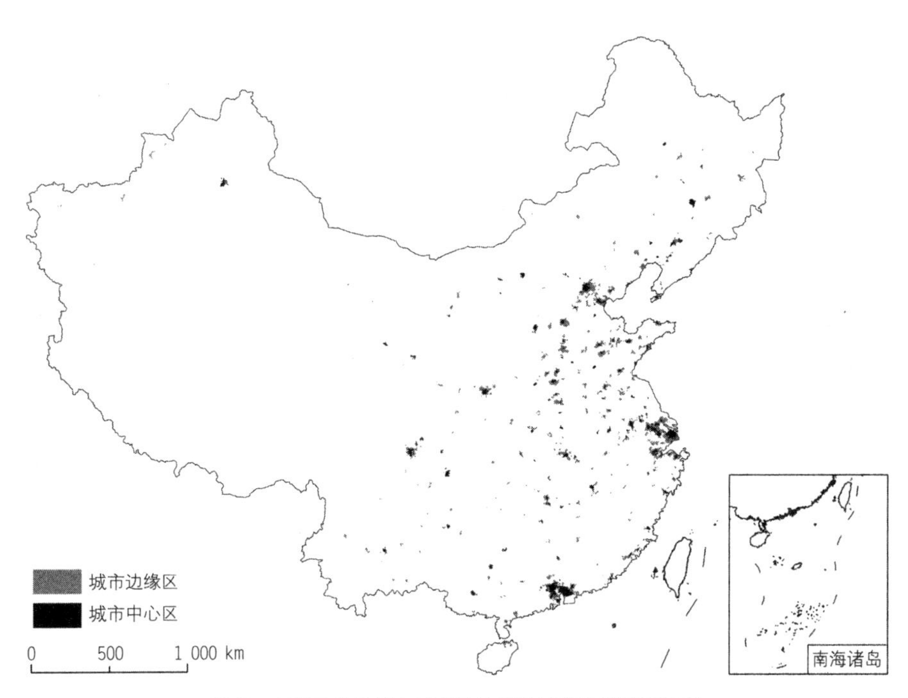

图 7 中国地级及以上城市的功能性城市地域识别结果

3 城市空间开发

3.1 城镇化空间格局

针对我国城镇化空间格局的界定问题，周一星和史育龙（1995）率先提出了建立中国城市实体地域的概念，包括城市统计区、城镇统计区和城镇型居民区。为了进一步确定我国的城镇化空间格局，毛其智等（2015）根据前文提到的数据和方法，首先将城镇化地区的门槛密度定为 1 000 人/km^2（2010 年全国人口密度为 977 人/km^2）；其次，采用周一星和史育龙（1995）提出的 2 000 人/km^2 的平均密度标准划定城市统计区；最后，参考日本的人口集中地区（Densely Inhabited District，DID）概念，作为我国高密度城镇化地区（4 000 人/km^2）的识别依据。通过如上的人口密度界定，识别了三种不同密度下的中国微观尺度上的城镇化空间格局。

3.2 城市扩张与再开发

在中国过去 30 余年的快速城镇化过程中，空间扩张是城市开发的主要表现形式。龙瀛（2015）根据 1980 年代末和 2010 年中国的城镇建设用地遥感影像解译数据，分析出城镇建设用地扩张的结果，即 1980～2010 年中国 280 余个地级以上城市的城镇建设用地面积发生了扩张。此外，通过中国2000～2013 年的土地出让数据（共 34 169 km^2）发现，在过去十余年间，存量开发在我国不同规模的城市开发比例中仅占 18%～35%（总计平均为 24%），而且多分布于主要城市的中心城区。长时间（2000～2013 年）和大规模（全国）的历史数据表明，存量开发短时间内难以成为中国城市开发的主体形式。

由于中国不同城市所处的发展阶段差异较大，中西部大量城市和东部欠发达的中小城市依然处于工业化与城市化快速扩张的中期阶段，存量和增量开发成本差距很大。因此，存量开发不应当“一刀切”地成为所有城市开发的主体形式。当前，存量规划、用地零增长似乎更适用于超大型城市，对于广大仍处于快速城市化阶段的中小城市，存量和增量开发需要根据具体城市的社会经济水平采用均衡发展策略。

3.3 自然城市视角下的城市扩张

已有的城市扩张研究的主要数据源是统计局数据与遥感影像解译数据，如前所述，这些数据不适于大地域范围的精细化尺度的频繁检测。龙瀛等借鉴瑞典地理学家江斌所提出的自然城市（natural cities）的概念，对侧重物理空间开发的城市扩张概念进行了扩展，利用 2009 年和 2014 年覆盖全国的夜光遥感、道路交叉口、兴趣点和位置微博数据，分别从物理、形态、功能和社会四个维度分析了中国的城市扩张。结果显示，在全国范围内，从自然城市面积和发育成熟度两个衡量标准来看，四个维度的扩张是不均衡的，程度依次递减，即 2014 年城市扩张区域相比 2009 年城市地域，对应着较大地块的物理空间开发、偏低的城市功能发展与极低的人类活动强度增加，且这一现象在全国所有城市群内均存在。片面地追求城市发展规模而忽视当前城市客观发展规律，已经造成大量城市功能和活动严重落后于城市物理空间的开发。

3.4 地块尺度的城市扩张模拟

囿于数据和技术，传统的大尺度城市增长模拟多对应公里尺度的网格单元，大尺度精细化的城市增长模拟还较为少见。为此，龙瀛、吴康等（Long，Wu et al.，2014）建立了针对覆盖全国所有城市的地块尺度的城市增长模型（Mega-Vector-Parcels Cellular Automata Model，MVP-CA），对全国 654 个城市 2012～2017 年的城市空间增长过程进行地块尺度的模拟。该模型包括三个模块：宏观模块、地块生成模块和矢量 CA 模块。其中，宏观模块基于各个城市的历史阶段城市增长信息以及国家空间发展战略，对未来五年内城市增长的速度进行情景分析（基准发展情景的模拟结果见图 8）；地块生成模块则直接利用全国的真实路网进行划定，后续具有拓展地块细分（parcel/block subdivision）的功能；矢量 CA 模块是 MVP-CA 模型的核心模块，它在上两个模块的基础上，针对每个划定的地块单元，结合全国兴趣点数据，考虑每个地块的大小、紧凑度、区位特征、功能密度等属性，使用约束性矢量 CA 方法对未来的地块尺度的城镇开发进行模拟。

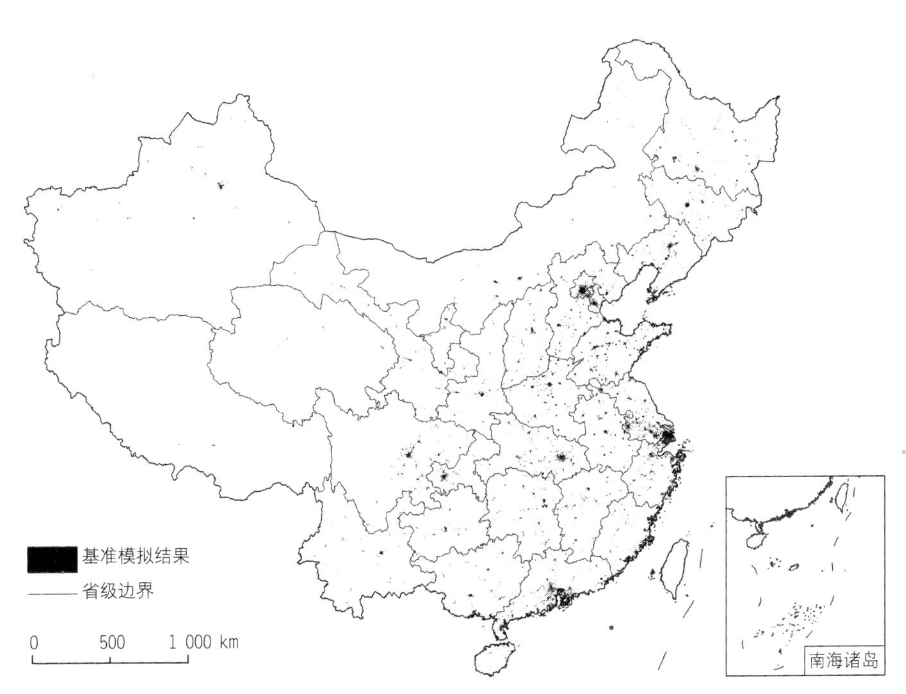

图 8　全国所有城市基准发展情景下的城市增长模拟结果

资料来源：龙瀛、吴康等（Long，Wu et al.，2014）。

3.5　“鬼城”识别

中国“鬼城”不乏媒体报道，但系统梳理中国“鬼城”情况的研究仍然比较有限。龙瀛和吴康（2016）对此进行了初步探讨。该研究利用某大型互联网公司匿名的反映用户活动的大数据，对每个城市 2000 年以前和以后的城镇建设用地分别进行人类活动强度评价。他们认为，当城市新开发地区的人类活动强度偏低且与老城区差异显著的时候，即可以视之为“鬼城”。研究发现，在 485 个数据较为全面的城市中，有 389 个城市新区的人类活动强度显著低于老区。在地级及以上城市中，中国排名前 20 位的“鬼城”主要分布在东北和山东（图 9）。而新区人类活动强度高于老区的 96 个城市，多为县级市、较小规模或新设立的地级市。总体来看，城市的行政级别越高，新、旧区的人类活动差别越大；越是低等级的中小城市（尤其是年轻的小城市），不存在明显的城市集聚中心，新、旧中心人类活动强度差异越小。

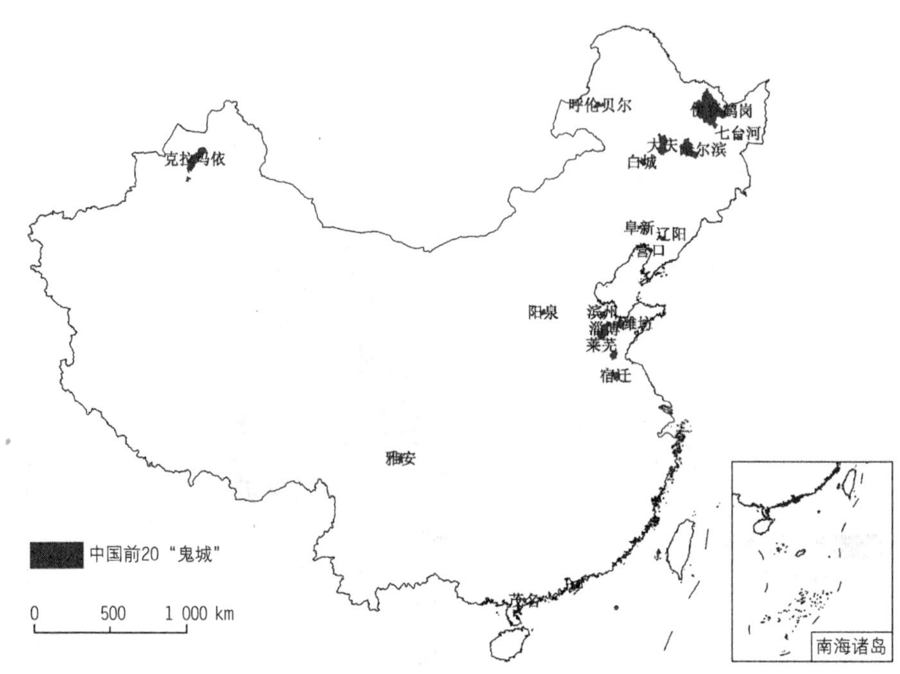

图9　中国排名前20位的“鬼城”分布

资料来源：龙瀛、吴康（2016）。

4　城市空间结构

4.1　多中心城市空间结构

城市空间结构从根本上决定了一个城市的特性，中国大量的城市在城市规划中都明确指出要打造多中心的城市空间结构。在快速城市化的背景下，以往关于城市空间结构的研究都是基于传统静态数据，例如人口普查、家庭出行调查等，都是5～10年才进行一次更新的数据，落后于中国的快速城市化过程。此外，已有研究也多针对一个城市开展，还没有针对所有城市进行全面分析的研究。为此，笔者及其合作者利用传统数据和新数据，在乡镇街道办事处尺度从多中心角度系统考察了中国所有城市的城市空间结构。针对多中心城市，识别出城市副中心的具体位置以及副中心之间和主中心与次中心之间的联系。此研究主要是通过人类活动密度来确定城市的多中心分布，并评价现实多中心与规划多中心的偏差。研究结果显示，在选取的284个城市中，70个城市具有明显的副中心，其中一半城市仅具有一个副中心（图10）。

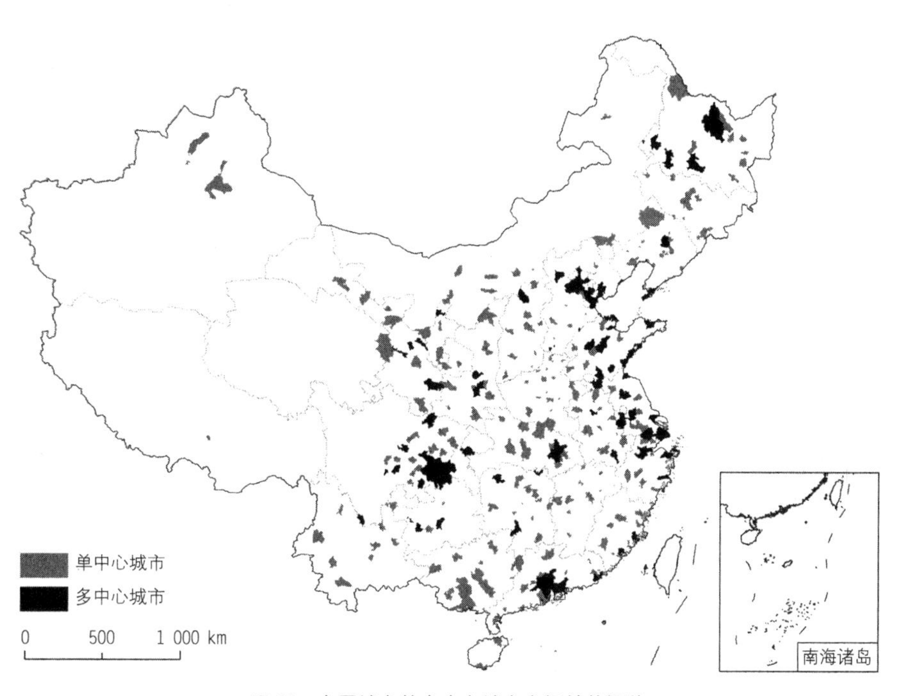

图 10 全国城市的多中心城市空间结构评价

4.2 城市形态评价

中国的快速城镇化伴随着显著的土地利用变化，在其过程中驱动和影响城市空间分散与集聚的因素，在最近几年得到了广泛的关注。由于其自上而下和自下而上的双重性质，中国城市呈现出更加复杂和多样的城市土地利用格局。笔者及其合作者利用2011年全国道路网和兴趣点数据，基于刘行健和龙瀛（Liu and Long，2015）共享的城市地块及其城镇土地使用性质数据，结合ArcGIS、Python、MatLab和SPSS等分析工具，对中国60个具有代表性的内地城市及香港进行了城市用地结构的评价。此研究提供了一种有效的新型综合城市空间分析和评价方法，即通过采用多种测度以城市用地结构（Urban Land Use Pattern）为系统分析的核心考察对象，更好地揭示了中国在城市化进程中复杂的城市空间特性，提高了我们对城市用地结构的理解，并且有助于城乡规划与治理的变革。研究者在空间熵和相异性两个基本指标基础之上，将城镇土地使用模式分成三综合类（住宅、商业和公共），结合元胞自动机（CA）建模，系统地评估了样本城市的城市扩张情况和用地混合程度（图11）。结果表明，城市不仅呈现出独特的空间碎片差异，并且在迅速扩张的同时，变得较为分散。大中小城市各自的扩张动力来源于不同的主导土地开发类别和地方优先政策，并且城市形态的形成机制跟城市的人口规模和城市面积大小有密切关系，而其中政府仍然对城市形态的形成有着重要的影响。

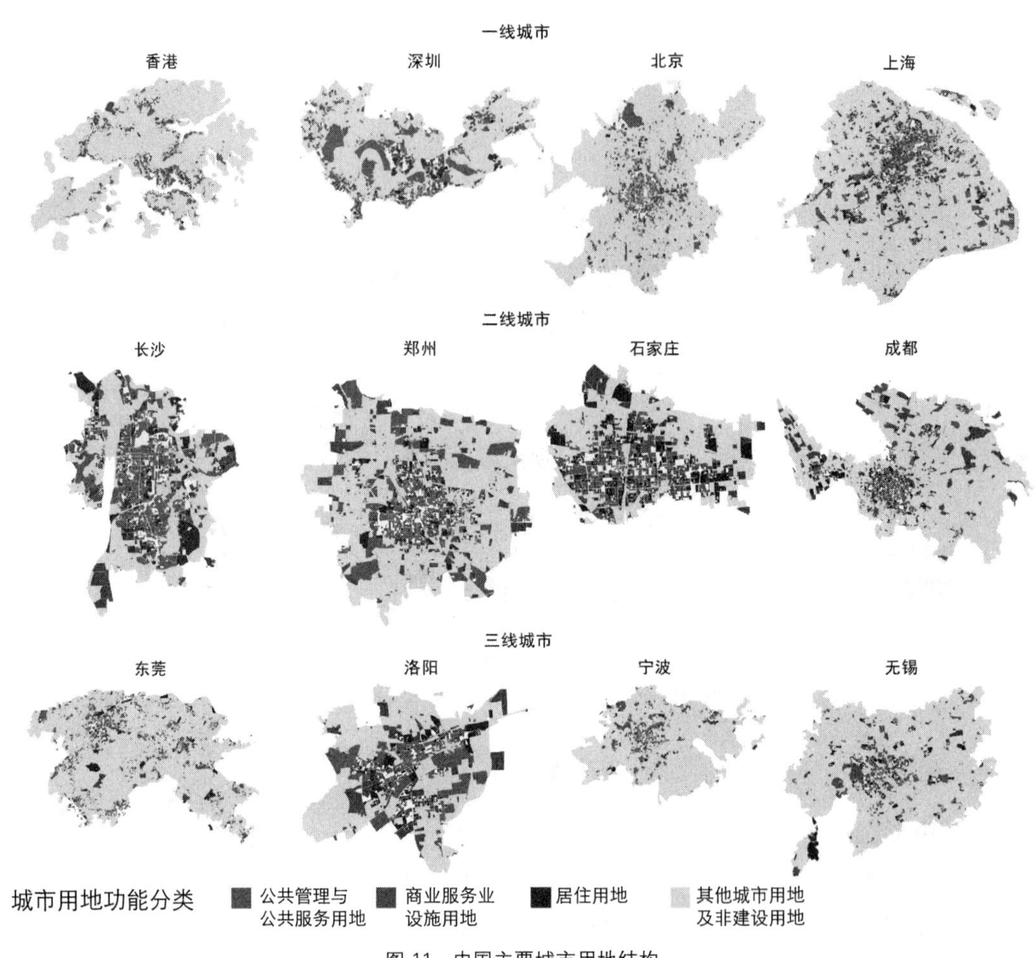

图 11　中国主要城市用地结构

4.3　公交站点服务范围及空间特征评价

为了找到中国城市公交服务的一般模式和规律，最终揭示中国城市系统的空间发展活动规律，李苗裔和龙瀛（2015）基于全国 313 个主要城市的 867 263 个公交站点数据，以 300m、500m 和 800m 服务半径计算出了每个城市城镇建设用地范围内公交站点服务的覆盖率（城市的公交站点覆盖范围和城镇建设用地面积之比），探讨了其空间特征，并进行了城市间的横向比较。其中，全国 281 个地级及以上城市的 500m 范围公交站点覆盖率的平均值为 64.4%。进一步，基于公交站点覆盖的空间特征，该研究将 313 个城市聚合为五类，同时利用 Flickr 照片、位置微博和兴趣点数据，对公交站点 500m 服务范围内的人的活动及设施情况进行分析。结果显示，尽管仅有 75.6%的城镇建设用地范围有公交站点服务覆盖，但该范围内包括了94.4%的设施和超过92%的人类活动，部分没有公交站点服务的地区（24.4%），其设施配套和人类活动水平都较低（10%以下）。可以看出，我国城市公交站点布局，基本满足了大多数人的活动需要和设施需求（图12）。

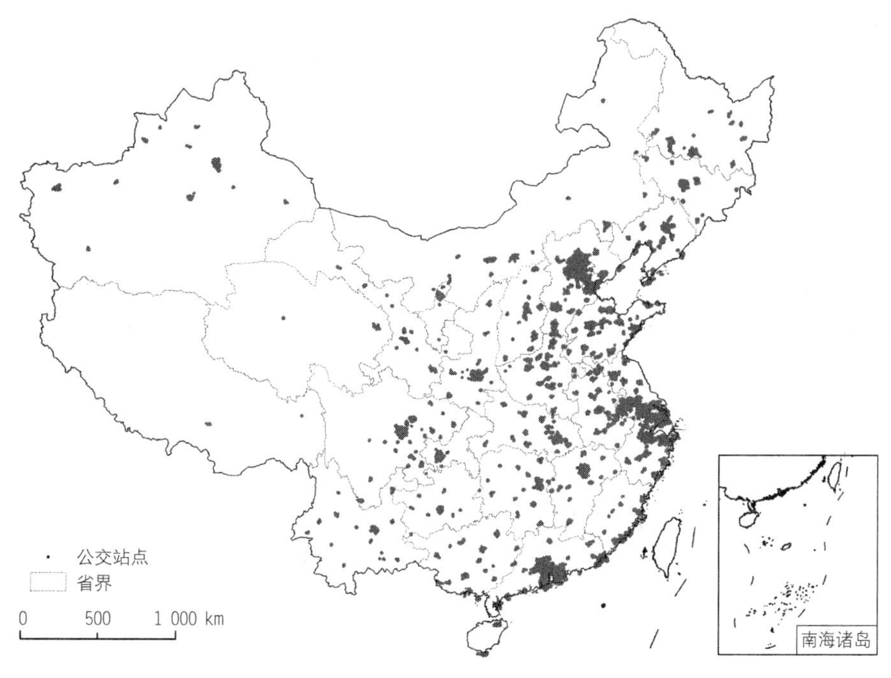

图12 中国城市公交站点分布

资料来源：李苗裔和龙瀛（2015）。

5 生态环境系统分析

5.1 PM2.5污染与人口暴露评价

PM2.5污染已成为我国亟须解决的任务，对其进行系统的分析是解决问题的关键一步。为此，龙瀛、王江浩等（Long, Wang et al., 2014）收集了2013年4月8日至2014年4月7日每日的PM2.5浓度值，采集范围覆盖了全国190个城市共计945个空气质量监测点。除了地面监测站数据外，还利用中分辨率成像光谱仪大气气溶胶厚度（MODIS AOD）数据对PM2.5进行插值补充，以弥补部分地区监测站稀疏的问题。另外，结合2010年乡镇街道办事处尺度的人口数据（详见第2.1节），评价了PM2.5污染的人口暴露风险。总的来看，人口密度越大，全年暴露天数越多，暴露强度越大。研究还发现，654个城市中，25个城市空气质量达标，仅占3.8%。654个城市的平均达标天数比例为

70.96%。全国8.27亿人口所生活的地区，一年内PM2.5超过国家标准（75μg/m³）的时间为3个月，其中2.23亿人口所居住区域的PM2.5超标半年，对应的国土面积为34.8万km²。

5.2 城市形态对PM2.5的影响识别

继PM2.5污染与人口暴露评价，笔者及其合作者从人口、经济、用地、交通、气候、其他污染物等方面，分别针对全部城市选择了11个变量，针对地级市选择了18个变量，分析和揭示了城市形态对PM2.5的影响。该研究利用第5.1节获得的PM2.5数据以及《中国城市统计年鉴2013》，采用分层线性回归模型（Hierarchical Linear Models，HLM），分两个层次逐步讨论了城市形态对中国所有城市PM2.5的影响。结果显示，大城市和特大城市的PM2.5年均值更高，全局上PM2.5集聚分布趋势不显著，而局部聚集现象显著。城市自身因素可能发挥着更重要的影响，然而绿地比例高的城市不一定就意味着较高的空气质量，公共交通服务好的城市空气质量较好。但与西方研究结论不同，建成区人口密度对PM10和PM2.5却有着显著的正向影响，即人口密度高可能会导致空气质量的恶化。因此，对特大城市、大城市来说，应该适当疏解城市功能，避免城市密度过高。

5.3 垃圾填埋场的恶臭影响评价

在中国，垃圾填埋场恶臭影响是形成邻避效应（Not in My Back Yard，NIMBY）的重要原因之一。为了揭示垃圾填埋场的邻避效应并提出相应的规划对策，蔡博峰等（Cai et al.，2015）基于全国1 955个垃圾填埋场（不包括台湾、香港和澳门），利用FOD模型计算每个垃圾填埋场的恶臭气体排放量，之后利用点源连续高斯模型作为恶臭气体扩散模型，针对每个垃圾填埋场逐一计算其恶臭排放和扩散范围（图13）。然后根据垃圾填埋场的影响范围，利用高空间分辨率人口密度、兴趣点和位置微博等数据，评估垃圾填埋场恶臭影响的人口、敏感单位和人群活动。研究发现，全国垃圾填埋场恶臭影响的人口达到1 228万人，其中受影响的敏感人群（儿童+老人）达到264万人，受影响的敏感单位（学校和医院）达到7 818个，受影响的人群活动占全国总人群活动的1.82%。

5.4 重污染水体识别

在我国的实际工作中，由于对重污染水体和黑臭水体的判别缺乏明确标准与识别手段，相关规定难以操作和有效落实，这些都给计划实施和监督考核造成了严重障碍。为此，石峰和龙瀛（2015）以问题为导向，首次尝试采用互联网开放信息大数据，即对互联网媒体曝光最多、群众投诉议论最多的污染水体进行数据搜索和统计分析，找出最受关注的污染水体，得到全国重污染水体和黑臭水体的总体分布情况，直接反映民意诉求。首先，研究选取了全国1 461条河流进行自动检索，在统计与分析后，得出河流污染与黑臭问题的民众和媒体关注度数据；然后，利用全国三、四级河流分布数据和电子地图信息，选取河流名称、河流位置及“污染、水污染、重污染、黑臭、水质恶化”等关键字段；

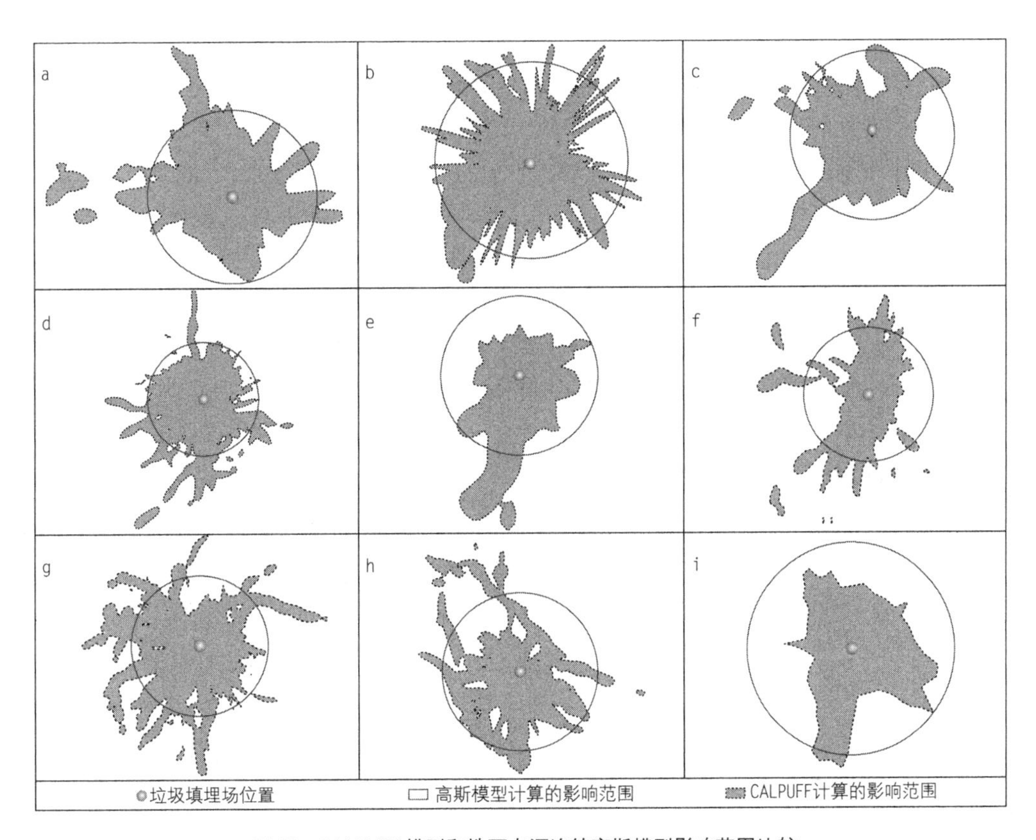

图 13 CALPUFF 模型和地面点源连续高斯模型影响范围比较

注：a-北京六里屯垃圾填埋场；b-上海老港生活垃圾处置场；c-南昌市麦园垃圾处理场；d-广州兴丰生活垃圾卫生填埋场；e-深圳市下坪固体废弃物填埋场；f-重庆长生桥垃圾卫生填埋场；g-成都市固体废弃物卫生处置场；h-西安江村沟垃圾填埋场；i-西宁沈家沟垃圾填埋场。

最后，通过基于百度搜索引擎的大数据分析，锁定如河北漕河等具有一定代表性的重污染河流，并对全国 1 400 余条河流按照网上受关注程度进行了分级。此方法可以不受监测条件、布点方案的限制，作为现行监测系统的有益补充。

6 城市规划与设计响应

6.1 城市增长边界评价

城市增长边界（Urban Growth Boundaries，UGBs）是我国城市规划编制的核心成果，也是规划实施评价关注的重点内容。我国城市规划中的规划城镇建设用地范围，通常被认为是中国的城市增长边界（龙瀛等，2009；Long，Gu et al.，2012；Long，Han et al.，2013）。我国已有的城市增长边界实施效果评价工作，多从评价物质空间开发与城市增长边界的一致性（conformity）入手，且多针对一个城市，少有研究对中国各个城市的城市增长边界实施成效进行系统评价。为此，龙瀛及其合作者搜集了全国超过 200 个城市的正在实施的城市总体规划图，从中提取了城镇建设用地范围即规划 UGBs，并将其数字化为 GIS 图层。之后，将各个城市的 UGBs 与利用遥感观测到的城市扩张进行叠加分析，最后计算各个城市开发的合法率，这一正在开展中的研究为城市间的横向对比提供了可能。除了物质空间角度的评价外，还可以从社会空间维度进行评价。例如，龙瀛、韩昊英等（Long，Han et al.，2015）利用包括公交地铁刷卡数据、出租车轨迹、位置微博和照片在内的多源新数据，详细评价了北京 UGBs 的实施效果，结果显示，虽然有大量的非正式开发分布在 UGBs 之外，但 UGBs 所包含的区域内则容纳了 95%以上的城市活动和移动轨迹。

6.2 收缩城市及其规划设计对策

伴随着快速城镇化，我国局部城市出现了人口收缩现象，阻碍了城镇化的健康发展和资源的有效利用。以此为出发点，龙瀛和吴康（Long and Wu，2016）利用五普（2000 年）和六普（2010 年）中的乡镇街道办事处尺度人口数据，对全国 654 个城市的人口变化进行了分析，其中地级及以上城市采用 2012 年市辖区范围，县级市由于数据可获得性等原因，采用 2012 年市域范围。分析结果显示，中

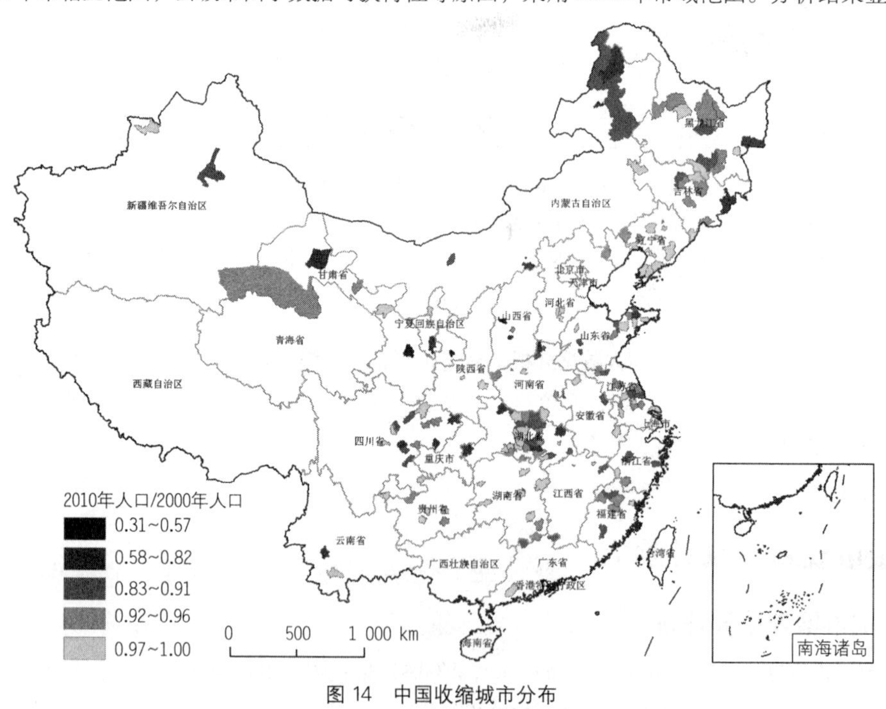

图 14 中国收缩城市分布

资料来源：龙瀛、吴康等（2015）。

国180个城市发生了人口总量/密度的下降，即存在着180个收缩城市（图14）。龙瀛、吴康等（2015）还进行了收缩城市的分类和影响因素分析，并针对中国收缩城市自身的特点，提出初步的对策建议和规划设计应对，以及中国收缩城市的深度探测、典型收缩城市研究、规划应对手段以及研究网络的发展四个方面构成的中国收缩城市研究的研究框架。

6.3 数据增强设计

龙瀛和沈尧（2015）提出的数据增强设计（Data Augmented Design，DAD）是以定量城市分析为驱动，通过数据分析、建模、预测等手段，为规划设计的全过程提供调研、分析、方案设计、评价、追踪等支持工具，以数据实证提高设计的科学性，并激发规划设计人员的创造力。DAD利用简单直接的方法，充分整合新旧数据源，强化规划设计中方案生成或评估的某个环节，易于推广到大量场地，同时兼顾场地的独特性。DAD属于继计算机辅助设计（Computer Aided Design，CAD）、地理信息系统（Geographical Information System，GIS）和规划支持系统（Planning Support System，PSS）之后的一种新的规划设计支持形式。DAD实际增强的是对城市实体的精确理解，对实体组织和其效应间复杂关系的准确把握以及对空间创造积极影响的切实落实。

6.4 街道城市主义

龙瀛所倡导的街道城市主义（Street Urbanism）是在认识论层面上认识城市的一种方式，在方法论上是建立以街道为个体的城市空间分析、统计和模拟的框架体系。在现有的数据增强设计的框架下，街道城市主义将吸收已有设计师、评论家和学者对街道的思考与认识，并结合成熟理论将其成果用于设计实践。在过去的若干年里受到数据和城市发展阶段的限制，地块多是城市研究的核心，日益成为城市研究的基本单元和日常规划的管理对象，而作为骨骼起到支撑作用的街道遭受了大量的忽视，相对而言更多的关注是来自于设计师和社会观察家的关注（偏向于定性的认知）。在新数据环境下，新型城镇化提出以人为本的城镇化，城市管理和规划走向精细化、智慧化，中国的部分城市还发生城市收缩现象，以及城市生活空间从地块转向城市的种种现状，引导着城市研究者开始关注街道视角的城市研究，这就是提出街道城市主义的初衷。同时，街道城市主义并不否定地块主义的作用，而是希望街道能真正起到骨骼的支撑作用，连接作为肌肉的地块与城市，使城市迸发出真正的活力。

7 新数据环境下的中国城市研究述评

7.1 研究对象应回归客观的城市系统

长期以来，中国对于“城市”的界定一直存在着行政地域（城市管辖权对应的空间范围）和实体地域（城市建成区范围）的“二元性”割裂，造成多数城市研究的对象不是城市，而是区域；部分针对中国城市系统的研究，针对的对象不够全面，例如中国目前除了官方认可的653个不同等级的城市外（2014年口径），大量的县城和发育完善的镇如按照国际惯例亦属于城市。为此，龙瀛利用道路交叉口数据重新定义了中国的城市系统。研究显示，如果以100个交叉口作为最小的城市门槛，则中国有4 629个城市，其中3 340个位于现有城市的市区边界之外（图15）。这些被忽略城市的快速扩张、人口收缩与空置现象，因为游离于决策者、学者和统计资料的视野之外，更加值得关注。通过重新定义城市和构建中国城市系统，有望更加客观地认识中国的城市系统，引导城市研究工作关注更为接近实际的城市系统。

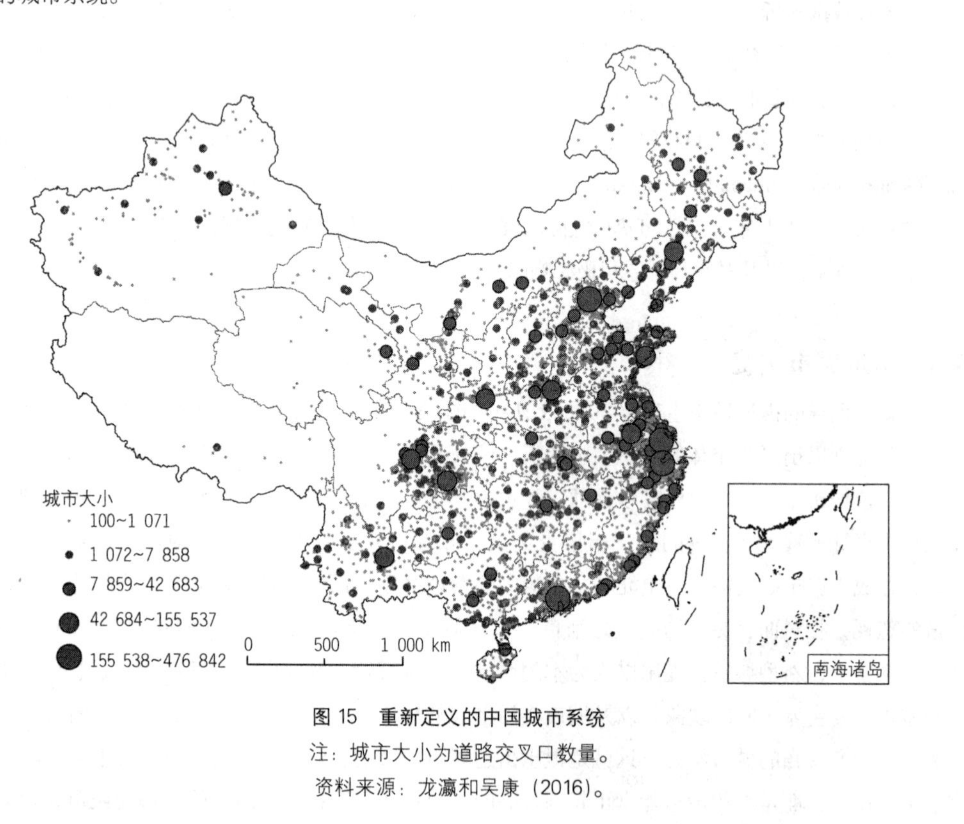

图15　重新定义的中国城市系统

注：城市大小为道路交叉口数量。

资料来源：龙瀛和吴康（2016）。

7.2　研究方式和方法正经历四方面变革

新数据环境为城市研究带来了新的机遇，除了在数量上的更好保障研究外，在本质上也在促进城市研究发生变革。龙瀛和刘伦（2016）、龙瀛和刘伦（Long and Liu，2015）基于龙瀛研究团队所开展的大量定量城市研究工作，首先探讨了大数据和开放数据形成的新数据环境及国内外定量城市研究概况，然后围绕典型案例重点对当前定量城市研究的四项变革及相关实践展开讨论，最后提出相关思考。该研究认为，新数据环境推动了定量城市研究的四大变革：①空间尺度上由小范围高精度、大范围低精度到大范围高精度的变革（即本文所主要探讨的“大模型”）；②时间尺度上由静态截面到动态连续的变革；③研究粒度上由“以地为本”到“以人为本”的变革；④研究方法上由单一团队到开源众包的变革。在变革的同时，当前定量城市研究也面临着数据有偏、多现状研究少远景判断、多客观认识少规划启示以及规划理论和学科发展等相关问题。

7.3 研究发现体现为四方面中国城市化悖论

在经历了30多年的经济高速增长和土地快速开发后，中国经济步入了“新常态”，并确立了“新型城镇化”的推进战略。然而通过分析覆盖整个中国的既涵盖物理空间也囊括社会活动的精细化数据，龙瀛和吴康（2016）发现中国的城市化在快速发展过程中表现出不容忽视的四个方面的悖论，即快速空间扩张与过度呼吁存量规划之间的悖论、局部人口收缩与规划人口膨胀之间的悖论、中高强度建筑开发与低密度人类活动之间的悖论、行政地域的城市和作为实体地域的城市之间的悖论。针对中国的城市化，客观地认知这些悖论，并对面向存量的城乡规划法和规划编制办法进行深入研究，对中国的城市建设与发展至关重要。在下一个阶段的城市化过程中，如果不注意这些存在的问题，中国的诸多宏伟的城市群战略、城市规划策略（如存量规划）以及重大基础设施投资，可能会面临不能实现或浪费的局面。

7.4 研究目标应回归提高居民生活质量

李克强总理在总结关于国务院2015年《中华人民共和国国民经济和社会发展第十三个五年规划纲要》工作报告中强调，城市规划采用大数据的根本目的是提高城市居民生活质量。在过去，多数社会科学研究依赖于问卷调查，而如今利用新数据来体现“人文关怀”是我们同样重点关注的方向。例如，面向决策者，使其能够制定合理的决策；面向开发商，使其建设好的城市开发项目；面向规划师、设计师，使其能制订好的可以实施的规划设计方案；个别研究则是直接针对居民，围绕间接或是直接的以提高居民生活质量而展开的。例如，龙瀛、孙立君等（2015）介绍了其利用公共交通刷卡数据所开展的大量研究，如通过识别居住地特征和就业行为特征，进而优化线路、定制公交选线，提高公交通勤舒适性等，以及通过关注个体出行行为，以此来提高公共交通系统的运行效率和人性化服务水平，提高特定人群的生活质量，如学生、城市贫困者、极端出行乘客等。在PM2.5研究中，通过对污染的时间及空间分布特征分析和相应人口暴露的评估，为公众和政府决策提供了充分的依据。

8 结语

在国家不断着眼提升新型城镇化、提高基本公共服务均等化水平、促进社会公平的同时，国务院于2015年11月针对《中华人民共和国国民经济和社会发展第十三个五年规划纲要》再次强调要开门编规划，利用好互联网、大数据等技术平台，广泛听取各方意见，真正做到聚众智编制规划，最终达到提高人们生活质量的目标。伴随着新数据环境的逐渐发展成型，定量城市研究的新范式使得城市研究与规划实践的结合由宏观总体规划层面扩展至中、微观的详细规划和城市设计层面。在传统的城市研究中，城市体系中的城市大多抽象为"点"，侧重考查城市间的相互作用和联系。而大范围精细尺度上的大样本量城市分析，不再是孤立的研究各个城市，除了考虑城市内部的发展动态，还关注城市间的联系"网络"。

本文所探讨的"大模型"范式指导下的中国城市系统量化研究的诸多案例中，有老问题新探索，也有新问题新探索。新数据环境的形成，使得这些覆盖全国范围细粒度的人居环境多维度探索在如今成为可能。国际上也正涌现出越来越多的覆盖多个城市的精细化定量城市研究工作，考虑到中国未来信息通信技术的大力发展和对城市开发建设品质追求的日益提升，"大模型"研究范式将在中国城市系统量化研究中起到更大的作用，它将对中国城乡规划科学化起到积极提升的作用，也有望推动我国人居环境科学的大力发展。

致谢

本文所介绍的案例来自多位合作者，在此表示感谢。

注释

① 关于城市模型的讨论，详见刘伦等（2014）。

参考文献

[1] Bagchi, M., White, P. 2004. What Role for Smart-card Data from Bus Systems? *Municipal Engineer*, Vol. 157, No. 1.

[2] Cai, B., Wang, J., Long, Y. et al. 2015. Evaluating the Impact of Odors from the 1955 Landfills in China Using a Bottom-up Approach. *Journal of Environmental Management*, Vol. 164, No. 12.

[3] Liu, X., Long, Y. 2015. Automated Identification and Characterization of Parcels (AICP) with OpenStreetMap and Points of Interest. *Environment and Planning B: Planning & Design*, In press.

[4] Liu, X., Song, Y., Wu, K. et al. 2015. Understanding Urban China with Open Data. *Cities*, Vol. 47, No. 9.

[5] Long, Y., Gu, Y., Han, H. 2012. Spatiotemporal Heterogeneity of Urban Planning Implementation Effectiveness: Evidence from Five Master Plans of Beijing. *Landscape and Urban Planning*, Vol. 108, No. 2.

[6] Long, Y., Han, H., Lai, S. et al. 2013. Urban Growth Boundaries of the Beijing Metropolitan Area: Comparison of Simulation and Artwork. *Cities*, Vol. 31, No. 4.

[7] Long, Y., Han, H., Tu, Y. et al. 2015. Evaluating the Effectiveness of Urban Growth Boundaries Using Human Mobility and Activity Records. *Cities*, Vol. 46, No. 8.

[8] Long, Y., Liu, X. 2013. How Mixed is Beijing, China? A Visual Exploration of Mixed Land Use. *Environment & Plan-*

ning A, Vol. 45, No. 12.

[9] Long, Y., Liu, L. 2015. Big/Open Data in Chinese Urban Studies and Planning: A Review. *ISOCARP Review*, Vol. 11.

[10] Long, Y., Shen, Z. 2013. Disaggregating Heterogeneous Agent Attributes and Location from Aggregated Data, Small-scale Surveys and Empirical Researches. *Computers, Environment and Urban Systems*, Vol. 42, No. 11.

[11] Long, Y., Shen, Z. 2015. Population Spatialization and Synthesis with Open Data. *Geospatial Analysis to Support Urban Planning in Beijing*. Springer International Publishing.

[12] Long, Y., Shen, Y., Jin, X. 2016. Mapping Block-level Urban Areas for a Large Geographical Area. *Annals of the Association of American Geographers*, Vol. 106, No. 1.

[13] Long, Y., Wang, J., Wu, K. et al. 2014. Population Exposure to Ambient PM 2. 5 at the Subdistrict Level in China. SSRN 2486602.

[14] Long, Y., Wu, K. 2016. Shrinking Cities in a Rapidly Urbanizing China. *Environment and Planning A*, Vol. 48, No. 2.

[15] Long, Y., Wu, K., Mao, Q. 2014. Simulating Urban Expansion in the Parcel Level for All Chinese Cities. *ArXiv Preprint*, 1402. 3718.

[16] Zhou, Y., Long, Y. 2016. SinoGrids: A Practice for Open Urban Data in China. *Cartography and Geographic Information Science*, in press.

[17] 李苗裔、龙瀛："中国主要城市公交站点服务范围及其空间特征评价"，《城市规划学刊》，2015年第6期。

[18] 刘伦、龙瀛、麦克·巴蒂："城市模型的回顾与展望——访谈麦克·巴蒂之后的新思考"，《城市规划》，2014年第8期。

[19] 龙瀛："城市大数据与定量城市研究"，《上海城市规划》，2014年第5期。

[20] 龙瀛："高度重视人口收缩对城市规划的挑战"，《探索与争鸣》，2015年第6期。

[21] 龙瀛："街道城市主义——新数据环境下城市研究与规划设计的新思路"，《时代建筑》，2016年第2期。

[22] 龙瀛、韩昊英、毛其智："利用约束性CA制定城市增长边界"，《地理学报》，2009年第8期。

[23] 龙瀛、刘伦："新数据环境下定量城市研究的四个变革"，《国际城市规划》，2016年（已接受，待刊登）。

[24] 龙瀛、茅明睿、毛其智等："大数据时代的精细化城市模拟：方法、数据和案例"，《人文地理》，2014年第3期。

[25] 龙瀛、沈尧："数据增强设计——新数据环境下的规划设计回应与改变"，《上海城市规划》，2015年第2期。

[26] 龙瀛、沈振江、毛其智："城市系统微观模拟中的个体数据获取新方法"，《地理学报》，2011年第3期。

[27] 龙瀛、孙立君、陶遂："基于公共交通智能卡数据的城市研究综述"，《城市规划学刊》，2015年第3期。

[28] 龙瀛、吴康："中国城市化的几个现实问题：空间扩张、人口收缩、低密度人类活动与城市范围界定"，《城市规划学刊》，2016年第2期。

[29] 龙瀛、吴康、王江浩："中国收缩城市及其研究框架"，《现代城市研究》，2015年第9期。

[30] 龙瀛、吴康、王江浩等："大模型：城市和区域研究的新范式"，《城市规划学刊》，2014年第6期。

[31] 龙瀛、张宇、崔承印："利用公交刷卡数据分析北京职住关系和通勤出行"，《地理学报》，2012年第10期。

[32] 毛其智、龙瀛、吴康："中国人口密度时空演变与城镇化空间格局初探——从2000年到2010年"，《城市规

划》，2015 年第 2 期。

[33] 石峰、龙瀛："基于互联网大数据技术的重污染水体识别研究"，北京城市实验室（BCL），http：//mp. weixin. qq. com/s? _ _biz = MjM5ODI3ODQ3Ng = = &mid = 400514011&idx = 1&sn = 50eebd544de038c802a320de1ececc44&scene = 1&srcid = 0130iyAWkD95qS6fcxr6od0Z#wechat_redirect，2015 年。

[34] 周一星、史育龙："建立中国城市的实体地域概念"，《地理学报》，1995 年第 4 期。

中国县域城镇化质量与水平研究

于涛方

Urbanization Quality and Level of China's County-Level Cities

YU Taofang
(School of Architecture, Tsinghua University, Beijing 100084, China)

Abstract Based on theoretical economics views of urbanization, such as over-urbanization, this paper firstly tries to measure the spatial feature of urbanization quality in China with the employment data and human capital data in 2010 national census, with the aid by principal component analysis in SPSS. And then the paper uses a recession model to analyze the relationship between urbanization level and urbanization quality. After that, based on the data of the fifth and sixth national census, the paper analyzes the changes on urbanization quality in China during 2000-2010, and the relationship between these changes and the change on urbanization level in China. It is expected that the analysis result of the paper will provide certain references for either China's strategy of new urbanization or the human settlements construction oriented at human demanding.
Keywords China's county-level cities; urbanization level; urbanization quality; over-urbanization; under-urbanization

作者简介
于涛方，清华大学建筑学院。

摘　要　在从经济学视角对“过度城市化”等理论解析的基础上，本文首先从2010年第六次人口普查中城市的人力资本和就业行业结构等方面的数据，通过SPSS软件中的主成分分析等定量方法测度了中国县域（区、县等县级城市）层面的城镇化质量空间特征，并构建不同的方法归纳了城镇化质量的驱动力类型，回归模拟分析了城镇化质量和城镇化水平的关系；随后通过“五普”和“六普”人口数据，分析了2000～2010年中国城镇化质量的变化以及城镇化质量变化和城镇化水平变化的关系。其分析结果可为中国新型城镇化战略、以人为本的人居环境建设提供一定的借鉴。
关键词　中国县域城市；城镇化水平；城镇化质量；过度城市化；滞后城市化

1990年代中期以来，中国城市（镇）化快速推进，2012年全国城市化水平达到52.57%。与此同时，城市化质量问题逐渐显现出来。2013年，国家发展和改革委员会指出，随着国内农业富余劳动力减少和人口老龄化程度提高、资源环境“瓶颈”制约日益加剧、户籍人口与外来人口公共服务差距造成的城市内部二元结构矛盾日益凸显，过去主要靠高投入、高消耗、高排放的工业化和城镇化发展模式难以为继，必须走以提升质量为主的转型发展之路[①]。中央适时提出了“促进城市化健康发展”的目标，中共十八大报告也明确提出“城镇化质量明显提高”的新要求。可以说，城镇化质量和城镇化水平是城镇化进程中两个最重要的方面，二者相互依赖相互制约。因此，理清两者之间的关系对新型城镇化的路径和发展具有重要意义。

国际上，对城镇化质量和城镇化水平这两方面的关注基本是围绕“过度城市化”（over-urbanization)、“滞后城市化”（under-urbanization）等展开（顾朝林等，2008；Knox and Mccarthy，2005；于涛方，2014)。许多学者认为中国城镇化进程属于低度城镇化，即城镇化水平滞后于经济发展水平（一定意义上反映了城镇化质量)，也有学者认为近些年中国城镇化在以惊人的速度增长，言下之意就是中国城镇化正在逐渐适应甚至赶超经济发展水平（Friedmann，2006)。国内关于城市（镇）化质量和城镇化水平（速度）的研究，其研究区域主要涉及全国性的、区域性的、城市和城市群等，研究的方法有向量自回归（VAR）模型、耦合度模型、象限图分类识别方法等，具体研究了中国城镇化与经济发展的协调性，东西空间分异，城镇化与生态资源环境发展的协调性，城镇化质量与规模的关系，城镇化的速度与土地资源、水资源、环境容量等因素的适应性问题等（叶裕民，2001；徐素等，2011；张春梅等，2013)。其中关于城镇化质量的测度是研究的关键，研究视角包括：城市发展质量、健康城市、城市可持续性、城市现代化水平等，也包括城镇化质量的单因素评价测度，如生活质量、环境质量、经济质量等（王德利等，2010；魏后凯，2012)。测度指标包括经济、社会、环境、生态等诸多方面综合指标，而其数据来源比较多元，包括城市统计年鉴、省份统计年鉴、区县统计年鉴等。对于全国层面的分析，主要的分析单元是以省份为基本单元展开的，如王德利等（2010）分析了1978～2008年中国省际层面城镇化发展质量指数及其变化和区域差异性，归纳出质量过度滞后型、质量滞后型、协调型、速度滞后型及速度过度滞后型五种类型，并指出中国省域层面城镇化质量各个领域发展均衡性明显不足，城市基础实力是当前城镇化发展质量提升的主要动力等。在城市层面，2013年，中国社会科学院等发布了《中国城市化质量报告》[②]，该报告的研究数据为286个地级及以上城市（不包含拉萨市）2010年相关数据，数据来源为各省市统计年鉴、《中国城市统计年鉴》、《中国城市建设统计年鉴》、各城市统计公报、“十一五”和“十二五”规划等，从城市自身的发展质量、城镇化的推进效率、城乡协调的程度三个方面，报告构建了城镇化质量评价指标体系，共有一级指标3项、二级指标7项、三级指标30多项，报告最后还分析了城镇化质量与水平的基本关系；王凯等（2013）从人居环境指标体系、城市主要基础设施完备性评价、城市土地利用变化监测与分析、城市空间演化分析及情景模拟等角度探讨了中国城镇化质量和城镇化水平的关系，包括省区和城市层面的研究；韩增林和刘天宝（2009）也运用统计指标进行了全国地级城市层面的分析。在区域层面，张春梅等（2013）通过构建测评指标体系对其进行测度，然后基于改进的象限图分类识别方法对江苏省13个地级市两者之间的协调发展关系进行了分析。

1 研究内容和数据来源

1.1 “过度城市化”理论、城镇化质量和城镇化水平分析的理论基础

城镇化质量之所以在我国受到高度关注，主要与当前农民工的地域迁移和市民化的重要议题相关联。这也在十八大和城镇化工作会议等相关工作报告中得到集中体现。从学术研究方面，城镇化质量

的测度和评价实际上是建立在“过度城市化”以及“滞后城市化”等理论学说基础上的。关于城镇化水平，虽然在不同时期有统计口径的变化，涉及城乡划分标准的变化、城镇人口范畴的变化，但城镇化水平在各个城市、各个时期还是有相对直接的统计数值。因此，关于本文的城镇化水平和城镇化质量的关系的研究，其定量分析的重点在于城镇化质量的测度理论视角和测度的指标体系。“过度城市化”是由赫塞利兹（Hoseltiz，1953）等学者提出的，原来的出发点是指由农村到大城市的移民过多，使城市人口过多、规模过大（陶然，1995）。从经济学视角，城镇化之所以“过度”，是因为这些移民给城市带来的社会成本超过了其个人成本，从而产生了高于城市最佳规模的由乡到城的人口流入。这种“经济的外部性”降低了整个经济系统的运行效率，并带来一系列城市问题和所谓的城镇化质量恶化等后果。在城镇化“推拉”机制作用下，农村落后的就业条件和城市较高收入的吸引使得大量农村劳动力涌向城市。但高工资的城市部门，尤其是技术密集型和资本密集型的制造业部门，在工资“向下刚性”作用下，就业提供弹性很低，无法完全吸收这些劳动力，所以很多移民只能在“非正式部门”，如低级的劳动力密集型的第三产业部门就业，处于失业或半失业状态，于是就出现了“没有充分工业化的城镇化”。对于“过度城市化”、“即使城市失业率已经很高，但移民过程仍会持续”这一现象，美国经济学家托达罗（Todaro）给出了理论上的解释；巴罗奇（Bairoch）、贝里（Berry）等学者也发现，在很多发展中国家的城市，制造业部门就业人口占整个城市人口的比例，明显低于西方发达国家在同等城镇化水平时的相应比例，这成为论证“城市化过度”的一个重要依据；而在许多发展中国家城市随处可见的贫民窟、棚户区和大量沿街小贩、等待被雇佣的劳工以及文盲、低教育水平人口比重集中等，是“过度城市化”问题的重要体现（陶然，1995）；相反的，则是“滞后城市化”的基本成因，如城市偏向（urban bias）等（王颂吉和白永秀，2013），其城镇化质量的外在表象是相对紧缺的城市劳动力市场、相对高密集的高端人力资本集聚等。从这个意义上来讲，与一定的城镇化水平相比较，经济学意义上的城镇化质量过高或者过低可能都不是一个最具有经济效率的城镇化模式（于涛方，2014）。

县域[3]城镇化质量一般包括人口城镇化质量、经济城镇化质量、土地城镇化质量和社会城镇化质量等。因此，国内学者在测度城镇化质量时，往往采用人均GDP、产业结构变化、人均收入、生态环境等指标，这些指标对于全面了解城镇化质量固然重要，但这些指标也往往面临统计口径和精度方面的诸多限制。基于上述经济学角度的“过度城市化”等的理论基础，本文主要从各个县级城市的人口不同行业就业指标、不同受教育人数等方面来进行城镇化质量的测度研究，虽然不能代表城镇化水平和质量的全部方面，但“人的城镇化”无疑是城镇化质量考量的核心。另外，经济转型和就业行业门类结构、人力资本提升和创新能力等不仅仅是决定城市的生态环境质量和可持续发展水平、城市发展的经济水平、城市运行效率、城市的现代化水平等深层次的城市要素，而且这两方面指标的发展和变化是一个循序渐进的过程，其结构和变化能够对未来的城镇化质量和城镇化速度产生深刻的影响。而关于城市的就业结构、城市的人力资本等构成也成为新经济背景下城市研究的国际重要指标。

在上述理论前提下，关于中国城市的人口就业结构、人力资本构成与城镇化质量之间的必然联系，本文有三个基本推论。第一，城镇化质量与城市的就业结构和状况正相关，即一个城市的高端服务业（如金融业、商务服务、科研、房地产等）比重越高，城镇化质量越高，相反，如果农林牧渔业、采掘业、一般服务业（如社会服务业、公共服务业）等比重越高，城镇化质量越低；第二，一个城市的城镇化质量与该城市人口受教育水平或者人力资本构成呈正相关关系，即人口受大学等教育水平越高的城市，城镇化质量越高，文盲率或者人口受小学等教育水平越高的城市，则城镇化质量越低（Moretti，2004；于涛方、吴志强，2006）；第三，城镇化质量的评价如显著高于城镇化水平，一定意义上则假定这类城市属于"城市化滞后"的范畴，如果城镇化质量远远低于城镇化水平，那么假定为"过度城市化"，如果两者基本匹配，则假定为"城镇化协调发展型"。

1.2 研究内容

本文关于中国城镇化质量和城镇化水平的关系及变化研究共包括两大部分：第一部分，2010 年中国城市城镇化质量与城镇化水平的格局和关系研究，包括中国县市区层级城市的城镇化质量的测度、中国城市的城镇化质量的驱动力类型分析、城镇化质量与城镇化水平关系的空间类型分析三方面内容；第二部分为中国城市的城镇化质量变化及与城镇化水平变化（城镇化速度）的关系研究，包括2000～2010 年中国城镇化质量变化的定量比较研究、城镇化质量变化的类型研究、城镇化质量变化与城镇化水平变化的关系研究等内容。

1.3 数据来源

人口普查为城镇化的研究提供了不同方面的权威数据，包括就业结构、受教育水平、人口年龄构成、迁移状况等多方面的详尽数据。因此，和其他大多数的关于城镇化质量和城镇化水平研究的成果不同，本文用于城镇化水平和城镇化质量分析的相关指标全部来源于 2010 年第六次《人口普查分县资料》、2000 年第五次《人口普查分县资料》。涉及的各个单元所辖土地面积主要取自中国民政部行政区划网站（http：//www. xzqh. org. cn/quhua/index. htm）。

2 2010 年中国县域城镇化质量与水平关系研究

2.1 中国县域城镇化质量测度及空间特征

2.1.1 中国县域城镇化质量评估的主成分分析

城市区域的受教育水平和就业结构是城镇化质量测度的重要指标。本文根据人口普查数据，描述城市受教育水平的指标包括各种受教育水平（未上过学、小学、初中、高中、大学专科、大学本科及以上六大层级）的比重，描述城市就业结构的指标包括 20 个就业行业门类（分别是农林牧渔业、采矿业、制造业、电力燃气及水的生产和供应业、建筑业、交通运输仓储和邮政业、信息传输计算机服务和软件业、批发和零售业、住宿和餐饮、金融业、房地产业、租赁和商业服务业、科学研究技术服务和地质勘探业、水利环境和公共设施管理业、居民服务和其他服务业、教育、卫生社会保障和社会福利业、文化体育和娱乐业、公共管理和社会组织、国际组织）的比重。据此，本文第一步构建用于主成分分析方法的26×2 324数据矩阵，用来探索中国县域城镇化质量的高低及其城镇化质量影响的关键因素，从而据此判断城镇化质量的区域空间类型。通过主成分分析，前7个主因子的累计总方差高达80.35%，7个主因子及其与26个关于受教育水平结构、就业结构比重的指标的关系如表1所示。

表1 中国县域城镇化质量分析的主成分分析因子旋转矩阵

	提取出来的主因子						
	高端人力资本和高端服务业	制造业	一般服务业	中等人力资本和一般服务业	公共服务业	采掘业	国际组织
未上过学	−0.124	−0.115	−0.166	−0.799	0.102	−0.062	−0.075
小学	−0.427	−0.206	−0.082	−0.696	−0.169	−0.056	0.082
初中	−0.182	0.098	0.025	0.930	−0.115	0.017	−0.021
高中	0.548	0.243	0.232	0.579	0.199	0.109	−0.023
大学专科	0.825	0.122	0.145	0.149	0.318	0.134	0.032
大学本科及以上	0.896	0.143	0.117	0.033	0.086	−0.019	0.019
农林牧渔业	−0.505	−0.704	−0.381	−0.179	−0.199	−0.155	0.005
采矿业	0.073	0.054	0.041	0.069	0.048	0.927	0.010
制造业	0.160	0.932	0.015	0.164	−0.026	−0.129	−0.020
电力燃气及水的生产和供应业	0.460	0.076	0.246	0.088	0.251	0.560	−0.062
建筑业	0.108	0.509	0.504	0.026	−0.063	0.003	0.042
交通运输仓储和邮政业	0.437	0.178	0.512	0.289	0.262	0.288	−0.029
信息传输计算机服务和软件业	0.825	0.152	0.276	0.106	0.174	0.028	0.022
批发和零售业	0.601	0.415	0.492	0.191	0.069	−0.065	−0.023
住宿和餐饮	0.420	0.163	0.724	0.076	0.126	0.030	−0.002
金融业	0.804	0.179	0.269	0.176	0.275	0.103	−0.026
房地产业	0.805	0.287	0.178	0.063	−0.104	0.005	0.012
租赁和商业服务业	0.748	0.258	0.180	0.068	−0.081	0.088	0.038
科学研究技术服务和地质勘探业	0.852	0.105	0.072	0.001	−0.040	0.085	0.055
水利环境和公共设施管理业	0.535	0.119	0.160	0.112	0.365	0.097	0.040
居民服务和其他服务业	0.321	0.265	0.662	0.199	0.126	0.196	0.003

续表

	提取出来的主因子						
	高端人力资本和高端服务业	制造业	一般服务业	中等人力资本和一般服务业	公共服务业	采掘业	国际组织
教育	0.637	0.019	0.270	0.105	0.445	0.196	0.038
卫生社会保障和社会福利业	0.705	0.101	0.251	0.189	0.431	0.210	0.027
文化体育和娱乐业	0.784	0.182	0.307	−0.001	0.179	0.053	0.039
公共管理和社会组织	0.247	0.014	0.065	−0.163	0.821	0.069	0.012
国际组织	0.094	−0.018	0.002	0.001	0.025	−0.013	0.986
累计贡献率	33.167	46.394	56.395	65.284	72.004	77.203	80.352

从26个分析指标对城镇化质量评价的7大主成分的贡献率来看，金融业、信息传输计算机服务和软件业、大学专科、大学本科及以上、科学研究技术服务和地质勘探业、文化体育和娱乐业、租赁和商业服务业、房地产业的意义重大，其贡献水平指数都有较高的正相关性。这些都属于高等级服务业(或生产者服务业)、高端的人力资本范畴，而卫生社会保障和社会福利业、批发和零售业、水利环境和公共设施管理业、高中、教育、交通运输仓储和邮政业、住宿和餐饮、居民服务和其他服务业、电力燃气及水的生产和供应业、国际组织的贡献率指数也在0以上，这些大都属于一般性服务业和中端人力资本范畴指标；制造业、建筑业、采矿业、公共管理和社会组织、初中、未上过学、小学、农林牧渔业的贡献率指数大多数较低，这些指标都属于制造业、政府服务、农业、低端人力资本的范畴，尤其是未上过学、小学、农林牧渔业比重三项指标的贡献度指数远远低于0，从这个意义上来讲，中国的城镇化水平质量高度与产业结构等级高低、人力资本的层级高低呈现非常明显的正相关性。从这方面也可以看出，用上述受教育水平和就业结构两大类指标来进行中国城市的城镇化质量的测度具有与理论假设的一致性。

从26个指标与7大提取主成分的关系来看，与第1主成分显著正相关的指标包括：大学专科、大学本科及以上、信息传输计算机服务和软件业、批发和零售业、住宿和餐饮、金融业、房地产业、租赁和商业服务业、科学研究技术服务和地质勘探业、水利环境和公共设施管理业、教育、卫生社会保障和社会福利业、文化体育和娱乐业、国际组织，呈显著负相关的包括农林牧渔业、小学、未上过学、初中等指标，这些代表第1主成分反映了城镇化质量的“高端人力资本和高等级服务业”属性，其贡献率为33.17%。同理，第2主成分反映了城镇化质量的“中等人力资本和制造业”属性；第3主成分反映了城镇化质量的“一般服务业”属性；第4主成分反映了“中等人力资本和一般服务业”属性；第5、6、7主成分分别反映了“公共服务业”属性、“采掘业”属性和“国际交往”属性。

2.1.2 中国县域城镇化质量及类型的空间特征

从 2 324 个县级城市城镇化质量得分的空间分布来看（图 1），城镇化质量高的城市有如下空间特征。①绝大多数的直辖城市、省会城市和地级城市的市辖区单元的城镇化质量得分均在 0.25 以上，是城镇化质量最高层级城市，其中得分超过 1.5 的单元包括北京市辖区、杭州市辖区、长沙市辖区、石家庄市辖区、上海市辖区、合肥市辖区、昆明市辖区、南昌市辖区、成都市辖区、郑州市辖区、福州市辖区、乌鲁木齐市辖区、南京市辖区、盘锦市辖区、太原市辖区、济南市辖区、呼和浩特市辖区、

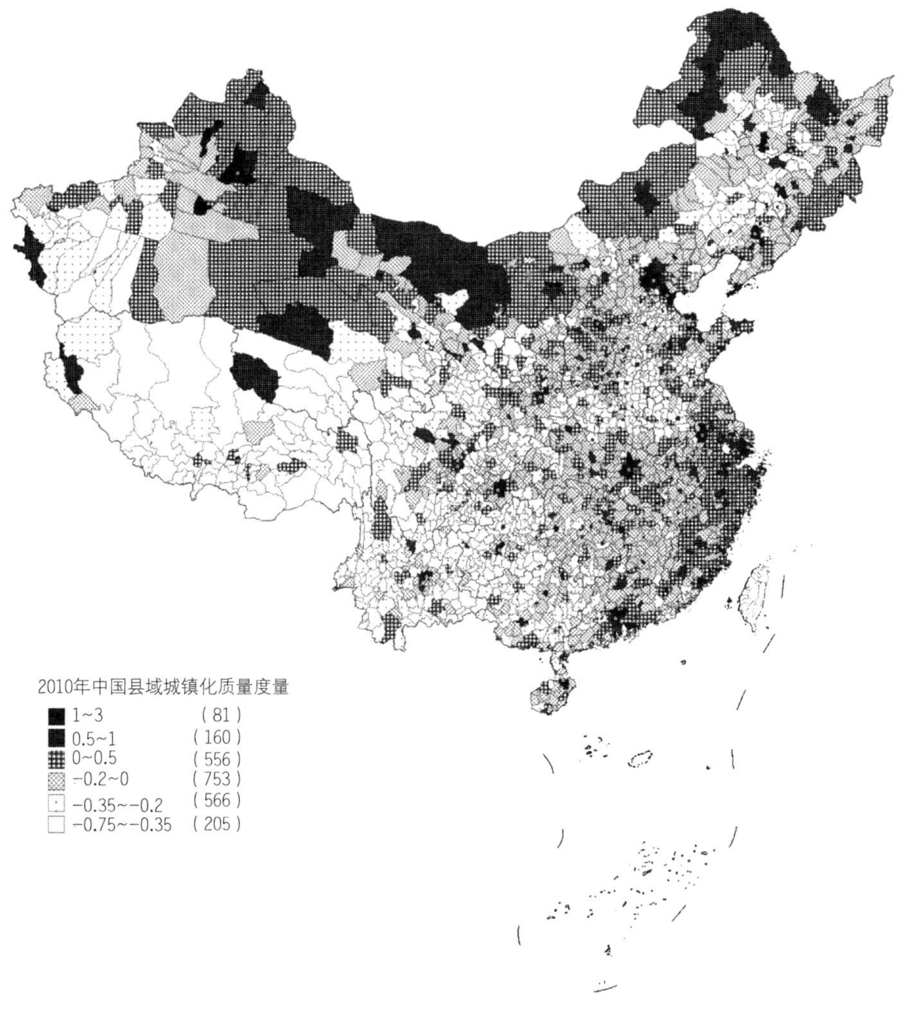

图 1　中国县域城镇化质量空间特征

注：图例括号内的数字代表该类别的县域单元数量。

资料来源：2010 年中国人口普查资料。

兰州市辖区；非辖区的县级城市中，得分最高的是海拉尔市、东胜市、延吉市、大兴县、石河子市。②中国北方边境城市城镇化质量较高，包括新疆、内蒙古、黑龙江、吉林和辽宁等广大省份的绵长国境线上的城市与地区。③沿海发达地区，尤其是京津冀地区、长三角地区、福建沿海地区、珠三角地区等巨型城市地区的城镇化质量较高，从北到南包括大连、盘锦、秦皇岛、唐山、滨州、烟台、威海、青岛、连云港、宁波、舟山、温州、惠州、深圳、珠海、中山、江门、北海等沿海港口城市所辖的县级单元。④传统资源型城市，如内蒙古、山西、辽宁、新疆等地的资源型县级单元得分较高。⑤得分较低的县级单元主要集中在西南地区、甘肃省—青海地区、东北的非延边地区。

按照城镇化质量得分，在自然断裂法基础上，将中国县级城市划分为三大类：高城镇化质量型（大于 0.25 以上的城市）、中等城镇化质量型（得分为−0.2～0.25）、低城镇化质量型（小于−0.2 的城市）。同时按照中国的东、中、西和东北的地带划分，进行区位熵的分析，可以判断中国城镇化质量具有显著的地带分异特征（表 2）。东部地区的 590 个县级城市单元中，有 220 个城市属于高城镇化质量类型，区位熵高达 1.50；212 个城市属于中城镇化质量类型，区位熵为 1.14；158 个城市为低城镇化质量类型，区位熵为 0.61。可以说，东部地区高城镇化质量、中城镇化质量的城市占据主导。同理，中部地区中城镇化质量类型城市占主导（区位熵高达 1.39），西部地区低城镇化质量类型城市占主导（区位熵高达 1.39）；而东北地区高城镇化质量的城市占有较高的比重，但低城镇化质量城市的比重要明显高于东部和中部地区。

表 2　不同地区不同等级城镇化质量的城市数量和区位熵分析

	东部地区	中部地区	西部地区	东北地区	合计
高城镇化质量	220（1.50）	123（0.85）	166（0.59）	68（1.45）	577
中城镇化质量	212（1.14）	254（1.39）	214（0.70）	53（0.89）	733
低城镇化质量	158（0.61）	204（0.80）	584（1.39）	68（0.82）	1 014
总计	590	581	964	189	2 324

注：括号外为城市数量绝对值，括号内为区位熵法得到的相对值。

进一步，按照各个县级城市在七个提取出来的主成分方面的得分矩阵，通过 SPSS 聚类分析原理，将高、中、低三种类型的城市进行亚类分析，结果如图 2 所示。2 324 个县级城市共聚类为六大类，可以看出不同地区、不同等级城镇化质量城市的行业和人力资本主导类型空间特征。①高端人力资本和高端服务业驱动型，这些单元绝大多数是直辖市、省会城市和地级城市的市辖区部分；②制造业驱动型的城市绝大多数集中在东部沿海地区，包括京津冀走廊地区、山东沿海地区、长三角地区、珠三角地区、福建沿海地区、长江中游地区以及湖南省；③一般服务业驱动型的城市数量最多，超过 1 200 个，东北地区绝大部分、中部地区和广西、云南、陕西、成渝地区都属于这种类型；④公共服务业主导类型的城市主要集中在青海西藏以及新疆的广大地区；⑤初级资源要素驱动型的城市则在山西、内蒙古、新疆、西南等地区占有较高的比重。通过区位熵方法（表 3）可进一步看出这些不同就业和人力资本驱动型城市的空间特征。在东部地区，占主导的城镇化质量类型为高端服务业和高端人力资本驱动型（区位熵为1.09）以及制造业驱动型（2.42）；中部地区制造业和一般服务业驱动占主导地位；西部地区，公共服务业和采掘业占主导地位，制造业驱动类型非常有限；东北地区，一般服务业驱动占主导地位，没有制造业驱动型城市。

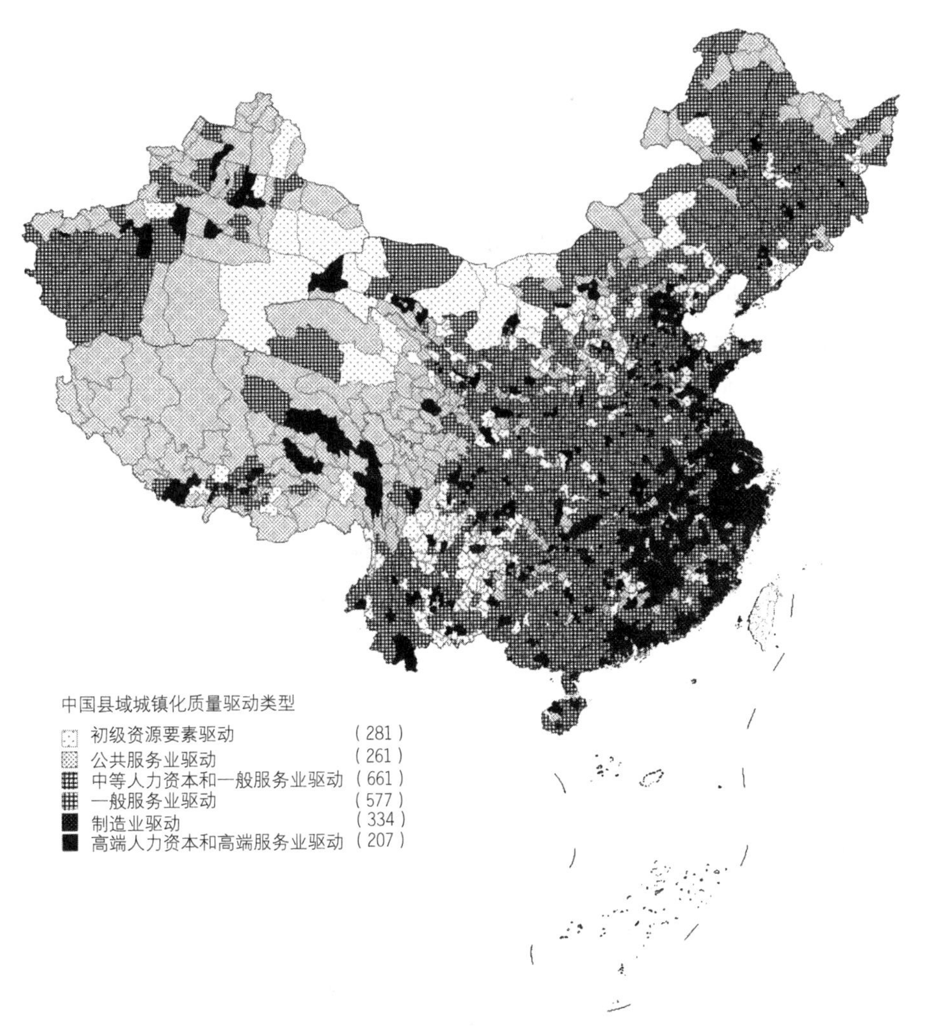

图2 中国县域城镇化质量类型划分

注：图例括号内的数字代表该类别的县域单元数量。

资料来源：2010年中国人口普查资料。

表3　不同地区不同城镇化质量驱动类型的城市数量和区位熵

	高端服务业和高端人力资本	制造业驱动	中等人力资本和一般服务业驱动	公共服务业驱动	初级资源要素驱动（采掘业等）
东北地区	14（0.84）	0（0.00）	136（1.35）	19（0.88）	20（0.88）
东部地区	57（1.09）	205（2.42）	271（0.86）	26（0.39）	31（0.44）
西部地区	88（1.03）	17（0.12）	503（0.98）	195（1.78）	161（1.39）
中部地区	47（0.91）	111（1.33）	331（1.07）	24（0.36）	68（0.97）

注：括号外为城市数量绝对值，括号内为区位熵法得到的相对值。

2.2　中国县域城镇化质量与水平关系类型

将2 324个县级城市城镇化水平指标和城镇化质量指标进行回归模拟，通过不同的方法，最后根据回归的 R^2 数值，选择多项式、线性回归、指数方法，其 R^2 分别为0.81、0.79和0.61（图3）。总体看来，城镇化水平和城镇化质量之间还是有比较显著的正相关性。但这些城市散点的分布还是具有很大的随机性，可以说在每个象限里面的城市仍有很大的差异性。为此，本文采用城镇化水平和城镇化质量的相对关系，来进行城镇化水平是超前发展还是滞后发展或是基本协调的基本判断。分类的方法是，根据图3，同时在三条回归拟合线左上方的城市被视为“城镇化质量超前于城镇化水平”类型的城市（或一定意义上的“城市化滞后型”）；同时在三条回归拟合线右下方的城市被视为“城镇化质量滞后于城镇化水平”类型（或一定意义上的“城市化过度型”）；而在三条回归拟合线之间的城市被视为“城镇化质量与城镇化水平基本协调”类型，通过这种可归纳为“相对模拟回归法”，上述

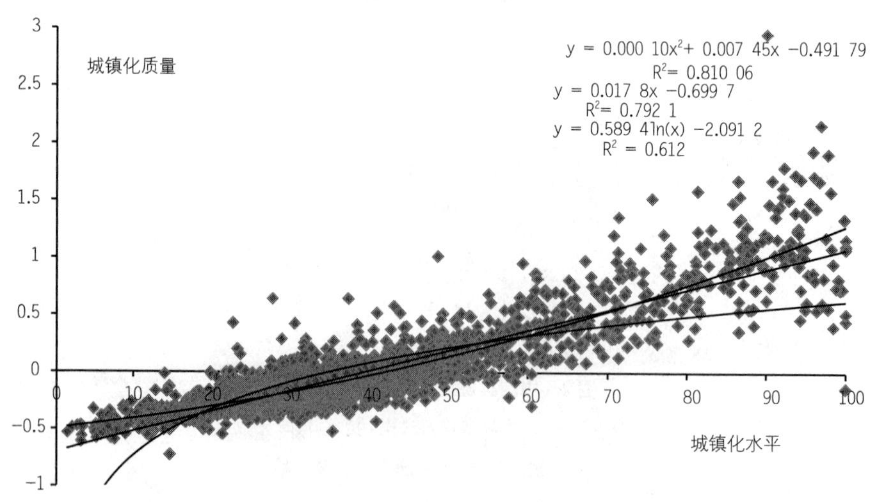

图3　中国县域城镇化质量和城镇化水平关系回归模拟

资料来源：2010年中国人口普查资料。

三种基本类型的城市空间特征如图 4 所示。可以发现：第一，城镇化质量超前于城镇化水平的城市大都是省会城市或直辖市的市辖区单元，在京津冀、长三角和新疆、山西等省份城镇化质量显著高于城镇化水平；第二，城镇化质量滞后于城镇化水平的城市相对分布在东北、中部地区以及西南地区，在东部的山东中西部地区、河北的东南部地区、江苏苏北地区、广东的珠三角地区和沿海地区都有集中分布；第三，城镇化质量和城镇化水平基本协调的城市在沿边地区和西藏地区都有密集分布。

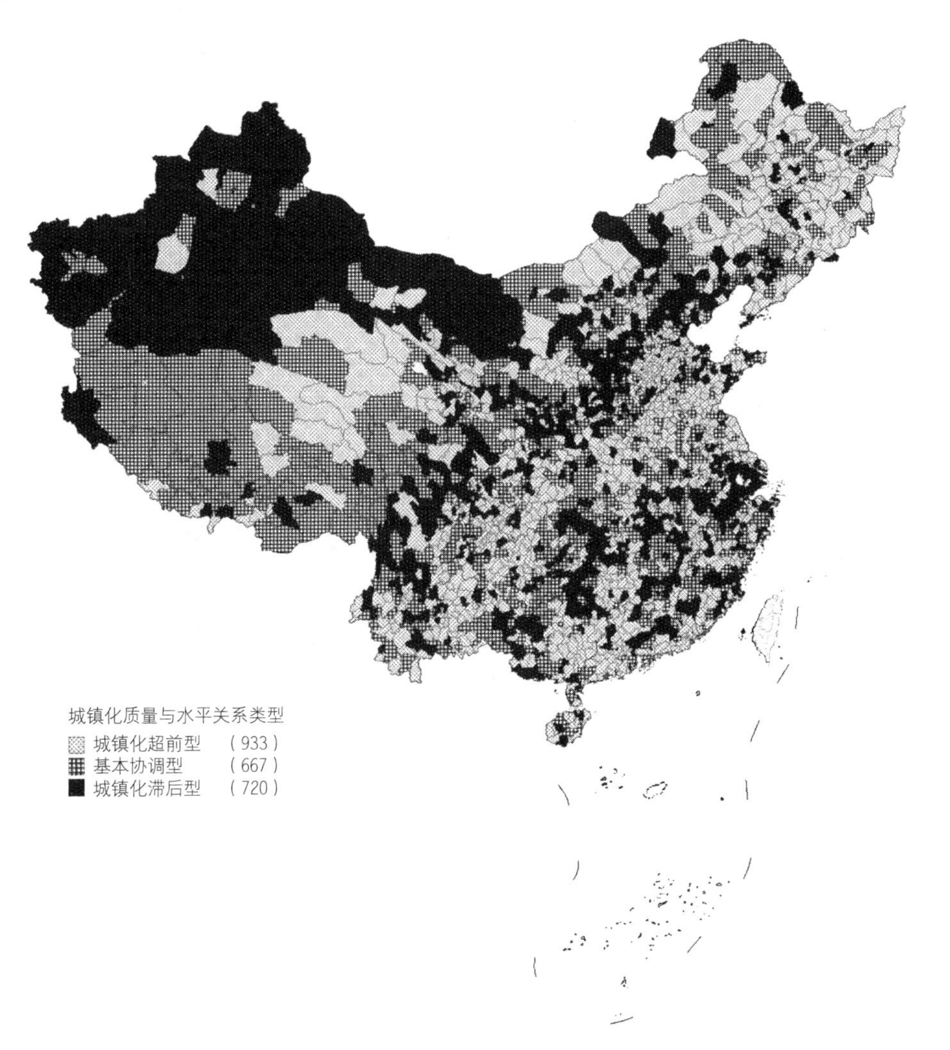

图 4 中国县域城镇化水平与城镇化质量关系聚类空间特征

注：图例括号内的数字代表该类别的县域单元数量。

资料来源：2010 年中国人口普查资料。

3 中国县域城镇化质量提升及与水平变化（速度）的关系

3.1 2000年以来中国县域城镇化质量变化研究

运用同样的方法，对2000年的县级城市城镇化质量进行定量测度，然后进行2000～2010年各个城市城镇化质量的变化研究，结果显示（图5）：第一，绝大多数的直辖市、省会城市的市辖区城镇化

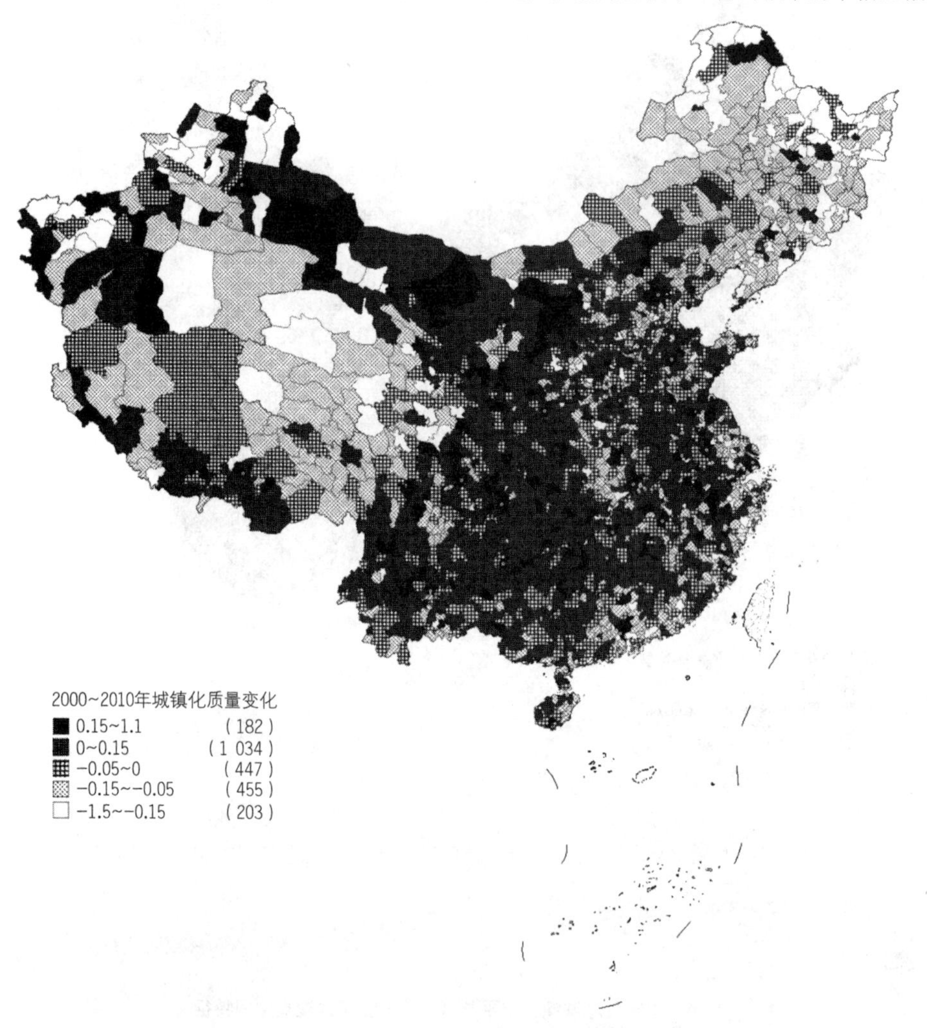

图5 2000年以来中国县域城镇化质量变化特征

注：图例括号内的数字代表该类别的县域单元数量。

资料来源：2000年、2010年中国人口普查资料。

质量提升最大，除此以外，青岛、三亚等城市也有显著的提升，在所有单元中，北京市辖区、延庆、大兴等提升幅度最高，天津、深圳、长春等则较为例外；第二，城镇化质量变化较大的城市（指数增长在0～0.15）共有1 034个，绝大多数集中在京九铁路沿线地区与呼和浩特—西安—成都—昆明一线，西部地区的沿边地区也有较为集中的分布；第三，东部沿海地区城镇化水平的速度要远远高于城镇化质量的提升速度，尤其在长三角地区、珠三角地区、辽中南地区更为显著；第四，东北地区、青海—西藏地区的城镇化质量提升相对较慢。总体来讲，与初始年份2000年相比，2000～2010年县级城市的城镇化质量变化具有一定的收敛趋势，初始年份较高的城市质量指数变化相对放缓，而较低的城市质量指数变化相对提升，但R^2显示这种趋势并不是很强劲（图6）。

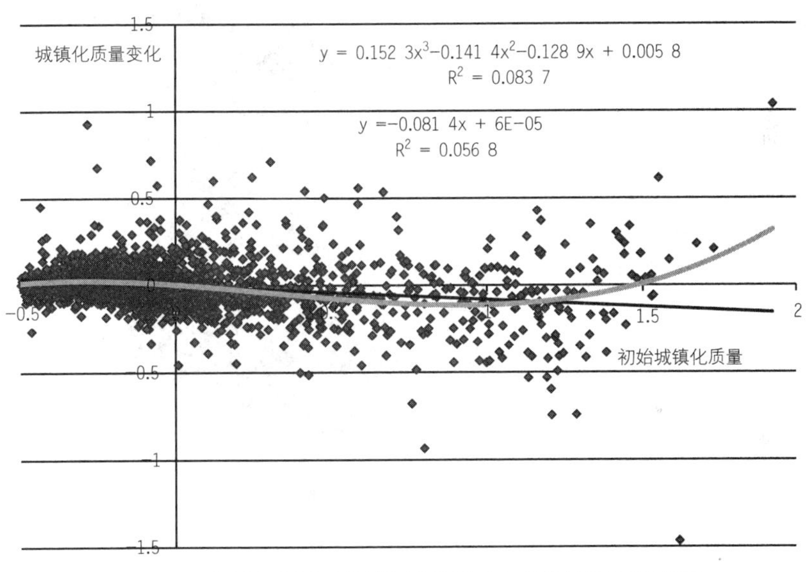

图6 2000年以来中国县域城镇化质量变化与初始年份的回归模拟

资料来源：2000年、2010年中国人口普查资料。

3.2 2000年以来中国县域城镇化质量变化与城镇化水平变化的关系研究

将2 324个城市2000年以来的城镇化水平变化和城镇化质量变化进行回归分析，选择回归拟合度较高的两种方法（多项式回归和线性回归）。2000年以来，中国城市城镇化水平和城镇化质量的变化有一定的正相关关系，但并不是特别显著，存在很大的差异性。据此，将2000年以来中国城市的变化类型聚类，如图7所示。结果显示：第一，2000年以来除了长春、天津外，其他直辖市和省会城市市辖区都是城镇化质量提升显著高于城镇化速度提升；第二，总体上西部地区的县级城市城镇化质量提升速度相对快于城镇化水平提升速度，但中部地区和成渝地区、西南地区的县级城市质量提升速度相对滞后于水平提升速度；第三，以广州深圳为中心的珠三角地区、以上海为中心的长三角地区的外围城市以及东北的绝大多数地区，县级城市的城镇化质量提升显著落后于城镇化水平的提升速度。

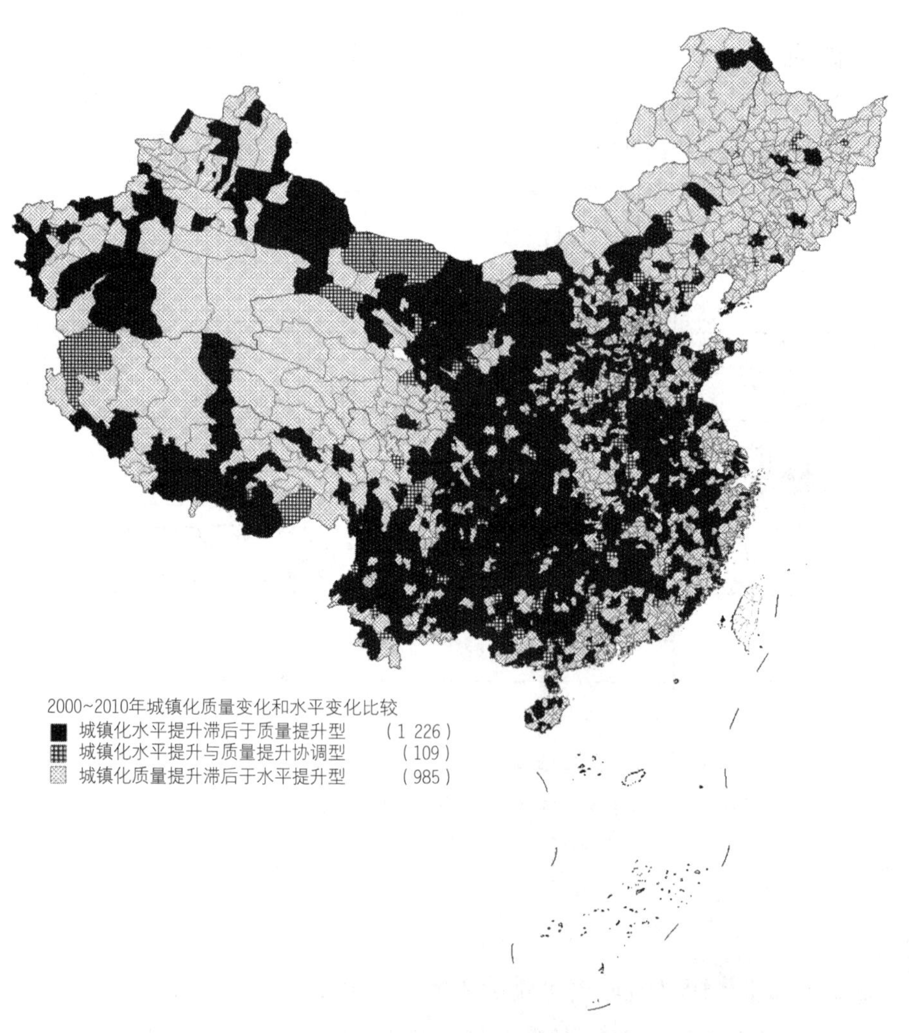

图7 2000年以来中国县域城镇化水平和城镇化质量变化类型聚类

注：图例括号内的数字代表该类别的县域单元数量。

资料来源：2000年、2010年中国人口普查资料。

4 结论与讨论

4.1 结论

人口普查数据为中国城镇化水平和城镇化质量的研究提供了全面、权威的研究数据，尤其是 2000 年第五次人口普查数据和 2010 年第六次人口普查数据。本文通过 2010 年第六次全国城市人口普查数据，从城市的人力资本和就业行业结构角度，测度了中国县级城市层面的城镇化质量空间特征，归纳了城镇化质量的驱动力类型，分析了城镇化质量和城镇化水平的关系；并通过“五普”和“六普”人口数据，分析了 2000～2010 年中国城镇化质量的变化以及城镇化质量变化和城镇化水平变化的关系。分析的基本结论如下。

(1) 当前县级城市层面城镇化质量具有显著的地域性和城市发展动力差异性等分异特征。城镇化质量相对较高的城市主要集中在东部沿海地区以及北方的边境口岸地区，而中西部的城市城镇化质量相对较低；省会城市、直辖市以及沿海港口城市、传统的资源型城市城镇化质量较高，中部等农业相对发达地区的城市城镇化质量较低。在“高城镇化质量”城市中，“高端人力资本和高端服务业主导”的类型占所有高城镇化质量城市数量 50%以上，“制造业主导”的城市都位于长三角和珠三角地区；“中城镇化质量”城市中，“中等人力资本和一般服务业主导”的城市占绝大多数；“低城镇化质量”城市中，除“高端人力资本和高端服务业主导”、“制造业主导”类型较少外，“中等人力资本和一般服务业主导”、“公共服务业主导”、“采掘业主导”均占有重要比重，这与赫塞利兹等人对“过度城市化”问题的理论解析非常吻合。

(2) 总体上城镇化水平和城镇化质量两者之间还是具有显著的正相关关系。进一步，本文归纳了中国县级城市城镇化水平是超前发展的还是滞后发展或基本协调的基本判断。为此本文创建了“相对模拟回归法”。

(3) 与初始年份 2000 年相比，2000～2010 年县域城镇化质量变化城市间差异具有一定的收敛趋势，初始年份较高的城市质量指数变化相对放缓，而较低的城市指数变化相对提升，但回归 R^2 显示这种趋势并不是非常强劲。期间县级城市的城镇化质量提升最快的是北京市，其他变化最大的仍然是省会城市或直辖市市辖区；除了青藏高原、新疆外，中西部地区的城市 2000 年以来城镇化质量有相对明显的提升。相比较 2000 年的初始城镇化质量，京津冀地区、长三角地区、珠三角地区乃至辽中南地区等东部沿海城市密集地区城镇化质量提升速度并不明显，甚至有相对的质量降低趋势，包括天津、深圳、珠海、泉州等城市。城镇化质量相对降低的城市大多位于东北地区等地区，另外东部沿海地区的东莞、佛山、温州等城市的城镇化质量下降也非常明显。

4.2 讨论

(1) 城镇化质量涉及生态环境、经济社会、发展现状和发展趋势等若干方面的问题，这也是学术界其他学者进行城镇化质量测度的主要出发点和基础，本文主要是基于经济学视角关于“过度城市化”、“滞后城市化”等城镇化质量密切相关的理论解析，基于就业结构和人力资本结构等“以人为出发点”的定量分析，虽然说就业结构、人力资本结构等能够从根本上反映城镇化质量的内在性机制和长期趋势，但对于当前的生态环境质量、经济表现和经济效率等方面的近期和表象型的城镇化质量的反映还是有一定的局限性。

（2）本文主要是通过定量的分析方法分析了当前中国县级城市城镇化质量的格局和类型，归纳了城镇化质量和城镇化水平之间的相关关系，并且探讨了这些方面的时间变化特征，但对于影响城镇化质量和城镇化水平等诸多方面的其他相关因素（如对当前有重要影响的“城市偏向”因素，包括人口流动、不同层级城市的政策差异、资本等生产要素等）仍需要做进一步的定性和定量的解析研究（武廷海等，2012）。

（3）从城镇化质量和城镇化水平的关系角度，中国城镇化的未来道路选择应该充分重视不同地区城市的阶段性、特殊性和复杂性。譬如：要充分发挥各个省会城市、直辖市等在区域城镇化进程中的重要集聚和辐射带动作用，尤其是在高端服务业、高端人力资本等方面的优势因素；要加强关注对巨型城市地区外围地区城市的人力资本、产业转型等方面的政策引导等。

致谢

本文受清华大学自主科研计划课题“基于要素流动视角的特大城市地区多中心结构现状与趋势模拟：以京津冀地区为例”（课题编号：2014Z09104）、国家自然科学基金面上项目“多维时空视角下的超大城市边缘区规划管控方法研究”（项目编号：51578302）、首都区域空间规划研究北京市重点实验室2014年度科技创新基地培育与发展工程专项项目（项目编号：Z141110004414009）联合资助。

注释

① 新华网，2013年6月26日，http://news.xinhuanet.com/politics/2013-06/26/c_116303664.htm。

②《中国经济周刊》，2013年第9期。

③ 在《中国县域统计年鉴》等文献中，“县域”主要是指“县”、“县级市”或“旗”等行政单元。除此以外，还包括部分郊区，如天津宝坻区，唐山丰南区、丰润区等。本文为了反映全国城市的城镇化特征，其“县域”除包括上述主要单元之外，还包括各地级市的“市辖区”单元。

参考文献

[1] Friedmann, J. 2006. Four Theses in the Study of China's Urbanization. *International Journal of Urban and Regional Research*, Vol. 30, No. 2.

[2] Hoselitz, B. F. 1953. The Role of Cities in the Economic Growth of Underdeveloped Countries. *Journal of Political Economy*, Vol. 61, No. 3.

[3] Knox, P. L., Mccarthy, L. 2005. *Urbanization: An Introduction to Urban Geography*. 2nd Edition. Pearson Education

Asia Limited Press.

[4] Moretti, E. 2004. Human Capital Externalities in Cities. In Henderson, J. V., Thisse, J. F. (eds.), *Handbook of Regional and Urban Economics*. First Edition. Elsevier.

[5] 顾朝林、于涛方、李王鸣:《中国城市化格局、过程、机理》，科学出版社，2008 年。

[6] 韩增林、刘天宝:"中国地级以上城市城镇化质量特征及空间差异"，《地理研究》，2009 年第 6 期。

[7] 陶然:"论大城市的发展潜力和人口政策选择——从'过度城市化'争论看中国大城市发展政策"，《中国人口科学》，1995 年第 5 期。

[8] 王德利、方创琳、杨青山等:"基于城市化质量的中国城镇化发展速度判定分析"，《地理科学》，2010 年第 5 期。

[9] 王凯、陈明等:《中国城镇化的速度与质量》，中国建筑工业出版社，2013 年。

[10] 王颂吉、白永秀:"城市偏向理论研究述评"，《经济学家》，2013 年第 7 期。

[11] 魏后凯:"中国城市化转型与质量提升战略"，《上海城市规划》，2012 年第 4 期。

[12] 武廷海、张城国、张能等:"中国快速城镇化的资本逻辑及其走向"，《城市与区域规划研究》，2012 年第 2 期。

[13] 徐素、于涛、巫强:"区域视角下中国县级市城市化质量评估体系研究——以长三角地区为例"，《国际城市规划》，2011 年第 1 期。

[14] 叶裕民:"中国城市化质量研究"，《中国软科学》，2001 年第 7 期。

[15] 于涛方:"中国城市人口流动增长的空间类型及影响因素"，《中国人口科学》，2012 年第 4 期。

[16] 于涛方:"从速度到质量:京津冀地区城镇化发展战略思考"，《上海城市规划》，2014 年第 1 期。

[17] 于涛方、吴志强:"'Global Region'结构与重构研究——以长三角地区为例"，《城市规划学刊》，2006 年第 2 期。

[18] 张春梅、张小林、吴启焰等:"城镇化质量与城镇化规模的协调性研究——以江苏省为例"，《地理科学》，2013 年第 1 期。

紧凑城市形态对交通能耗及大气污染的影响
——以韩国主要城市实证研究为例

朴珠希

Effects of Compact City Form on Transportation Energy Consumption and Air Pollution- Focusing on the Major Cities in Korea

PARK Juhee
(School of Architecture, Tsinghua University, Beijing 100084, China)

Abstract Nowadays, as the pollution brought by the high-speed urbanization of big cities worldwide becomes more and more serious, sustainable development turns to be a balanced concept between economic growth and environmental protection. The theory of Compact City is one of the most remarkable solutions in the field of environmental protection and resource saving. Since the development density of most big cities in Asia has become relatively high, we need to further examine whether the form of Compact City can play a positive role in Chinese and Korean cities. Accordingly, this paper takes 48 cities in Korea as research objects to analyze how the main features of Compact City affect transport energy consumption and air pollution. The analysis result shows that, a proper extent, the density increase improves the effect of reducing transportation energy consumption. However, if overcrowded, its negative effect on the environment is greater, while the decentralized development form has higher efficiency on reducing transportation energy consumption. On the other hand, the mixedness between the preferential

作者简介
朴珠希，清华大学建筑学院。

摘　要　目前，世界大型城市高速城市化进程带来的污染问题愈发严重，城市的可持续发展成为经济增长与环境保护之间的均衡发展理念。其中，紧凑城市理论是在资源节约与环保层面广受瞩目的规划方案之一。但是，亚洲主要城市的开发密度已经达到相当高的发展状态，因此需要进一步验证紧凑型城市发展模式是否给亚洲城市带来积极作用。据此，本研究以韩国48个城市为研究对象，分析紧凑型城市的主要特性对交通能耗及大气污染的影响。分析结果表明，在适合程度以内，提高城市密度和土地集约利用对减少交通能源消耗有积极效果，但过高的开发强度对空气污染造成的负面影响更大。在交通能源效率层面，多中心的空间均衡发展模式更为适用。另外，公共交通优先的交通模式与土地利用及产业的混合度对减少交通能耗有一定的积极作用，但其影响程度较低。因此，在交通能耗及大气环境方面，城市规划优先考虑的因素为城市开发强度与空间发展模式，通过合理规划其核心因素，以期减少小汽车保有量及使用，并提高职住平衡和绿色交通出行。

关键词　紧凑城市；交通能耗；大气污染；实证分析；韩国城市

1　研究背景

20世纪以来，急剧的城市发展带来了各种城市问题，在全球范围内面临着资源匮乏及严重的环境污染问题。尤其在现代城市，因机动车的普及与使用量的增加，在城市问题中交通部分所造成的影响日益增加。因此，在城市规划方面，将能源消费与环境问题最小化，同时可以满足城市

development of public transportationand land use and industries can play a positive role in reducing transportation energy consumption, but its effect is limited. In all, in the aspects of transportation consumption and atmospheric environment, spatial development pattern and density should be given certain priority during urban planning. And through rational planning, private car should be reduced, and green transportation and job-housing balance should be promoted.

Keywords Compact City; transportation energy consumption; air pollution; empirical analysis; Korean cities

发展需求的，关于可持续发展的城市形态的议论仍在继续。

其中紧凑城市理论作为抑制城市蔓延、提高资源利用效率的一种可持续性城市规划思想，受到了极大的瞩目。增加城市的开发密度、复合型土地利用、提高城市及建筑设计水平、职住平衡、步行及公共交通优先的交通规划等为主要实践方法。通过紧凑型城市建设，减少对小汽车的依赖程度，鼓励非机动车或公共交通的利用，减少交通需求及通行距离，降低交通能耗，最终以实现环境效益为主要目的（Dantzig et al.，1973；詹克斯等，2004）。

但是，对紧凑型城市发展模式亦有批判性的见解，在具体实践方法及其实效性等方面，不同地区及各个学者存在多少差异，至今为止争论不断。

纽曼和肯沃西（Newman and Kenworthy，1999）以世界各国大城市为对象，以城市密度与土地混合利用度等紧凑城市形态要素为主要因素，研究了城市与交通能耗的关系。其结果显示，提高城市密度与土地混合利用度对减少城市对小汽车的依赖程度和减少城市交通能源消耗有效。但是，反对的学者指出，高密—集中会引发交通拥挤加重、环境污染集中、生活舒适度降低等问题。戈登和理查德森（Gordon and Richardson，1989）通过对洛杉矶大城市圈的研究，提出高密度城市虽然可以减少通行距离，但低廉的公共交通费用反而会增加通行需求，最终导致通行量增加的反驳理论。

在亚洲，近十多年来对于紧凑型城市的实效性展开激烈议论及研究，与西方城市有截然不同的城市状况，即城市化进程仍在进行，且高密度开发方式普遍进行，据此对于紧凑城市理论的实际应用需更为慎重。

如香港一样超高密度化城市，虽其能源效率极高，但被指出，过度的紧凑型开发导致人居环境的舒适性降低，产生了严重的环境问题（Jenks and Burgess，2000）。姚胜永和潘海啸（2009）以国际城市为对象的研究中，提出城市密度已经较高，混合土地利用普遍的中国城市，不适合进行紧凑化战略的见解。反之，在广义的紧凑城市概念上，通过改善城市开发的紧凑度与多样性，有助于提高城市可持续性的观点亦不少（仇保兴，2006、2012）。

作为集中与分散的折中方案，结合集中化方案与分散化方案的优点，提出了“分散的集中”（decentralized concentration）[①]或“集中的分散”（concentrated decentralization）的城市形态（Breheny，1995）。即通过多中心化的紧凑型城市发展模式，维持城市良好的生活环境水平，将经济效益增大，对环境压力减少的最佳方案被议论。

以韩国城市为对象的既有研究显示，多中心空间结构与适合程度的高密度开发对交通能耗减少有效。但是，就其适合密度水平、空间分布的集中分散度、多样性等而言，各研究者的度量指标及分析方法有所不同，其结果亦有差异（Ahn，2000；Hwang et al.，2001；Kim et al.，2009）。

大气污染的影响因素非常广泛而多样，难下准确的定义。但是，既有研究结果显示，除城市的气象及地理条件等自然要素外，交通部分的影响亦占有相当大的部分。因此，不仅从节约资源的方面，改善城市大气环境，对交通需求及能源减少的必要性也被强调。但是，研究指出，城市开发强度的提高对大气污染的影响亦不少（郝吉明等，2005；Oh et al.，2005；Choi et al.，2007）。

因此，在紧凑型城市形态的实际适用前，需就其能否对亚洲城市状况产生积极效果做出验证，其紧凑程度与适用方式需要当地学者多角度的研究检验。在本研究中，为验证紧凑型城市的主要特性对交通能耗及大气污染的影响，以韩国 48 个城市为对象进行了实证分析。

2 研究框架

2.1 研究方法

在相关文献研究的基础上，本研究所要验证的问题设定为：紧凑型城市的主要形态特性，如城市密度、中心地布局形态（单中心/多中心）、空间分布形态（集中/分散）、土地利用的集约度及混合度、交通结构、经济水平等，对交通能耗及大气污染的影响。

为验证以上问题，本文首先进行了紧凑城市形态要素与因变量之间的相关性分析；其次，对于城市密度、集中分散度、开发强度等需要分析其适合水平的指标，进行了散点图分析；再次，为比较不同城市空间形态的交通能源消耗差异，进行了 T 检验与单因素方差分析；最后，为了分析紧凑型城市的主要形态要素与因变量之间的因果关系，并了解其相对的影响力，进行了多元回归分析。

在回归模型的变量选择上，使用了逐步回归分析方法，多次反复进行分阶段选择有意义变量、剔除无意义变量的过程，减少回归模型的多重共线性问题，提高回归模型的适合性。实证研究的统计分析使用了 SPSS Statistics 17.0 for windows 程式软件。

2.2 研究范围

本文的研究对象被设定为：韩国行政区域划分中[②]，市级以上布有城市大气环境测量网络的、人口规模在 20 万人以上的 48 个城市。并且，时间范围考虑到统计资料的更新和准确性以及资料获取的难易性，将 2010 年作为本次研究分析的基准时间（表 1）。

表 1 研究对象——2010 年韩国 48 个城市概况

行政地区	城市名称	人口（万人）	面积（km²）	行政地区	城市名称	人口（万人）	面积（km²）
特别市/广域市	首尔（M. Seoul）	1 031.3	605.3	江原道	春川（Chuncheon）	27.0	1 116.6
	釜山（M. Busan）	356.8	766.1		原州（Wonju）	31.5	867.5
	大邱（M. Daegu）	251.2	884.1		江陵（Gangneung）	21.9	1 039.7
	仁川（M. Incheon）	275.8	1 027.0	忠清北道	清州（Cheongju）	65.6	153.4
	光州（M. Gwangju）	145.5	501.3		忠州（Chungju）	20.8	983.7
	大田（M. Daejeon）	150.4	539.9	忠清南道	天安（Cheonan）	55.8	636.2
	蔚山（M. Ulsan）	112.6	1 058.2		牙山（Asan）	26.5	542.1
京畿道	水源（Suwon）	107.8	121.0	全罗北道	全州（Jeonju）	64.2	206.1
	城南（Seongnam）	98.0	141.7		群山（Gunsan）	27.3	390.2
	议政府（Uijeongbu）	43.2	81.5		益山（Iksan）	30.7	506.7
	安养（Anyang）	62.2	58.5	全罗南道	木浦（Mokpo）	24.5	50.0
	富川（Bucheon）	87.5	53.4		丽水（Yeosu）	29.3	502.3
	光明（Gwangmyeong）	34.4	38.5		舜天（Suncheon）	27.3	907.4
	平泽（Pyeongtaek）	41.9	455.2	庆尚北道	浦项（Pohang）	51.5	1 128.8
	安山（Ansan）	71.5	149.1		庆州（Gyeongju）	26.7	1 324.4
	高阳（Goyang）	95.0	267.4		龟尾（Gumi）	40.5	615.5
	南杨州（Namyangju）	56.4	458.1		庆山（Gyeongsan）	24.1	411.7
	始兴（Siheung）	40.4	135.0	庆尚南道	昌原（Changwon）	109.0	744.3
	军浦（Gunpo）	28.8	36.4		晋州（Jinju）	33.5	712.8
	龙仁（Yongin）	87.7	591.4		金海（Gimhae）	50.3	463.3
	坡州（Paju）	35.6	672.4		巨济（Geoje）	22.8	401.6
	仁川（Icheon）	20.3	461.3		梁山（Yangsan）	26.0	485.2
	金浦（Gimpo）	23.8	276.5	济州特别自治道	济州（Jeju）	41.8	977.9
	华城（Hwaseong）	50.6	689.2				
	光州（Gwangju）	25.0	431.0				

注：为区别研究对象中的两个光州（Gwangju），故在首尔以及 6 个广域市名称前加字母 M.，即“metropolitan”的首字母。

资料来源：韩国国家统计厅（http://kosis.kr/）。

在亚洲国家中选取韩国城市作为研究对象的理由是：第一，与中国相同，韩国属于发展中国家；第二，过去30～40年韩国城市经历了急剧成长；第三，城市整体规模相对于中国城市较小，但就实际建成区集中的人口与开发强度而言，可进行参考及比较；第四，韩国城市研究的信息化程度较高，据此可以收集研究所需的可靠性统计数据。

3 数据采集

为了设计紧凑型城市形态要素的分析模型，本研究把相关指标按尺度及特性分为城市密度、空间结构、土地利用、交通结构、经济水平五个方面。为验证其效果的因变量，选择了通行特征、交通部门能源消耗、交通部门大气污染物排放、大气污染度四个方面的变量。各方面的具体分析变量如下文。

3.1 城市密度变量

城市密度相关的分析变量选择了人口密度、市区人口密度、就业密度；此外还有住宅密度、户数密度、事业单位密度等，但与上述三种变量呈现类似的分析结果，因此略过。

3.2 空间结构变量

关于空间结构的分析变量，首先，显示实际城市建设地区面积比例与人口比例的市区化率、城市化率选为变量；然后，显示空间分布的不均衡度的人口密度与就业密度基尼系数选为集中分散度分析变量；最后，即使算得一样的基尼系数，也可能出现单中心、多中心、分散型等不同分布模式（Tsai, 2005）。因此，最后作为补充，分析了城市中心地分布模式。为判断城市中心地布局规律，以既有研究的分析方法为基础，在本研究中制定了四种判别标准，具体如表2所示（Mcmillen and Smith, 2003；Koo, 2006）。

表2 就业中心地空间布局形态的判别标准

编号	标准类别
第一	就业密度标准化值（Z-score）≥ 1.037（上位30%）
第二	绝对就业规模 ≥ 5 000 人，或者全市总从业人员的5%以上（人口规模100万以上大城市的绝对就业规模 ≥10 000 人）
第三	高密度就业中心地域之间距离 ≥ 1km，同时考虑行政区域面积、与邻近地域的关系、历史及地理条件、城市发展形态等其他要素
第四	与既有研究及城市基本规划上的空间结构规划相比分析

3.3 土地利用变量

土地利用相关变量，首先选择显示集约度的人均城市建设用地面积与住宅形式中公寓楼比率。伴随城市化的快速进行，城市地区的无序扩张引发了农地与绿地的急剧减少以及通行距离增加等多种问题。人均城市建设用地面积是判断土地资源使用效率水平的重要指标。集体住宅是亚洲高密化城市地区的代表性住宅类型，以本研究分析对象城市为准，占有总住宅数量的 48.9%～94.6%，是变化并构成现代城市肌理与空间形态的主要因素之一。

其次，选择了显示土地用地属性与产业结构混合度的土地混合利用度及产业混合度为分析指标。土地混合利用度显示韩国城市土地用地属性区域制度中，可进行复合型开发的准居住区域及商业区域的面积比例。产业混合度显示产业分类中第三产业的就业人口比率，因为第三产业相对于第一、第二产业，其选址及规模等制约较小，可位于居住地近邻，且行业多样度较高。

3.4 交通结构变量

在了解交通结构的多数指标中，将与通行特征有着密切关系的道路率、人均机动车保有量、城市轨道车站密度以及每千人公交车拥有量选为分析变量。

3.5 经济水平变量

城市的产业结构对就业中心地布局形态、通行行为等会产生影响。另外，经济水平对交通基础设施建设、小汽车保有量、出行方式等会造成影响。因此，将地方财政自立度、人均地方税纳税额、地区生产总值中二产和三产比率选为经济水平的分析变量。

3.6 因变量

第一，关于通行特性，选择 12 岁以上的通勤通学人口的地区内部出行率与各出行方式的分担率作为变量。地区内部出行率是 2010 年人口总调查（10%样本）中对居住地按通勤通学地的位置来分类的资料，其中选用了总出行量中市—郡—区行政区域内部通行量比率。

第二，对于交通部门能源消耗变量，选定了作为主要交通能源、与大气污染物质排放有直接关系的石油消费量。其数据来源于韩国石油公社提供的国内石油消费量资料，按产业分类中，关于输送产业的道路交通部门，各城市 2010 年度石油消费量作为交通能耗的分析变量。

第三，对于交通部门大气污染物排放变量，据韩国国家大气污染物排放源分类体系，在 12 个大分类中，选择了与交通能耗直接相关的道路移动污染源排放量作为分析变量。交通部门大气污染物排放包括 CO、NO_x、SO_x、PM10、VOC。2010 年，48 个研究对象城市的大气污染物总排放中道路移动污染源占 33.5%，各污染物排放中道路移动污染源占比分别为 72.7%、39.9%、0.3%、16.9%、

8.5%。首尔市的道路移动污染源占比达到 58%，NO_x 和 PM10 排放中道路移动污染源占比分别为 55.5%、61.5%[③]。

第四，对于大气污染度变量，城市主要大气污染物质中，将 NO_2 与 PM10 年均浓度选为大气污染度的分析变量。这两种污染物质主要由交通部门产生，在研究范围内的多数城市中，超过了环境空气质量标准而被视为严重问题。其数据来源于韩国环境部城市大气测定网络资料，以 2010 年为准，使用了历月城市大气污染浓度测定值的年间平均值。

3.7 分析变量计算方法及数据来源

根据以上变量的选定，在文献研究的基础上，得出分析变量的计算方法，如表 3 所示。分析变量的数据来源参见附表。

表 3 分析变量的计算方法

变量	变量计算方法	单位
人口密度	总人口/行政区域面积	人/km^2
市区人口密度	用途地域上城市人口/市区面积	人/km^2
就业密度	就业人口/行政区域面积	人/km^2
市区化率	市区面积/行政区域面积×100	%
城市化率	行政区域上城市人口/总人口×100	%
人口分布基尼系数	人口密度：均等分布 0≤G≤1 不均等分布	—
就业分布基尼系数	就业密度：均等分布 0≤G≤1 不均等分布	—
中心地空间布局形态	就业中心空间布局：单中心=0，多中心=1	(0/1)
人均城市建设面积	市区面积/用途地域上城市人口	m^2/人
公寓楼比率	公寓楼形式住宅数/总住宅数×100	%
土地混合利用度	准居住地域及商业地域面积/市区面积×100	%
产业混合度	第三产业就业人口/总就业人口×100	%
道路率	道路面积/行政区域面积×100	%
人均机动车保有量	机动车登记量/总人口	辆/人
城市轨道车站密度	城市轨道交通车站数/市区面积	个/km^2
每千人公交车拥有量	市内公交车辆数/总人口×100	辆/千人
地方财政自立度	（地方税+税外收入）/地方预算规模×100	%
人均地方税纳税额	总地方税额/总人口	万韩币/人
GRDP 中二产占比率	第二产业占地区生产总值比重	%
GRDP 中三产占比率	第三产业占地区生产总值比重	%

续表

变量		变量计算方法	单位
地区内部出行率		地区内部通勤通学出行量/总通勤通学出行量×100	%
出行方式分担率	私家车	私家车（乘用车）/总通勤通学人口	%
	公共交通	公共交通通勤通学人口/总通勤通学人口	%
	步行及自行车	步行及自行车/总通勤通学人口	%
人均交通能耗		运输—道路交通部门—石油消费量/总人口	Bbl/人
人均交通排放		道路移动污染源—大气污染物排放量/总人口	kg/人
NO_2浓度		空气中NO_2年均浓度	$\mu g/m^3/yr$
PM10浓度		空气中PM10年均浓度	$\mu g/m^3/yr$

注：(1) 市区面积：韩国土地用途地域制度上都市地域中居住、商业、工业地域面积之和。

(2) 地区内部通勤通学出行量："市—郡—区"行政区域内出发（O）—到达（D）的12岁以上通勤通学人口数。

(3) 出行方式分担率中公共交通包括公交车、城市轨道、出租车。

4 数据分析

4.1 相关性分析

相关性分析结果参见表4，城市密度与地区内部出行率、私家车出行分担率、人均交通能耗及排放呈负相关性；反之，与公共交通出行分担率、NO_2浓度呈正相关性。这意味着城市密度的增加对减少交通能源消耗有一定程度的效果，但也要考虑对大气污染所产生的负面影响。

表4 紧凑型城市形态要素与通行特性、交通能耗及大气污染的相关性分析

项目	地区内部出行率	出行方式分担率			人均交通能耗	人均交通排放	NO_2浓度	PM10浓度
		私家车	公共交通	步行及自行车				
人口密度	−0.678**	−0.743**	0.754**	−0.058	−0.647**	−0.550**	0.664**	0.211
市区人口密度	−0.788**	−0.654**	0.769**	−0.226	−0.626**	−0.526**	0.705**	0.402**
就业密度	−0.612**	−0.711**	0.704**	−0.029	−0.597**	−0.478**	0.609**	0.162
市区化率	−0.627**	−0.650**	0.708**	−0.123	−0.653**	−0.595**	0.578**	0.086
城市化率	−0.564**	−0.366*	0.583**	−0.373**	−0.599**	−0.674**	0.487**	0.102
人口分布基尼系数	0.645**	0.561**	−0.674**	0.189	0.728**	0.729**	−0.556**	−0.098

续表

项目	地区内部出行率	出行方式分担率			人均交通能耗	人均交通排放	NO_2浓度	PM10浓度
		私家车	公共交通	步行及自行车				
就业分布基尼系数	0.723**	0.324*	−0.616**	0.457**	0.577**	0.635**	−0.622**	−0.172
中心地空间布局形态	−0.449**	−0.476**	0.555**	−0.195	−0.586**	−0.542**	0.315*	0.024
人均城市建设面积	0.683**	0.382**	−0.508**	0.231	0.495**	0.424**	−0.489**	−0.337*
公寓楼比率	−0.827**	−0.385**	0.685**	−0.505**	−0.442**	−0.521**	0.733**	0.299*
土地混合利用度	−0.362*	−0.226	0.299*	−0.139	−0.293*	−0.350*	0.208	0.139
产业混合度	−0.184	−0.211	0.192	0.093	−0.454**	−0.484**	0.058	−0.103
道路率	−0.581**	−0.565**	0.617**	−0.106	−0.591**	−0.547**	0.579**	0.235
人均机动车保有量	0.636**	0.807**	−0.778**	0.039	0.722**	0.681**	−0.487**	−0.047
城市轨道车站密度	−0.685**	−0.589**	0.682**	−0.191	−0.496**	−0.506**	0.498**	0.222
每千人公交车拥有量	−0.365*	−0.239	0.316*	−0.123	−0.305*	−0.317*	0.304*	0.067
地方财政自立度	−0.746**	−0.439**	0.673**	−0.449**	−0.288*	−0.259	0.700**	0.316*
人均地方税纳税额	−0.237	0.035	0.178	−0.418**	0.329*	0.332*	0.268	0.277
GRDP 中二产占比率	0.402**	0.248	−0.281	0.012	0.390**	0.455**	−0.244	−0.090
GRDP 中三产占比率	−0.468**	−0.287*	0.340*	−0.038	−0.431**	−0.497**	0.309*	0.107

注：* 显著性水平（P值）小于0.05，** 显著性水平（P值）小于0.01（双侧检验）。

就城市空间结构而言，随着城市的发展，市区化和城市化水平提高，人口及就业密度呈相对均等的空间分布，愈显多中心的空间布局，公共交通出行分担率增加与私家车出行分担率、人均交通能耗及排放减少呈相关性；反之，随着城市领域的扩张，地区内部出行率与步行及自行车出行分担率减少以及 NO_2浓度增加呈相关性。

就土地集约度而言，人均城市建设面积与公共交通出行分担率呈负相关性，与人均交通能耗及排放呈正相关性。住宅形式中公寓楼比率的增加对公共交通出行分担率提高与人均交通能耗及排放减少有一定程度的积极效果，但与大气污染度呈高度正相关性。产业混合度与人均交通能耗及排放呈中度负相关性，但土地混合利用度并未呈明确相关性。

交通结构相关变量中人均机动车保有量与私家车分担率及人均交通能耗呈高度正相关性，与公共交通分担率呈高度负相关性。公共交通服务相关变量中，城市轨道车站密度与公共交通分担率呈正相关性，与私家车分担率及人均交通能耗呈负相关性，与每千人公交车拥有量并未呈明确相关性。

城市经济水平相关变量中，地方财政自立度的增加与公共交通出行分担率提高、地区内部出行率降低、大气污染度增加呈相关性。第三产业比率与人均交通能耗及排放呈负相关性。

4.2 散点图分析

以相关性分析结果为基础，分析关于紧凑城市的主要空间形态变量与人均交通能耗及 NO_2 浓度的关系（图 1）。

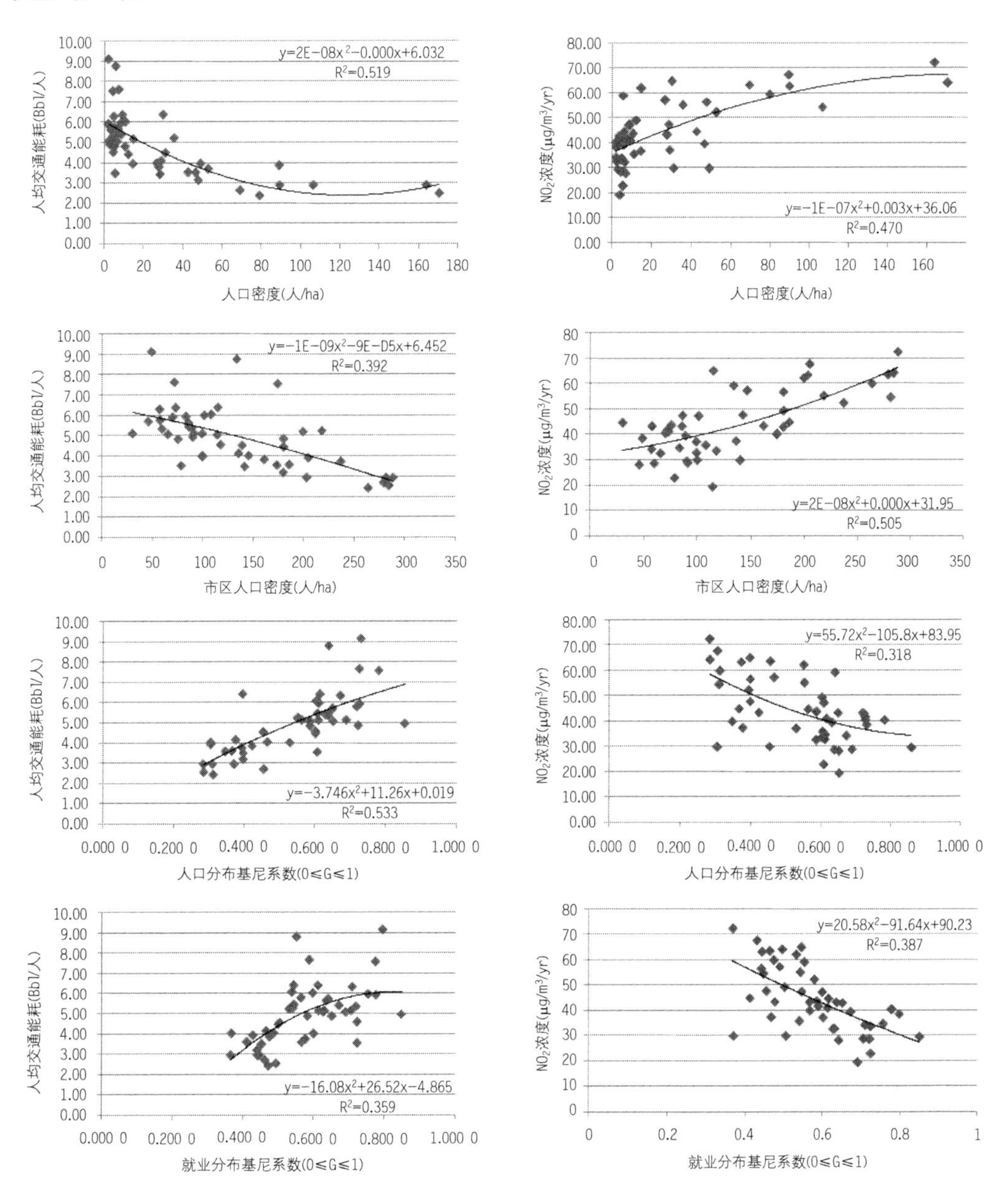

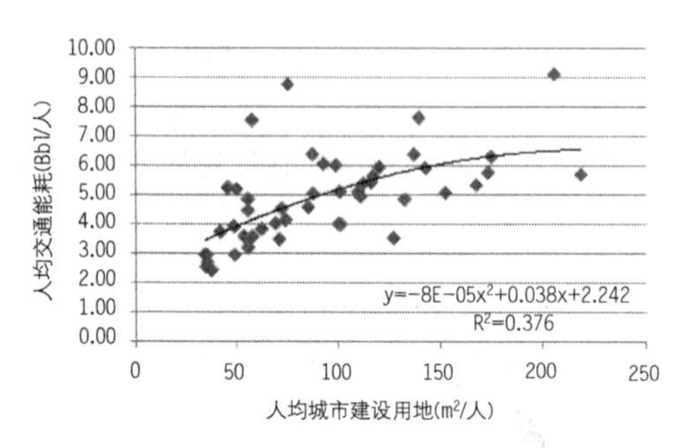

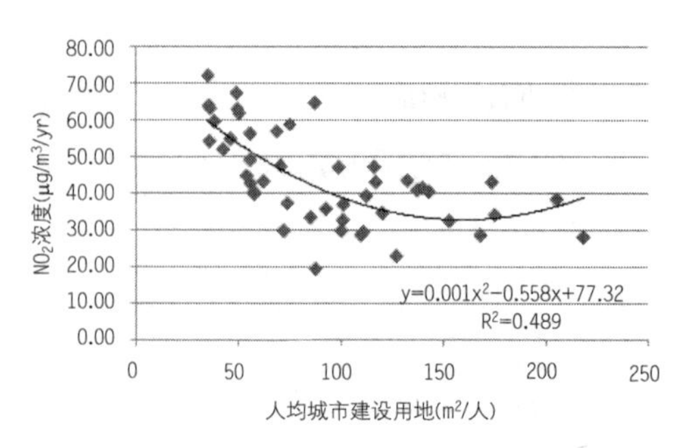

图 1　紧凑城市的主要空间形态变量与交通能耗及 NO_2 浓度的关系

考虑韩国大气环境质量标准（NO_2 浓度标准为 57μg/m³/yr）和人均交通能耗，城市的适合人口密度为 80 人/ha 左右，超过 120 人/ha 时，反而因过密引起逆向效果。另外，市区人口适合人口密度为 200 人/ha 左右；随环境空气质量要求，在 120～240 人/ha 范围内，适合开发密度有所不同。

就人口与就业的空间分布而言，相对分散的均等形态较于集中形态，交通能耗呈较低的水平，但大气污染浓度与之相反。由此，相对于无条件的分散政策，集中分散度应在 0.7 以内，据城市发展情况与大气污染管理水平，谋求城市空间的均衡发展。

就土地开发强度而言，集约型土地利用较于粗放型土地利用，在交通能耗上更为有利。但是，人均城市建设用地面积在 50㎡以下的过度开发强度对大气环境负面影响深重，在 70～110m² 程度上最为合适。

4.3　各城市空间形态类型的交通能耗差异分析

利用 T 检验方法比较城市空间形态主要变量的交通能耗平均差异，按市区密度、中心地布局形态、人口及就业的空间分布形态划分的各城市类型之间呈极显著性差异。其平均差异结果显示，相对高密度、多中心、均等分布的城市形态呈现较低的人均交通能耗（表 5）。

表 5　各城市空间形态类型的交通能耗差异比较

项目	形态类型	人均交通能耗（Bbl/人/yr）				
		N	平均值	标准偏差	t 值	p 值
市区人口密度（平均值：13 533）	低密度	27	5.670 4	1.269 5	4.982	0.000
	高密度	21	3.885 8	1.179 7		
中心地空间布局（虚拟变量：0/1）	单中心	21	5.884 0	1.276 7	4.910	0.000
	多中心	27	4.116 1	1.206 3		

续表

项目	形态类型	人均交通能耗（Bbl/人/yr）				
		N	平均值	标准偏差	t值	p值
人口分布基尼系数（平均值：0.540 3）	均等	19	3.614 9	0.897 7	-6.465	0.000
	不均等	29	5.724 8	1.221 0		
就业分布基尼系数（平均值：0.580 5）	均等	25	4.224 8	1.463 6	-3.547	0.001
	不均等	23	5.612 2	1.222 5		

对以中心地形态与就业分布分类的城市群进行单因素方差分析，其人均交通能耗的平均值呈现显著性差异。据分析结果，多中心—均等空间形态较于其他类型呈现出人均交通能耗平均值最低（表6）。因此，在城市成长过程中，就交通能源消耗效率层面，多中心的均衡空间发展模式更有利于城市的可持续发展。

这与金（Kim，2009）、龙瀛等（2011）、吕斌和曹娜（2011）等所做的研究结果稍有不同，即在多中心空间结构上一致，但集中分散度而言，相较于集中型，相对分散型空间结构更为有利。反之，与理查比（Rickaby，1987）等的研究结果在一定程度上相同。这种分析结果的差异，笔者认为，大部分是由于空间结构的度量方法差异及研究者各自解释的差异所引发。

就空间分布的集中分散度或紧凑度测算而言，日后随着实际城市空间信息资料范围的扩大，除利用基尼系数的不均衡水平外，还需利用 Moran 指数或 Greary 指数等的空间自相关性、平均偏差距离等，补全多方面城市空间结构度量方法，提高实证分析的准确度（Im et al.，2006）。

表6 以中心地布局形态与就业分布分类的城市群交通能耗差异比较

项目	人均交通能耗					
城市类型分类	G	N	平均值	标准偏差	F值/P值	事后检验结果
单中心—均等	A	6	6.024 8	1.634 3	13.097/0.000	c<a，b，d（Scheffe 检验）
单中心—不均等	B	15	5.827 7	1.167 4		
多中心—均等	C	19	3.656 4	0.832 6		
多中心—不均等	D	8	5.208 2	1.298 3		

各城市类群之间呈较明显的城市特性差异，A组集合（单中心—均等）主要包括对首尔市及釜山市等特大城市依赖性较高的卫星城市。B组集合（单中心—不均等）主要包括自古以来各地方发展的重点城市，其特点为人口规模并不大，但自足性较强。C组集合（多中心—均等）主要包括首尔市等特大城市、首都圈大城市以及发展潜力较高的地方城市，其特点为城市开发强度与城市化发展程度最高，如市区人口密度平均达到198人/ha，人均城市建设面积平均为55m^2，且公共交通设施建设水平

良好。D组集合（多中心—不均等）包括蔚山市及丽水市等，拥有国家级大规模工业基地的城市组成，其特点为城市开发强度最低，如市区人口密度平均达到 73 人/ha，人均城市建设面积平均为 154m²，但人均地区生产总值最高。

4.4 多元回归分析

用多元回归分析法，分析紧凑城市的主要形态要素对交通能耗的影响，其结果如表 7 所示。

表 7 紧凑城市的主要形态要素对交通能耗的影响（多元回归分析的标准化系数 β）

β值 (t值) / p值	地区内部 出行率	出行方式分担率			人均 交通能耗	人均 交通排放	NO_2 浓度
		私家车	公共交通	步行及 自行车			
市区 人口密度	—	—	0.338 (2.046)*	—	—	—	0.691 (3.207)**
人口分布 基尼系数	—	—	—	—	0.312 (2.076)*	0.344 (2.351)*	—
中心地空间 布局形态	—	—	—	—	−0.255 (−2.144)*	—	—
人均城市 建设面积	—	—	—	—	—	—	0.436 (2.591)*
公寓楼比率	−0.383 (−3.492)**	0.522 (4.144)**	—	−0.684 (−2.943)**	—	−0.399 (−2.535)*	0.393 (2.657)*
产业混合度	—	0.379 (3.612)**	—	—	—	−0.311 (−2.377)*	—
人均机动车 保有量	0.249 (2.266)*	0.892 (7.065)**	−0.499 (−4.395)**	—	0.377 (2.325)*	—	—
地方财政 自立度	−0.352 (−3.573)**	−0.248 (−2.199)*	0.331 (3.256)**	—	—	—	0.311 (2.347)*
常数	0.959 (75.738)**	0.436 (94.964)**	0.458 (63.513)**	0.440 (60.750)**	0.133 (36.649)**	0.499 (39.617)**	1.031 (42.905)**
R	0.926	0.901	0.920	0.598	0.830	0.840	0.860
R^2	0.857	0.812	0.847	0.358	0.690	0.706	0.740
adj R^2	0.827	0.773	0.816	0.226	0.626	0.646	0.687

续表

β值 (t值)/p值	地区内部 出行率	出行方式分担率			人均 交通能耗	人均 交通排放	NO_2 浓度
		私家车	公共交通	步行及 自行车			
标准误差	6.648	3.023	3.174	3.047	0.924	3.460	7.146
Durbin-Watson	2.180	1.732	1.698	1.918	2.219	2.336	1.969
F	29.164	20.989	27.053	2.714	10.831	11.705	13.887
P值	0.000	0.000	0.000	0.018	0.000	0.000	0.000

注:(1) * 显著性水平(P值)小于0.05, ** 显著性水平(P值)小于0.01。

(2) 通过使用逐步回归方法选用了其分析变量,回归模型的容忍度(tolerance)都呈现0.1以上的数值,因此可判断其自变量之间不存在多重共线性问题。

(3) Durbin-Watson检验值接近于2(不接近于0或4),因此可判断其回归残差之间不存在自相关问题。

在统计显著性水平下,以相对影响力大小为序,对地区内部出行率的影响因素有:公寓楼比率(−0.383)、地方财政自立度(−0.352)、人均机动车保有量(0.249);对私家车分担率的影响因素有:人均机动车保有量(0.892)、公寓楼比率(0.522)、产业混合度(0.379)、地方财政自立度(−0.248);对公共交通分担率的影响因素有:人均机动车保有量(−0.499)、市区人口密度(0.338)、地方财政自立度(0.331),意味着当人均机动车保有量增加1个单位时,公共交通分担率下降0.499单位,同样当市区人口密度增加1个单位时,公共交通分担率增加0.338单位;就步行及自行车出行分担率而言,只有公寓楼比率(−0.684)显示为在显著性水平0.01内的影响因素。此回归式的说明力(R^2)为35.8%,处于较低水平,被判断为不足以解释城市形态要素对步行及自行车出行的关系。

以相对影响力大小为序,对人均交通能耗的影响因素有:人均机动车保有量(0.377)、人口分布基尼系数(0.312)、中心地空间布局形态(−0.255);对人均交通排放的影响因素有:公寓楼比率(−0.399)、人口分布基尼系数(0.344)、产业混合度(−0.311);对NO_2浓度的影响因素有:市区人口密度(0.691)、人均城市建设面积(0.436)、公寓楼比率(0.393)、地方财政自立度(0.311)。此结果显示,当市区人口密度和人均城市建设面积各增加1个单位时,NO_2浓度分别增加0.691和0.436单位,具有相当高的影响力。

除步行及自行车分担率之外的各回归式呈69%以上的说明力,容忍度(tolerance)和Durbin-Watson检验结果显示,所有的回归模型适合分析。

解释回归分析结果,城市密度的增加对提高公共交通利用率有积极影响,但对大气污染造成的影响力相对更大。人口分布的不均衡度越高,人均交通能耗及排放增加,多中心的空间布局减少人均交通能耗。人均城市建设面积的增加是NO_2浓度上升的重要因素。公寓楼比率对于通行特性及交通排放等是非常重要的因素,因土地集约利用,减少交通排放有一定程度的效果,但对通行特性及大气污染的负面影响更大。产业混合度对私家车出行增加造成影响，同时对交通排放减少亦有影响力。人均机动车保有量对私家车出行增加与公共交通出行减少有影响最大。反之，地方财政自立度对私家车出行减少与公共交通出行增加造成影响。

5 研究结论

研究结果显示，城市交通模式与住宅形式是影响通行特性的核心因素，再则财政管理水平、土地利用的混合度以及城市密度也是重要的影响因素。空间结构与交通模式是影响交通能源消耗的核心因素，再则城市密度、土地利用的集约度及混合度以及住宅形式也是重要的影响因素。城市密度是影响大气污染的核心因素之一，再则土地利用的集约度和住宅形式也是重要的影响因素，同时交通模式与财政管理水平也有一定程度的作用。

已被验证人口密度的提高对减少交通能耗有一定程度的效果。但是，超过适合水平的过高密度状态反而出现负面效果，大气污染度会上升。因此，各城市应设定考虑到基础设施及资源环境承载力的适合密度，在其程度之内合理调整开发密度及分布。

人口及就业集中分散度在相对均等的分布形态下交通能耗效率更高。但是基尼系数在约 0.5 以下的相对分散形态中 NO_2 浓度上升；在基尼系数 0.7 以上的相对集中形态中几乎无交通能耗降低效果，反会使得 NO_2 浓度小幅上升。

就业中心地布局形态而言，多中心比单中心空间结构交通能耗效率更高。但需要考虑城市发展情况，对城市规模较小的中小型城市，单核集中型空间布局更具有效率性；对城市成长达到人口规模百万以上的大城市，构建相对均衡的多核空间发展结构更为合理。

比较韩国与中国的大型城市发展模式，首尔市是在首都圈地区与不同行政区域上的新城连接的空间布局，北京市则是在行政区域内北京市中心城区及城市功能拓展区（城六区）与新城包含在内的空间形态。两个大城市地域空间结构具有类似的发展模式。据此，本文提出的多中心均衡的空间发展模式是在中国城市的中心城区及城市功能拓展区所适用的。并且，对于城郊区的新城建设而言，较于上述的单中心一均等形态的空间发展模式，依据新城规模及发展条件，单中心集中型或多中心均衡的空间发展模式在交通能源效率方面更为适用。与此同时，在与中心城市的关系方面，减少依赖性并提高自足性，有待促进母城和新城相互良性发展的新框架。

土地的集约利用对减少交通能耗有一定程度的影响。但是人均城市建设用地在 $50m^2$ 以下的过度开发强度反而对大气环境的负面影响更大。土地混合利用度及产业混合度会减少交通能耗，但是其影响力较低。对于城市功能的复合性或多样性的度量指标及分析方法尚不足以准确评价其影响，是在日后研究中有待改善的部分。

公共交通优先的交通结构减少私家车使用率，并对交通能耗减少有一定程度的影响。但是，城市轨道交通发展导致职住分离现象以及通勤距离增加，反而加重交通需求及大气污染度。因此，本文认为，在规划城市轨道时，应与就业中心地空间布局及土地利用相结合考虑，制定合理的综合性方案。

城市经济水平越高，机动车保有量就会有所增加，但与交通能耗相关性越低，反而与城市的产业结构及财政自立度的相关性更为明显。

住宅形式中公寓楼比率与大部分的因变量呈较高的相关性及影响力，对此，笔者的追加解释如下：韩国在快速城市化发展历程中，为弥补住宅供应的不足，大量建设了高层公寓住宅。这样的住宅建设方式在迅速的住宅供应与集约土地利用方面收到了相当大的成效，但是逐步瓦解了多样功能混合在一起的城市传统居住社区，导致职住分离现象等，其负面影响亦不在少数。

以首尔市为例，城市住宅形式的变化与以机动车为中心的交通结构减少了市民的步行及自行车出行，促进了小汽车的使用。此外，因职住功能分离的高密度开发，加重了基础设施不足与交通拥堵问题。为解决此类问题，伴随着大量资金花销的大运量输送手段，即地铁建设被积极推进。因此，在城市内进行大规模高层公寓住区开发时，应考虑多样的功能安排，与既有的公共交通有便利的连接，提高步行及自行车利用环境，在城市规划方面有待提高住区设计水平。

注释

① 在"分散的集中"中，"分散"（decentralized）与"无序扩张"（sprawl）的内涵是不同的，它们将带来的城市发展形态也分别表现为"城市分散化"与"城市蔓延"。

② 根据韩国统计厅 2010 年 10 月 1 日为基准的韩国行政区域划分资料，韩国行政区域划分为"市—道"、"市—郡—区"、"邑—面—洞"。特别市和 6 个广域市包括首尔、仁川、釜山、大邱、大田、广州、蔚山；9 个道包括济州特别自治道、京畿道、江原道、忠清北道、忠清南道、庆尚北道、庆尚南道、全罗北道、全罗南道；市—郡—区包括 73 个市、2 个行政市（济州市和西归浦市）、86 个郡、69 个区、33 个行政区；邑—面—洞包括 215 个邑、1 192 个面、2 061 个洞。

③ 韩国国家大气污染物排放源分类体系中的 12 个大分类为：能源产业燃烧、非产业燃烧、制造业燃烧、生产工程、能源供应、有机溶剂关联、道路移动污染源、非道路移动污染源、废弃物处理、农业、其他面污染源、飞散灰尘（扬尘）。资料来源：韩国环境部国立环境科学院：National Air Polutants Emission 2010，2012 年。

参考文献

[1] (Korean) Ahn, Kun-Hynck 2000. A Study on the Correlation between Variables of Urban Form and Energy Consumption. *Journal of Korea Planning Association*, Vol. 35, No. 2.

[2] Breheny, M. 1995. The Compact City and Transportation Energy Consumption. *Transactions of the Institute of British Geographers*, Vol. 20, No. 1.

[3] (Korean) Choi, Yeol et al. 2007. Assessing the Impact of the Factors of Urban Characteristics on Air Pollution Using Panel Model. *Journal of Korea Planning Association*, Vol. 42, No. 3.

[4] Dantzig, G. B. , Saaty, T. L. 1973. *Compact City: A Plan for a Liveable Urban Environment*. San Francisco: W. H. Freeman and Company.

[5] Gordon, P., Richardson, H. W. 1989. Gasoline Consumption and Cities: A Reply. *Journal of the American Planning Association*, Vol. 55, No. 3.

[6] (Korean) Hwang, Geumhoe et al. 2001. *Land Use Strategies for Shaping the Capital Region Transportation Fuel-efficient Growth Patterns*. Gyeonggi Research Institute.

[7] (Korean) Im, Eunseon et al. 2006. *Measurement of Urban Form in Urban Growth Management Urban Sprawl and Compactness*. Korea Research Institute for Human Settlements.

[8] Jenks, M., Burgess, R. 2000. *Compact Cities: Sustainable Urban Forms for Developing Countries*. London: Spon Press.

[9] (Korean) Kim, Seungnam et al. 2009. The Effects of Compact City Characteristics on Transportation Energy Consumption and Air Quality. *Journal of Korea Planning Association*, Vol. 44, No. 2.

[10] (Korean) Kim, Seonhee et al. 2003. *A Study on Energy Use, Transport and Settlement Patterns*. Korea Research Institute for Human Settlements.

[11] (Korean) Koo, Chungeun 2006. The Level of Muitinuclearation by City Size. Seoul National University. Master Thesis.

[12] (Korean) Lee, Juil et al. 2007. *The Effect of Changes of the Spatial Structure and Transportation Modal Split on the Transportation Energy Consumption*. Seoul Development Institute.

[13] Mcmillen, D. P., Smith, S. C. 2003. The Number of Subcenters in Large Urban areas. *Journal of Urban Economics*, Vol. 53, No. 3.

[14] Newman, P., Kenworthy, J. R. 1989. Gasoline Consumption and Cities: A Comparison of U. S. Cities with a Global Survey. *Journal of the American Planning Association*, Vol. 55, No. 1.

[15] Newman, P., Kenworthy, J. R. 1999. *Sustainability and Cities: Overcoming Automobile Dependence*. Washington, DC: Island Press.

[16] (Korean) Oh, Kyushik et al. 2005. The Effects of Urban Spatial Elements on Local Air Pollution. *Journal of Korea Planning Association*, Vol. 40, No. 3.

[17] Rickaby, P. A. 1987. Six Settlement Patterns Compared. *Environment and Planning B: Planning and Design*, Vol. 14, No. 2.

[18] Tsai, Y. H. 2005. Quantifying Urban Form: Compactness versus "Sprawl". *Urban Studies*, Vol. 42, No. 1.

[19] 耿宏兵:"紧凑但不用急:对紧凑城市理论在我国应用的思考",《城市规划》,2008 年第 6 期。

[20] 郝吉明、王丽涛、李林等:"北京市能源相关大气污染源的贡献率和调控对策分析",《中国科学》(D 辑地球科学),2005 年 S1 期。

[21] 李琳、黄昕珮:"基于'紧凑'内涵解读的紧凑度量与评价研究:'紧凑度'概念体系与指标体系的构建",《国际城市规划》,2012 年第 1 期。

[22] 龙瀛、毛其智、杨东峰等:"城市形态、交通能耗和环境影响集成的多智能体模型",《地理学报》,2011 年第 8 期。

[23] 吕斌、曹娜:"中国城市空间形态的环境绩效评价",《城市发展研究》,2011 年第 7 期。

[24] 仇保兴："紧凑度和多样性：我国城市可持续发展的核心理念"，《城市规划》，2006 年第 11 期。

[25] 仇保兴："紧凑度与多样性：中国城市可持续发展的两大核心要素"，《城市规划》，2012 年第 10 期。

[26] 姚胜永、潘海啸："基于交通能耗的城市空间和交通模式宏观分析及对我国城市发展的启示"，《城市规划学刊》，2009 年第 3 期。

[27]（美）迈克·詹克斯、伊丽莎白·伯顿、凯蒂·威廉姆斯编著，周玉鹏、龙洋、楚先锋译：《紧缩城市：一种可持续发展的城市形态》，中国建筑工业出版社，2004 年。

附表

本文分析变量的数据来源

分析指标		数据来源	
人口		安全行政部	市一郡一区的户籍人口统计
就业人口		国家统计厅	经济总调查
城市人口		国土交通部	都市计划现状
行政区域面积，市区面积，各用途地域面积		土地住宅公社	用途地域/地区/区域现状
人口和就业密度基尼系数，就业中心空间布局	邑一面一洞的人口	国家统计厅	人口总调查
	邑一面一洞的就业	国家统计厅	经济总调查
	邑一面一洞的面积	各地方政府	各地域统计年谱
	城市基本规划	各地方政府	空间结构规划上的中心地体系
住宅数		国家统计厅	人口总调查
道路延长及面积		安全行政部	韩国都市统计年鉴
机动车保有量		国土交通部	机动车登记量现状
城市轨道交通车站数		各地方都市铁道公社	历年城市轨道站开通情况
公交车拥有量		巴士运送事业合作联合会 韩国运输产业研究院	公交车统计便览公交车信息系统
地方财政自立度		国家统计厅	财政及行政服务
地方税纳税额		安全行政部	韩国都市统计年鉴
地区生产总值		各地方政府	市一郡一区的地区生产总值
通勤通学出行量		国家统计厅	人口总调查（10%样本）
出行方式分担率		国家统计厅	人口总调查（10%样本）
交通部门能耗量		石油公社	国内石油消费量
交通部门排放量		环境部国立科学研究院	大气污染物质排放量
大气污染度		环境部	城市大气测定网

注：表中均为韩国的组织或机构。

气候变化背景下的历史文化名城保护
——以银川为例

霍晓卫 刘业成 张 勇

Protection of Historic and Cultural City in the Background of Climate Change–A Case of Yinchuan

HUO Xiaowei[1], LIU Yecheng[1], ZHANG Yong[2]
(1. Institute of Historical and Cultural City, Beijing Tsinghua Tongheng Urban Planning & Design Institute, Beijing 100085, China; 2. China Meteorological Administration, Beijing 100081, China)

Abstract Represented by historic and cultural cities, the Chinese ancient cities are commonly influenced by climate and environmental changes in various aspects, such as site selection, construction, and evolution. Moreover, the heritage system and core value of historic and cultural cities is also closely associated with climate and environment. In recent years, it has become a worldwide consensus that the influence of global climate and environmental change should be taken into full account in the process of protection. In China, such aspects should also be considered in the research and protection of historic and cultural cities. This paper, taking Yinchuan as an example, studies the associating pattern between Chinese ancient cities and climate as well as environment, discusses the ways and degree of influence on heritage system and core value through an analysis on climate data in 1951-2010, and explores the corresponding protection countermeasures.

Keywords climate and environmental change; cultural heritage; protection of historic and cultural cities; Yinchuan

作者简介
霍晓卫、刘业成，北京清华同衡规划设计研究院有限公司；
张勇，中国气象局。

摘 要 以历史文化名城为代表的中国古代城市在选址、营建和发展等诸多方面普遍受到气候与环境条件的影响，历史文化名城的遗产体系和核心价值也不同程度地与气候、环境条件密切关联。近年来，在遗产保护工作中考虑全球气候与环境变化的因素影响已成为国际遗产保护领域的共识，中国的历史文化名城保护和研究工作中也应关注气候变化的因素。本文以银川为例梳理了以“名城”为代表的中国历史城市与气候环境的紧密关联，对1951～2010年银川气候变化的数据进行分析，探讨了气候环境变化对于名城遗产体系与核心价值的影响方式和影响程度，进而对相应的保护对策进行了探讨。

关键词 气候与环境变化；文化遗产；历史文化名城保护；银川

“人类活动造成全球气温持续异常升高”，这一观点已经日益成为国际科学界的共识。气候平衡遭到破坏所引起的环境和生态系统变化，已经并将持续对包括遗产保护在内的人类社会诸多方面产生重要影响。

中国文化遗产类型丰富，数量众多，以“历史文化名城”为代表的历史城市是其重要内容。作为具有特定自然、文化和社会经济背景的大型聚落遗产，中国历史城市的产生、发展和变迁，受到包括气候在内的外部环境的深刻影响，普遍表现出顺应自然、“天人合一”、地方特色突出的外在文化特征。历史城市作为一种遗产类型，大尺度、内容丰富、问题复杂，受气候变化的影响相对多元。

本文借鉴气候变化对世界遗产保护工作造成影响的一般性模式和机理，剖析以“名城”为代表的古代城市选址、营建和发展过程与气候等环境条件的关系，并在此基础上，以中国历史文化名城银川为例，探讨气候变化对于名城保护工作的影响，将气候与环境变化这一视角引入名城保护的研究领域，并对可能采取的应对措施进行初步的思考和探索。

1 气候变化对世界遗产保护工作的影响

根据联合国气候变化问题小组（IPCC）的研究报告：20 世纪，全球气温以年均 0.6℃的速度升高，这一速度远高于过去 1 000 年的平均水平；近 50 年来，人类活动使温室气体的增长率达到两万年来的最高水平；气温的不断升高极大地冲击了人类生存所依赖的自然环境和生态系统；海平面上升、草原退化、沙漠化加剧、极端气候频繁等问题已经从区域和全球尺度上对人类的生产生活造成威胁。与此同时，生成和演变都与气候环境密切相关的人类自然和文化遗产也日益受到全球气候变化的深刻影响与威胁（表 1）。

表 1 气候变化对世界遗产保护工作的威胁

<table>
<tr><th colspan="2">分类</th><th>具体表现</th></tr>
<tr><td rowspan="3">对自然遗产</td><td>对陆地生物多样性</td><td>①不同纬度和海拔高度的物种分布变化；②生存条件变化造成地区和全球性的物种灭绝；③物种迁移和外来物种入侵威胁生态平衡；④生物气候学现象变化等</td></tr>
<tr><td>对山地生态系统</td><td>①冰川融化引起冰川湖泊结构变化；②高山冰川融化造成地区水循环系统变化等</td></tr>
<tr><td>对海洋生态系统</td><td>海洋水温升高造成珊瑚礁死亡，破坏生态系统等</td></tr>
<tr><td rowspan="4">对文化遗产</td><td>直接物理性影响</td><td>①土壤水分、化学成分、生物过程的变化破坏埋藏地下的考古遗迹和遗物；②洪水对古建筑、考古点造成破坏；③土壤荒漠化、盐碱化对于干旱地区遗产造成威胁等</td></tr>
<tr><td>社会性影响</td><td>①气候变化造成人类行为、社会价值、土地利用规划的变化；②包括在文化遗产范围内的建构筑物、城市和乡村景观不仅受到气候变化影响，也成为气候变化的影响因素</td></tr>
<tr><td>文化性影响</td><td>气候变化影响人类的生产生活方式，从而影响人类与环境之间的关系</td></tr>
<tr><td>复合影响</td><td>世界文化遗产往往与其所处的社区相互依存，气候的变化在对遗产的结构形式产生物理性影响的同时，会对社区中居民的传统生产生活方式产生影响，甚至造成居民的迁移</td></tr>
</table>

资料来源：Climate Change and World Heritage. Report on predicting and managing the impacts of climate change on World Heritage and Strategy to assist States Parties to implement appropriate management responses，pp. 20-24，UNESCO World Heritage Centre，May 2007.

2 中国历史城市与气候环境条件的关系

2.1 生成、发展过程与气候的关系

以历史文化名城为代表的中国古代城市，为追求良好的农业生产条件，创造适宜的聚居生存环

境，一直以来就有重视将自然环境与人文要素相融合的传统，从而使中国古代城市的选址、营建和城市文化等诸多方面都烙上了鲜明的“气候”印记。

2.1.1　城市选址

中国古代的城市选址十分重视对宏观与微观气候环境的顺应。宏观上看，历史城市较为集中地分布在季风气候区，尤其是在大河沿线、大型山脉东南麓、东南沿海等区域集聚。这些区域易于形成较好的水土条件和稳定的气候，宜于人居。已经公布的125座国家历史文化名城[①]中有74座选址于沿长江与黄河及其主要支流沿岸、太行山东麓、东南沿海等气候环境条件比较优越的地区[②]（图1），占中国历史文化名城总数的近60%。

从选址的微观环境特点上看，历史城市一般坐北朝南、背山面水，这一特点主要是从气候适应性的角度出发，山势可以阻挡冬季北方的寒冷气流，水体在提供城市防御、生活用水、景观资源和航运条件的同时，还可以调节微气候。除此之外，从很多历史城市的选址及变迁的过程还可以看到对地下水资源的重视，而地下水也是影响地区气候条件的重要因素之一（刘春蓁等，2007）。例如古都北京，从蓟、幽州到元大都，就一直选址于永定河冲积扇上的泉水溢出带上。

2.1.2　城区布局及建构技术

在中国的西北内陆自然气候条件不够理想的区域，先民营城时更为注重通过改进城市布局的形式，改良建筑营造的技术，以积极主动地适应客观气候条件。这些富有创造性的适应性规划与建筑技

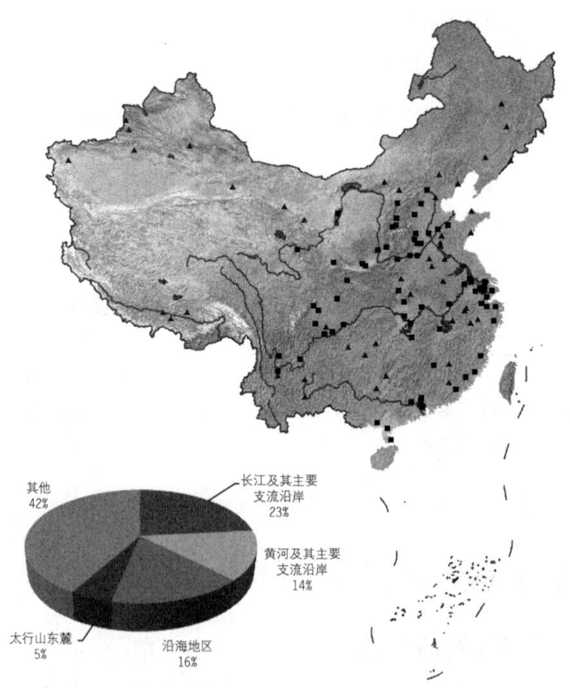

a. 名城在长江与黄河及其主要支流沿岸、太行山东麓、东南沿海的分布

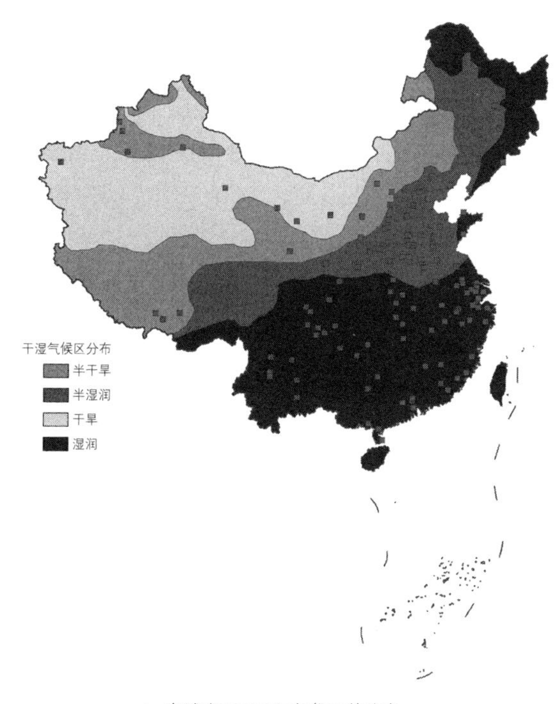

b. 名城在不同干湿气候区的分布

图 1　中国名城空间分布

注：图 a 中方形为位于长江与黄河及其主要支流沿岸、太行山东麓、东南沿海地区的名城。

术留给我们丰富的地域性传统聚落和传统民居。

在城市规划方面，降水较少的西北地区，城市周边及内部多建有完备的引水用水系统，如新疆地区的渠道与涝坝、银川地区的引水渠道等，将冰雪融水、雨水等宝贵的水资源精细利用，以支撑城市生活及城市周边灌溉农业的用水需求。在东南沿海地区，城市的建设多考虑防洪排涝的需求，建有坚固的堤坝和严密发达的排水系统，如临海古城兼具防御和防洪功能的城墙、赣州的福寿沟等。在建筑技术方面就更为出色，典型的如西北地区分布广泛的生土建筑和西南地区的干栏建筑。

2.1.3　文人士族的景观需要

自宋以降，历史方志中常将诗词曲赋描绘的各地典型的“地域性”（耿欣等，2009）文化景观编排为“八景”、“十景”，成为中国古代非常独特的文化现象。气候现象是这类文化景观中最为常见的题材，雨雪雾晴，各种不同的气候现象与春夏秋冬、山林湖沼、动物植物等其他自然因素以及人的生产生活活动结合在一起，形成类型丰富的景观意向与文化内涵，体现了具有民族特征与地域特征的审美取向，是地域性文化的重要组成部分。

2.2 气候变化对中国历史城市布局的影响

中国文明起源早，遗存丰富，历史记录相对连贯，也因此积累了很多气候及相关的自然环境变化带来城市文明起伏兴衰的历史例证。相关研究显示，近 5 000 年来，中国的气温出现过多次波动，但总体呈现下降趋势（图 2)。具体来看，在殷、周、汉、唐时代，温度高于现代；唐代以后，温度低于现代（竺可桢，1972)。唐宋以后，黄河中上游的气候环境趋向于“干冷”。受此影响，中国的经济重心逐步向东南部转移，政治中心则逐步东移，历史上曾长期作为都城的长安、洛阳、开封相继衰落(李燕等，2007)。

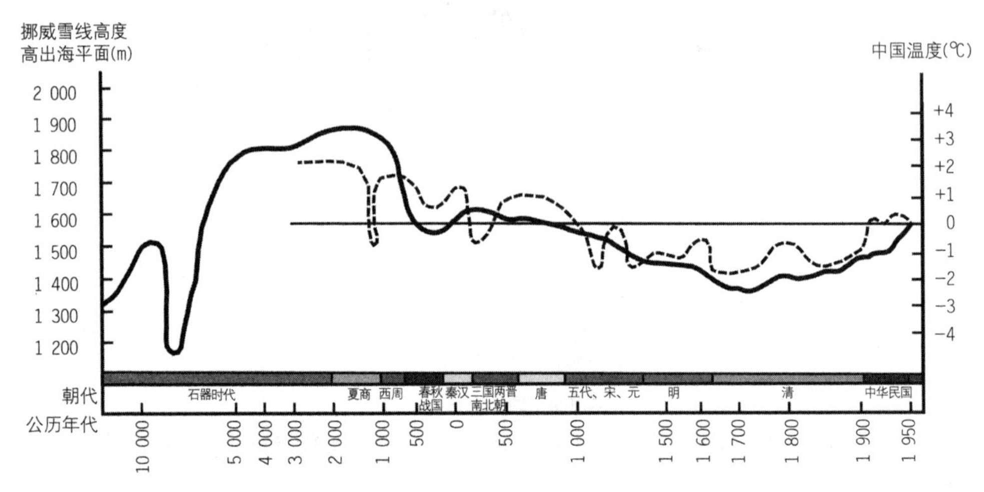

图 2 10 000 年来挪威雪线高度（实线）与 5 000 年来中国温度（虚线）变迁

资料来源：竺可桢（1972)。

历史上新疆境内许多丝绸之路沿线盛极一时的古城，因为环境恶化而衰落，也是气候变化对历史城市布局产生重大影响的例证（图 3)。与现代城镇相比，新疆许多古城的位置更加靠近河流的中下游地区。如圆沙古城与现代于田县城都位于克里雅河沿岸，但是位置在于田县城下游约 220km 处；尼雅古城和现代的民丰县城同位于尼雅河沿岸，但是位置在民丰县城下游 180km 处，且两座古城都已经位于沙漠深处。这反映了历史上该地区环境恶化，河流水量减少，流程缩短，沙漠化加剧的总体趋势。

综上所述，中国的历史城市具有与气候环境密切相关的诸多特征，包括：历史城市总体分布格局、变迁历程与气候分区、气候变迁之间的契合；单个历史城市在选址、规划及建筑技术层面对大气候条件的积极适应以及对小气候环境的有效改善；文人在记载历史城市文化景观时对气候因素的文化关照等。这些关联特征留给我们丰厚的文化遗产，也赋予了文化遗产特殊的历史与科学价值。

今天，在全球气候变暖成为学界共识以及如何应对气候变化给遗产保护带来的挑战日益成为世界遗产保护领域焦点的大背景下，毋庸置疑，以“名城”为代表的中国历史城市保护工作应该引入全球气候变化这一视角，系统性、前瞻性地研究并探讨气候变化给历史城市保护带来的影响和挑战。基本的研究重点应该包括三个方面：一是记录并分析确认历史城市是否存在，以及存在什么程度上的气候变化；二是气候变化是否威胁历史城市作为文化遗产的核心价值及其相关遗产；三是遗产保护应该如何正视气候变化，从保护技术与管理方式上予以系统回应。

笔者以位于西北环境脆弱区的银川历史文化名城为例，就上述问题进行探讨。

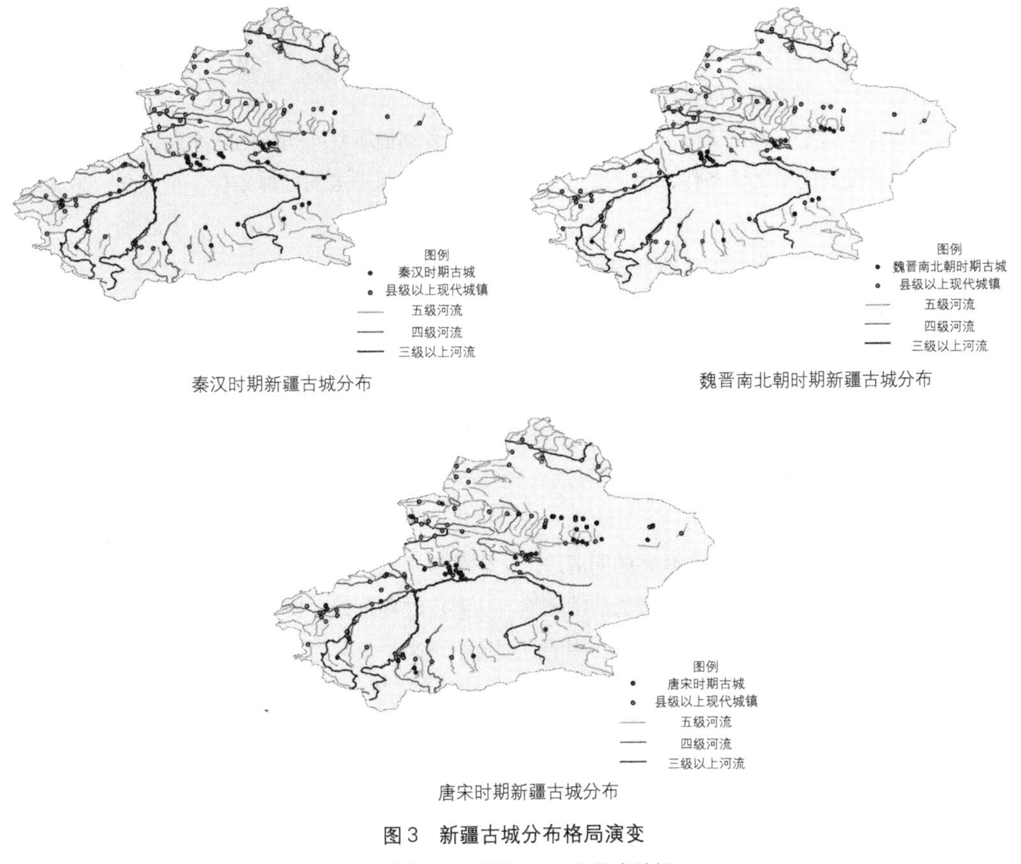

秦汉时期新疆古城分布

魏晋南北朝时期新疆古城分布

唐宋时期新疆古城分布

图3　新疆古城分布格局演变

资料来源：全国第三次文物普查数据。

3　银川历史文化名城的价值特色与遗产体系

银川拥有 2 000 多年的城市发展史，悠久的建城史以及重要的城市地位与其气候特征密不可分。银川虽然地处中国西北内陆，但其西北高耸的贺兰山阻挡了寒流和风沙，城市东部蜿蜒的黄河带来了充足的水源和肥沃的泥沙。从秦代开始，古代先民就不断在银川平原上开凿人工灌溉渠道，造就了西北地区最重要的“引黄灌溉区”，使得亚欧大陆腹地、荒漠和荒漠草原区之间出现了一片平畴千里、沟渠纵横、湖泽星布的富饶之地，素有“塞上江南”之称。

3.1 核心价值

银川是1986年国务院公布的第二批国家级历史文化名城之一，具有突出的历史文化特色和价值。根据银川的城市特点和历史发展过程，参考历版银川历史文化名城保护规划，银川“名城”的核心价值可概括为以下四点。

（1）价值一：山拥河绕、渠湖相连的塞上江南景观

黄河与银川平原上完备密集的沟渠系统以及周边的众多湖泊所共同构成的水系统，自古以来就是银川兴起和城市发展的基础性条件，也是“塞上江南”文化景观形成的前提条件，是银川“名城”价值的基础性物质载体。

（2）价值二：价值突出、地位独特的西夏古都历史文化遗存

西夏建都，是古代银川城市发展的鼎盛时期，不仅奠定了银川古城的形态基础，也留下了众多价值极高的文化遗存，如西夏王陵、拜寺口双塔、海宝塔等，是银川“名城”价值的重要载体。

（3）价值三：丰富博大的回族文化风情

宁夏是中国回族人口分布最多和回族占比最高的省级行政区。银川地区是历史上回族的重要形成地，至今仍保留着丰富多彩的回族文化。所以，与回族相关的物质和非物质文化遗产是银川“名城”价值特色的重要组成部分。

（4）价值四：积淀深厚、遗存众多的明清边塞文化线路

银川是古代农耕文明楔入草原地带的前哨阵地。从秦汉时期开始，这里就成为农牧文明碰撞的焦点。边塞文化是银川历史文化的重要元素，明清时期遗留下来的大量边防设施遗址、遗迹所构成的边塞文化线路也是银川“名城”价值的重要载体。

3.2 遗产体系

银川历史文化名城遗产体系中的文化遗存分为五类，具体如表2所示。

表2 银川历史文化名城的遗产体系

1. 与历史文化相关的自然环境要素	山体山脉	主要山体为贺兰山，黄河以东的东山
	河湖湿地系统	黄河；七十二连湖、鹤泉湖、梧桐湖、关湖、清水湖、鸣翠湖、西湖、宝湖等自然湖泊

续表

2. 物质文化遗产	沟渠系统	汉延渠、唐徕渠、大新渠、红花渠、良田渠、惠农渠、西干渠、民生渠等历史渠系
	城池格局	宁夏府城的山水形胜、城垣形制、空间格局、传统街巷
	历史地段	鼓楼—玉皇阁地段、南薰门地段、承天寺塔地段、中山公园地段
	古迹遗存	以生土、砖砌建筑为代表的74处文物保护单位、14处第一批近现代优秀建筑、367处未列级文物和三普文物点
	工业遗产	宁夏电厂、宁夏毛纺厂、胜利阀门厂等5处工业遗产
3. 非物质文化遗产	74项非物质文化遗产及其对应的文化空间	
4. 文化景致	明宁夏新八景、乾隆改订宁夏八景等文化景致	
5. 文化线路	明清西北边防文化线路（银川段）	

资料来源：《银川历史文化名城保护规划（2011～2020年）》。

可见，银川历史文化名城的核心价值和遗产体系都与气候有着紧密的关系，价值一、二都反映了历史上银川城市发展特点，即天然的气候条件和先民主动改善环境条件共同支撑了城市的发展。价值四则是气候变迁影响银川城市发展历程的直接见证，因为，中原王朝和游牧民族在该地区边界的进退也与气候的波动相关（王会昌，1996）。银川"名城"的五类文化遗产，绝大多数都与气候条件关联密切。"核心价值"和"遗产体系"是银川"名城"的核心内容，使其能够尽量长久地延续，是银川"名城"保护的主要工作。

4 气候变化对银川历史文化名城保护的影响

首先，有必要从有可能影响遗产的角度，就银川地区的相应气候指标变化进行准确分析。

4.1 银川地区气候变化

根据近年观测数据[③]，银川地区近年气候和环境变化呈现以下趋势。

4.1.1 整体气候趋向于干热

近60年来，银川地区年平均气温总体呈上升趋势，平均升温幅度为0.03℃/10年。1971～1995年，平均气温有所下降，1999年以后，温度上升趋势较为明显。从年度季节平均温度上看，春、夏、冬季平均温度基本呈上升趋势。另外，银川地区年降水量总体呈减少趋势，其中夏季降水量减少趋势较为明显，而春秋季节出现降水量略微增加的现象，冬季降水量增加趋势较明显（图4）。60年来，银川地区温度总体上升和降水量总体减少共同导致了整体气候的干热趋势，这对于地区自然植被和水系统（地表水与地下水）的稳定等环境因素均构成了威胁，从而在多方面影响着地区气候环境。

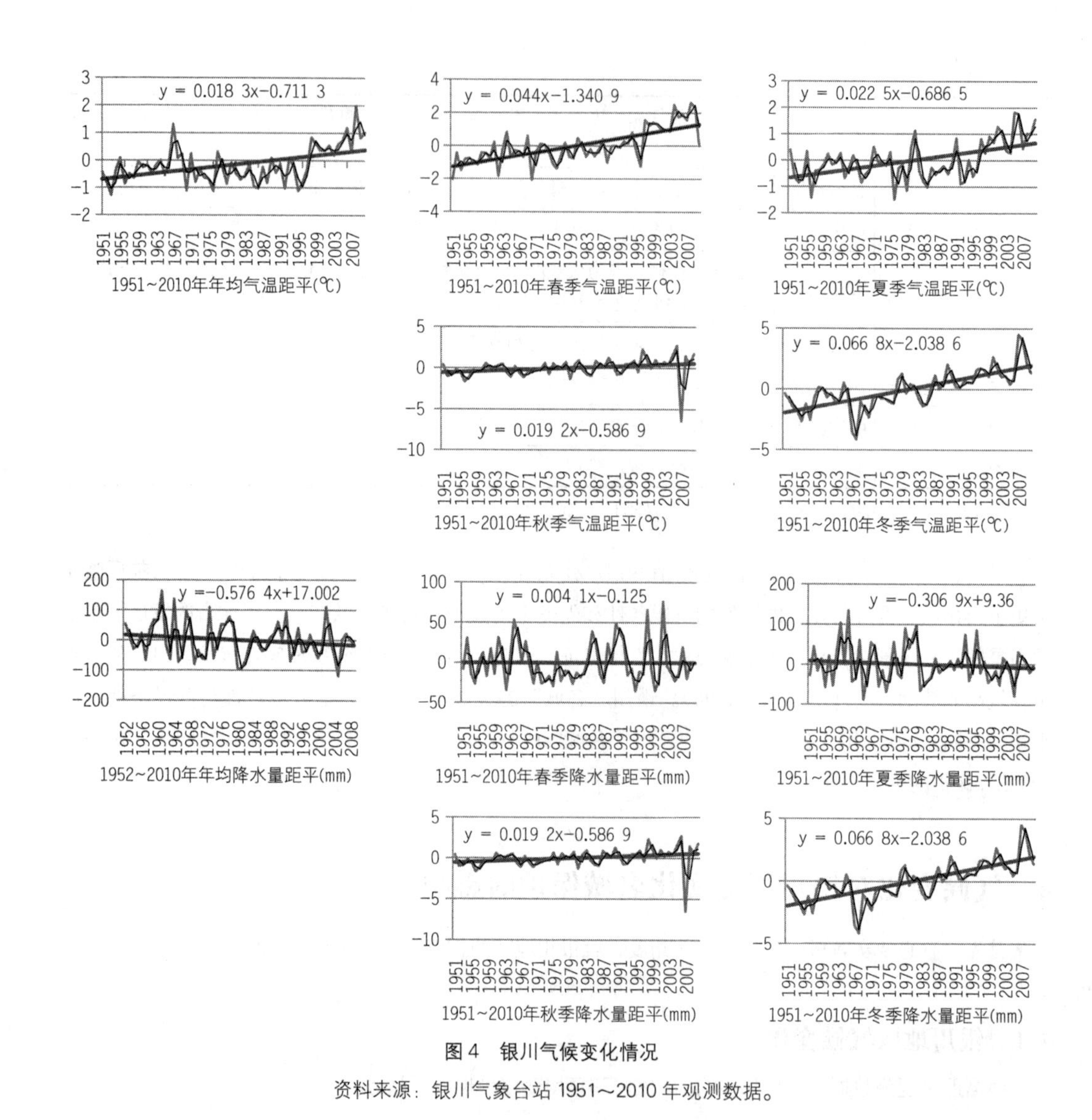

图 4　银川气候变化情况

资料来源：银川气象台站 1951～2010 年观测数据。

4.1.2　气候突变与极端气候显著增多

观测数据[④]显示，以干旱、短时间特定地区的暴雨事件为代表的银川地区气候突变事件近年来有更为频繁的趋势。银川地区的早期传统民居以及西夏王陵等重要文物建筑多为生土建筑，生土建筑的材料力学特征显示，暴雨和高温等极端气候的交替出现会对生土建筑的耐候性产生影响，加速遗产的自然侵蚀。

4.1.3 降水 pH 值呈偏酸性发展

2001～2011 年，银川市降水 pH 值呈下降趋势，由偏碱性向中性甚至偏酸性发展（李凤琴等，2009；冯瑞萍等，2012）。这与银川市的能源结构仍然以煤炭为主相关。周边地区煤炭工业发展迅速，增加了空气中总悬浮颗粒物和二氧化硫的浓度，使酸雨问题日益严重，对于生土建筑、岩画、古建木结构等均有不同程度的破坏。

4.2 气候变化对银川名城遗产保护的影响

总体而言，气候和环境的变化已经对银川历史文化名城保护工作产生了一定的影响，主要表现在对历史文化名城的核心价值、遗产体系和具体的物质载体等方面的威胁。

4.2.1 典型问题分析

（1）对山地生态系统和山地自然景观的影响

据研究，气候因素与人为因素是影响贺兰山东坡脆弱的疏林草地生态环境的重要限制性因子（李武奇，2006）。气温升高、总降水量减少，会导致银川地区贺兰山东坡垂直自然带结构发生变化，东山的植被发生退化现象，从而影响整个生态系统。日益升高的冬季气温会使贺兰山冬季积雪的时间缩短，范围减小，原有的山地自然景观发生改变。

（2）对陆地水环境和陆地生态系统的影响

由于年降水量呈减少趋势，气温升高，蒸发量变大，两岸的工农业生产用水增加，黄河和银川平原上的大量引水渠水流量减少，河面变窄。气候趋干和水资源消耗量增大会造成银川地区地下水位下降，地下漏斗不断扩大，对陆地水环境状况造成影响，改变地表植被的生存条件，从而影响整体生态环境（魏建成，2013）。类似情况也已广泛出现在北京和济南等其他历史文化名城。

（3）对文化遗产的直接物理性影响

① 石窟寺、壁画和岩画

由于气温升高，日照加剧，风化作用增强，同时受夏季暴雨和山洪影响，石窟、岩画等受到严重威胁。银川地区重工业，特别是能源工业的发展，造成严重空气污染，空气的酸性加强，对壁画、岩画的侵蚀加剧，其中贺兰山岩画受到的威胁尤为显著。相似的情况在大同等煤炭工业发达城市也尤为显著。对于石窟、壁画和岩画的保护刻不容缓（李海等，2013）。

② 古墓葬

夏季暴雨冲刷破坏陵墓封土，阳光、风沙侵蚀，地下水位下降，古墓葬地下部分干湿环境发生改变，从而威胁古墓葬保护。以西夏王陵 3 号陵为例，其病害主要包括五类，具体如表 3 所示，其中有四类与气候变化密切相关（王旭东等，2002）。

（4）对文化景观的影响

气温和降水量的变化使直接依托气象条件存在的文化景致受到影响甚至彻底消失，如气候变暖使贺兰山的雪线升高，历史文献中所记载的“贺兰雪晴”等景观变得罕见。与此类似，河北省历史文化名城蓟县的采村烟雾、崆峒积雪、盘山暮雨等文化景致，也因环境和气象条件的变化受到一定影响，多年难得一见，甚至消失。

气候变化、生态恶化使人类生产生活的自然和社会经济条件发生变化，使某些文化景致随着其所依托的特定生产部门一起消失。如《乾隆宁夏府志》中记载的“连湖渔歌”景致，因为气候趋干、湖面缩小，渔业衰落而近乎彻底消失。

表3　西夏王陵病害及其原因

病害种类	出现位置	原因
墙体坍塌	南、北神墙南侧面，东、西神墙西侧面	雨水淋盐、风力掏蚀
冲沟发育	陵台北侧	7～8月集中降水冲刷
夯土台面片状剥离	东、西神墙的西侧和南、北神墙的北侧面	干湿循环急剧变化，表面龟裂，风力剥离
干缩开裂	西碑亭台基	考古揭露，急剧变干收缩
人为破坏	鹊台、神墙等处	人为取土、游客攀登

资料来源：王旭东等（2002）。

4.2.2　对遗产体系的影响

气候和环境变化对银川历史文化名城遗产体系产生的影响主要从受影响的遗产对象及影响方式、气候影响因素、气候因素所占地位、影响程度、其他影响因素五个方面进行评价（表4）。

表4　气候与环境变化对银川历史文化名城遗产体系的影响

遗产类别	遗产亚类	受影响的遗产对象及影响方式	气候影响因素	气候因素所占地位	影响程度	其他影响因素
自然环境要素	山体山脉	贺兰山雪线升高，生态系统和山地自然景致受到冲击	气温升高	主要	严重	—
		东山地区植被退化	降水量减少	主要	严重	过度开垦和放牧
	河湖湿地系统	黄河径流量减少	降水量减少、气温升高，蒸发旺盛，地下水位下降	主要	中等	工农业用水量激增
		七十二连湖等湖泊湖面缩小	降水量减少、气温升高，蒸发旺盛	次要	不严重	1949年以后，兴建排水沟，排出灌溉余水
物质文化遗产	沟渠系统	历史渠系的水量减少、流程缩短	降水量减少、气温升高，蒸发旺盛	次要	不严重	工农业用水量激增
	城池格局	宁夏府城周边水环境发生改变	降水量减少、气温升高，蒸发旺盛	次要	不要重	人为改造水系

续表

遗产类别	遗产亚类	受影响的遗产对象及影响方式	气候影响因素	气候因素所占地位	影响程度	其他影响因素
物质文化遗产	古迹遗存	石窟寺、壁画和岩画	极端气候、暴雨冲刷、酸雨等	主要	严重	人为破坏
		西夏王陵、兵沟汉墓古墓葬、西夏离宫遗址	地下水位发生变化；暴雨等极端气候	主要	严重	人为破坏
		历史建筑	暴雨冲刷、酸雨等	次要	严重	人为破坏
文化景致		贺兰雪晴	气候变暖，雪线升高	主要	严重	—
		月湖夕照	降水减少，湖面缩小，景致受到影响	次要	中等	人为改造水系
		南塘雨霁	降水减少，南塘消失	次要	严重	人为改造水系
		连湖渔歌	气候趋干、湖面缩小、渔业消失	主要	严重	人为改造水系

资料来源：《银川历史文化名城保护规划（2011～2020年）》。

综上，气候变化对于银川历史文化名城遗产体系中的自然环境要素、物质文化遗产、文化景致等遗产类型都产生了不同程度的影响，其中，对于山体水系和市域范围内的生土类型古迹遗存的影响尤为严重。

4.2.3 对银川历史文化名城核心价值的影响

气候与环境变化进一步影响到银川历史文化名城的核心价值，这方面的影响主要从各核心价值中的代表性遗产、气候因素影响的方式、影响程度三个方面进行分析（表5）。

表5 气候与环境变化对银川历史文化名城核心价值的影响分析

核心价值特色	代表性遗产	气候因素影响的方式	影响程度
山拥河绕、渠湖相连的塞上江南景观	汉延渠、唐徕渠、红花渠、良田渠、惠农渠等历史渠系	降水量减少、气温升高，蒸发旺盛导致渠系水量减少、流程缩短	不严重
价值突出、地位独特的西夏古都历史文化遗存	西夏王陵、西夏离宫遗址、拜寺口双塔、贺兰山岩画等	暴晒、暴雨等极端气候威胁、酸雨侵蚀、气温升高、降水减少等	严重
积淀深厚、遗存众多的明清边塞文化线路	长城、关隘、堡寨和烽火台等边防军事设施所构成的庞大体系	植被退化、暴雨等极端气候威胁等	严重

注：价值点“丰富博大的回族文化风情”与气候环境变化关联较小，表中不进行分析。
资料来源：《银川历史文化名城保护规划（2011～2020年）》。

首先，银川历史文化名城的第一条核心价值——“山拥河绕、渠湖相连的塞上江南景观”及其代表性遗产——“汉延渠、唐徕渠”等历史渠系，会因为降水量减少、气温升高，蒸发旺盛导致渠系水量减少、流程缩短等问题，但由于渠系多为人工修建，渠首由黄河取水，水量可人为控制，所以目前受到的影响相对不严重。

其次，“西夏古都”和“明清边塞文化线路”等方面价值的代表性遗存多为土遗址，耐候性较差，受到气温和降水量的影响会比较严重，尤其是在暴雨、高温等极端气候反复交替出现时会对裸露的土遗址造成不可逆的破坏。

5 思考与对策探讨

从以银川为主的历史城市的研究可以看出，在全球气候变暖的大背景下，部分历史城市的遗产体系和核心价值已经受到不同程度的冲击。相关研究显示，未来气候变化将更为加剧⑤，初步估计，以西北干旱地区、西部西南部高原、东南沿海等地区为首的历史城市保护将面临更大的挑战。在这样的严峻形势下，非常有必要进行系统性的思考并探索应对之策。以银川为例，具体包括以下五个方面。

（1）名城保护引入气候变化研究角度

以历史文化名城为代表的中国古代城市是在特定的自然环境和社会经济条件下产生，随着气候环境和社会经济条件的变化，城市也会发生相应的变化。因此应当从大的历史地理变迁来看待气候与环境变化对历史文化名城保护影响的辩证关系。一是气候变化是自然界的规律之一，现代社会的人类活动一定程度上加剧了气候变化，很多文明的历史城市都曾经历过，我们无从逃避也不能忽视，应该正视。二是气候变化不是短期偶然的现象，而会是一个相当长的过程，因此要有长期应对的准备。但同时，不应因为气候问题的长期性而听之任之，无所作为，因为气候变化的趋势已经非常明确，而未来更大的威胁仍然不可预测。城市文明发展到今天，人类不能允许或无论如何应该避免类似于古典时期的玛雅文化或我国西域古城的整体衰亡的发生。三是历史上因为气候变化而遗留的一些聚落遗址，它们是记录历史辉煌及警示未来的重要遗产，应当重视它们独特的价值与教育意义。当前气候变化与应对是世界范围内最为重要的课题之一，几乎涉及所有的专业领域，是全人类需要面对的共同难题。中国的历史文化名城保护和研究工作应当开拓气候变化这一研究视角，推动相关研究与保护实践，继承历史地理等传统研究优势，引入现代气候科学、材料科学、海洋地质等科研力量，参与世界气候变化研究的共同行动。

（2）区域协调，共同保护

气候环境事关天地，影响因素范围广泛，人类虽远未能完全把握，但也已经形成了一定的改善区域小气候的知识体系。因此，应当在区域范围内促进地理位置相邻的省市协调行动，改善生态环境和区域气候条件，减小区域内的气候变化幅度，减少极端气候的频度，减弱其带来的影响，更加有效地防止气候变化给历史文化名城保护工作带来的消极影响。如银川的国保单位兵沟汉墓，位置靠近行政区边界，受到水土流失和风沙的威胁，就需要银川市和鄂尔多斯市相互协调，共同解决。

（3）部门协调，加强监管

历史城市应对气候变化，要求城乡规划、文物保护部门与国土、气象、环保等部门密切配合，共享数据和信息，建立动态监控系统和相应的支持数据库，建立气候变化对于遗产威胁程度的完整评价机制和对极端气候变化的预警机制，提前明确遗产应灾响应时相关部门的保护与抗灾行动要点，推动遗产保护工作向科学化、系统化方向发展。在银川的各类遗产保护规划中应增加检测气候变化、极端气候应灾响应规划等保护管理的内容。

（4）技术探索，主动适应

气候的变化给遗产保护工作带来了全新的挑战，没有现成经验可以借鉴，缺乏相关保护和修复技术，所以，我们应继承古代先民的勇气与智慧，积极主动地探索新的遗产保护技术，以应对气候和环境变化对自然和文化遗产造成的威胁。对银川而言，如研究新的遮盖技术或安全可逆的化学保护剂涂层，延缓贺兰山岩画的风化侵蚀速度；研究地下墓葬的温湿控制技术，保护暖泉汉墓和兵沟汉墓等古代墓葬群；改良生土砖等地方传统建筑材料的物理性能，在传承风貌的同时，提高其抵御极端天气的能力等。

（5）生态修复，产业调整

城市的生态环境恶化会加剧气候变化的负面影响，改善生态环境具有普遍性的防灾减灾意义。应控制银川的城镇化进程、规模与质量，严格限制重要遗产周边的建设开发，逐步推进贺兰山东麓、东山地区和重要历史沟渠系统周边的生态修复工作，恢复遗产周边的历史环境。对宁东煤化工基地进行产业调整和技术升级，控制二氧化硫等气体的排放。

注释

① 截至 2015 年 6 月 16 日。

②《辽史·营卫志》云："长城以南多雨多暑，其人……宫室以居，城郭以治，大漠之间，多云多风，……此天时地利所以限南北也。"

③ 中国气象局银川气象台站 1951～2010 年观测数据。

④ 同③。

⑤ 中国应对气候变化国家方案："一是与 2000 年相比，2020 年中国年平均气温将升高 1.3～2.1℃，2050 年将升高 2.3～3.3℃。全国温度升高的幅度由南向北递增，西北和东北地区温度上升明显。二是未来 50 年中国年平均降水量将呈增加趋势，预计到 2020 年，全国年平均降水量将增加 2%～3%，到 2050 年可能增加 5%～7%。其中东南沿海增幅最大。三是未来 100 年中国境内的极端天气与气候事件发生的频率可能增大。四是中国干旱区范围可能扩大、荒漠化可能性加重。五是中国沿海海平面仍将继续上升。六是青藏高原和天山冰川将加速退缩，一些小型冰川将消失。"

参考文献

[1] Watson, R. T., the Core Writing Team (eds.) 2001. *Climate Change 2001: Synthesis Report*. A Contribution of Working Groups I, II, and III to the Third Assessment Report of the Intergovernmental Panel on Climate Change. Cambridge: Cambridge University Press.

[2] 冯瑞萍、姜娜娜、李新庆："银川市近年来酸雨特征及影响因子分析"，《江西农业学报》，2012 年第 11 期。

[3] 耿欣、李雄、章俊华："从中国'八景'看中国园林的文化意识"，《中国园林》，2009 年第 5 期。

[4] 李凤琴、肖云清、王中莲等："2001～2007 年银川市降水 pH 值变化分析及控制措施"，《农业科学研究》，2009 年第 3 期。

[5] 李海、石云龙、黄继忠："大气污染对云冈石窟的风化侵蚀与防护对策"，《环境保护》，2013 年第 10 期。

[6] 李武奇："贺兰山东坡灰榆疏林草原带中灰榆生态特征及其恢复研究"（硕士论文），中国农业大学，2006 年。

[7] 李燕、黄春长、殷淑燕等："古代黄河中游的环境变化和灾害——对都城迁移发展的影响"，《自然灾害学报》，2007 年第 6 期。

[8] 刘春蓁、刘志雨、谢正辉："地下水对气候变化的敏感性研究进展"，《水文》，2007 年第 2 期。

[9] 王会昌："2000 年来中国北方游牧民族南迁与气候变化"，《地理科学》，1996 年第 3 期。

[10] 王旭东、张鲁、李最雄等："银川西夏 3 号陵的现状及保护加固研究"，《敦煌研究》，2002 年第 4 期。

[11] 魏建成："银川平原地下水位动态影响因素及变化类型分析"，《宁夏工程技术》，2013 年第 3 期。

[12] 竺可桢："中国近五千年来气候变迁的初步研究"，《考古学报》，1972 年第 1 期。

法天地而居之
——汉长安象天法地规划思想初探

徐 斌

Living Between Heaven and Earth – Research on the Planning Theory of "Modeling Heaven and Earth" of Chang'an City in the Han Dynasty

XU Bin
(The Palace Museum, Beijing 100009, China)

Abstract The ancient Chinese astronomy played an important role in political, cultural, and social lives, which gradually helped to develop the correlative thinking of heaven, earth, and human. From the Pre-Qin to the Qin and Han Periods, the theory of "modeling heaven and earth" began to form and came into practice in the planning of capital cities. This paper focuses on the case study of Chang'an in the Western Han Period. Based on historical documents and the archaeological. material, the paper tries to restore the sky structure and the layout of Chang'an as the capital during the reign of Emperor Wu of Han Dynasty, revealing the planning thought of "heaven and earth correspondence, time and space integration". The urban construction concept of "modeling heaven and earth" could enlighten the reconstruction of landscape and cultural order of human settlements in contemporary China.
Keywords history of human settlements; modeling heaven and earth; Chang'an in the Han Dynasty; city planning

作者简介
徐斌，故宫博物院。

摘　要　中国古代天文学在政治、文化和社会生活中扮演了重要的角色，逐渐发展出“天—地—人”关联思维。在先秦至秦汉时期，象天法地的都城规划思想开始形成并付诸实际。本文以汉长安为例，以历史文献和考古资料为基础，尝试复原汉武帝时期的天空结构和都城布局，揭示古人天地对应、时空一体的规划思想。这种法天地而居之的建城意境，对重建当代中国人居环境的山水和文化秩序将有所启示。
关键词　人居史；象天法地；汉长安；城市规划

1　中国古代都城规划理论源头的再思考

都城作为中国古代文明的空间表现形式，是哲学、科学、工程的集大成者，也是时代文化、精神的载体，然而其规划理论尚未得到充分挖掘。目前学界多以《考工记》和《管子》作为古代都城规划理论的源头，但据考古证实，丰、镐二京布局松散，东周王城则宫城居于西南，并非《考工记》所载“方九里，旁三门，面朝后市，左祖右社”的规整格局。从历史文献来看，更不是那么简单。《尚书·尧典》记载尧帝的主要职责包括“乃命羲和，钦若昊天，历象日月星辰，敬授人时”；《论语·尧曰》记载尧传位于舜，是以“天之历数在尔躬，允执其中”为理由。可见掌管天文历法、敬授人时自古以来便是统治者的崇高职责，正如江晓原（2011）所指出的，中国古代天文学乃是“政治天文学”，在政治、文化和社会生活中扮演了重要的角色。

"象天法地"语出《周易》"仰则观象于天，俯则观法于地"，老子《道德经》也有"人法地，地法天，天法道，道法自然"之说。先秦至秦汉时期，象天法地思想盛行一时。战国时期，吕不韦编撰《吕氏春秋》，提出"爰有大圜在上，大矩在下，汝能法之，为民父母"的"法天地"思想；西汉刘安著《淮南子》，以为"上考之天，下揆之地，中通诸理"；西汉董仲舒在《春秋繁露》中进一步提出"天—地—人"的对应："天德施，地德化，人德义。天气上，地气下，人气在其间。"东汉张衡在《灵宪》中明确写道："在天成象，在地成形；天有九位，地有九域；天有三辰，地有三形；有象可效，有形可度。"那么，如何将这种"天—地—人"的关联，"法象"于空间层面？古人进行了丰富多彩的尝试：在区域层面，天地分野学说昭示了天上星象和人间事务的对应[①]；在都城层面，象天设都的记载屡见于春秋战国至明清时期的文献（表1）；在建筑层面，出现了绘制于墓室顶部的天文图[②]（雒启坤，1991）和象征天地缩影的明堂（杨鸿勋，1998）；在器物层面，置器尚象的传统开始形成，以铜镜、式盘、博局为代表的物品反映了对天圆地方的宇宙观的模拟（李零，2000）。

表1 历史文献中关于象天法地都城规划的记载

都城	主要文献	星名
楚宫	《诗经·国风》："定之方中，作于楚宫。"	营室
吴国都城	《吴越春秋》："宫城居中，象法紫宫。"	紫宫
越国都城	《吴越春秋》："乃观天文，拟法于紫宫。"	紫宫
秦咸阳	《史记·秦始皇本纪》："作信宫渭南，已更命信宫为极庙，象天极"；"为复道、自阿房，渡渭，属之咸阳，以象天极、阁道绝汉、抵营室也。"	天极、阁道、天汉、营室
	《三辅黄图》："筑咸阳宫，因北陵营殿，端门四达，以则紫宫，象帝居。渭水贯都，以象天汉。横桥南渡，以法牵牛。"	紫宫、天汉、牵牛
汉长安	汉长安：《史记·天官书》："汉之兴，五星聚于东井。" 《汉书·高帝纪》："元年冬十月，五星聚于东井。沛公至霸上。" 班固《西都赋》："及至大汉受命而都之也，仰悟东井之精，俯协河图之灵。奉春建策，留侯演成。天人合应，以发皇明。乃眷西顾，实惟作京。" 张衡《西京赋》："自我高祖之始入也，五纬相汁以旅于东井。娄敬委辂，斡非其议。天启其心，人惎之谋。及帝图时，意亦有虑乎神祇，宜其可定以为天邑。" 唐·张子容《长安早春》："关戍惟东井，城池起北辰。咸歌太平日，共乐建寅春。"	东井、五星（五纬）、北辰

续表

都城	主要文献		星名
汉长安	汉长安城墙	《三辅黄图》："城南为南斗形，城北为北斗形，至今人呼京城为斗城是也。" 唐·崔损《北斗城赋》："象蓬岛以疏岳，拟天河而凿池。馆倚南山，擻云霞而上出；城侔北斗，仰星汉而曾披。" 唐·王翰《奉和圣制同二相已下群官乐游园宴》："陆海披珍藏，天河直斗城。四关青霭合，数处白云生。"	南斗、北斗、星汉（天河）
	未央宫	班固《西都赋》："其宫室也，体象乎天地，经纬乎阴阳。据坤灵之正位，放太紫之圆方"；"徇以离宫别寝，承以崇台闲馆，焕若列宿，紫宫是环。" 张衡《西京赋》："正紫宫于未央，表峣阙于阊阖。疏龙首以抗殿，状巍峨以岌嶪。"	紫宫
	甘泉宫	扬雄《甘泉赋》："闶阆阆其寥廓兮，似紫宫之峥嵘。" 刘歆《甘泉宫赋》："案轩辕之旧处，居北辰之闳中。" 张衡《西京赋》："思比象于紫微，恨阿房之不可庐。覜往昔之遗馆，获林光于秦余。"	紫宫（紫微）、北辰
	建章宫	张衡《西京赋》："营宇之制，事兼未央。圜阙竦以造天，若双碣之相望。凤骞翥于甍标，咸溯风甫欲翔。阊阖之内，别风嶕峣。……累层构而遂隮，望北辰而高兴。消氛埃于中宸，集重阳之清澄。瞰宛虹之长鬐，察云师之所凭。上飞闼而仰眺，正睹瑶光与玉绳。"	四象、北辰
	昆明池	班固《西都赋》："集乎豫章之宇，临乎昆明之池。左牵牛而右织女，似云汉之无崖。" 张衡《西京赋》："乃有昆明灵沼，黑水玄阯。……牵牛立其左，织女处其右，日月于是乎出入，象扶桑与濛汜。" 《三辅黄图》："昆明池中有二石人，立牵牛、织女于池之东西，以象天河。"	紫宫、云汉（天汉）、牵牛、织女
东魏北齐邺南城	正殿名太极殿		天极
北魏洛阳	正殿名太极殿		天极
隋唐洛阳	《新唐书·地理志》记载皇城曰太微城，宫城曰紫微城，洛水象天汉。		紫微垣、太微垣、天汉

续表

都城	主要文献	星名
元大都	李洧孙《大都赋》："上法微垣，屹峙禁城。……揆斗杓之嶕嶫，对鹑火之炜煌。……象黄道以启途，仿紫极而建庭。……道高梁而北汇，堰金水而南萦。俨银汉之昭回，抵阁道而轻大陵。……都省应乎上台，枢府协乎魁躔。霜台巍乎执法，农司符乎天田。" 《析津志辑佚》："以城制地，分纪于紫微垣之次。枢密院在武曲星之次。御史台在左右执法天门上。太庙在震位，即青宫。天师宫在艮位鬼户上。"	太微垣、斗杓、鹑火、黄道、紫极（紫微垣）、银汉、阁道、大陵、上台、斗魁、执法、天田
明清北京	紫禁城、东华门、西华门、左掖门、右掖门、端门源于紫微垣星象名。文华殿、武英殿、崇文门、宣武门等名称也与太微垣诸星关联。	紫微垣、太微垣

资料来源：根据吴庆洲（1996）、郭湖生（2014）、黄建军（2005）、王子林（2005）、王静（2013）、徐斌（2015）等整理。

“四方上下为宇，古往今来为宙”，除了在空间层面达到天地对应之外，古人还致力于时空的统一。以《史记》为例，《天官书》反映了对空间的组织，《历书》则代表了对时间的组织。尽管天空时刻都在“斗转星移”，但通过确定岁首或历元，可以得到某一特定时刻的天象；再按照一定的组织方式，可以将看似杂乱无章的星宿秩序化；然后再根据天地分野学说，将天空体系与地面的区域、都城、建筑、器物等建立联系，就能够实现“循天理、知天命”的意图。

以上文献和材料，向我们揭示出中国古代以象天法地思想作为都城规划基础理论的可能。横向比较世界其他地区的古代文明，对天的崇拜和象天法地的思想也是普遍存在的[③]。因此，有必要在中国古代都城规划研究中，进一步开展系统性和实证性的分析。秦咸阳、汉长安作为中华帝国时期最古老的两个都城，其空间形制和规划方法，垂宪后世。相比于秦咸阳，汉长安象天设都的文献记载更加丰富，考古研究也开展得较为充分。汉武帝时期，社会思想经历了从“秦制”到“汉制”的转折，天文学的发展也成就非凡。本文选取汉武帝时期的长安城这一典型代表案例，探讨其象天法地规划的发生和结果，揭示古人天地对应、时空一体的建城意境，以及法天地而居之的都城精神。

2 汉长安象天法地的文献记载和研究评述

汉长安的象天法地规划，《史记》、《汉书》没有明载，但《三辅黄图》、汉赋和唐诗中屡有提及。如东汉班固《西都赋》、张衡《西京赋》两篇都邑大赋，以及西汉扬雄《甘泉赋》、刘歆《甘泉宫赋》等，都对汉长安城或局部宫室象天法地的规划思想有所描述。从内容来看，有关汉长安的象天法地规划有四种表述，分别可以概括为“东井说”、“紫宫说”、“天汉、牵牛、织女说”和“斗城说”。

2.1 东井说

这种说法见于《史记·天官书》、《汉书·高帝纪》、汉赋和唐诗。如《史记·天官书》："汉之兴，五星聚于东井。"《汉书·高帝纪》："元年冬十月，五星聚于东井。沛公至霸上。"班固《西都赋》记载："及至大汉受命而都之也，仰悟东井之精，俯协河图之灵。"张衡《西京赋》记载："自我高祖之始入也，五纬相汁以旅于东井。……宜其可定以为天邑。"甚至到唐代诗人笔下，仍有长安城象"东井"之说："关戍惟东井，城池起北辰。咸歌太平日，共乐建寅春。""五星聚于东井"是汉高祖定都长安的祥瑞，也是汉初因袭秦的水德、颛顼历的依据[④]。黄晓芬（2011）认为，汉长安的超长南北轴线及其北端的天齐祠、五帝祠遗址分别对应天象中的"黄道"、"东井"和"五星"，代表了对"五星聚于东井"这一事件的纪念。但据黄一农（Huang，1990）、刘次沅（2015）考证，文献记载的"五星聚于东井"的时间在公元前 205 年 5 月 9 日前后，与高祖元年冬十月至霸上的时间（公元前 206 年 11 月 14 日至 12 月 13 日）相比，晚了将近半年，极有可能是后来者的附会。

2.2 紫宫说

这种说法普遍存在于当时的都邑赋。如张衡《西京赋》："正紫宫于未央"，"思比象于紫微"；班固《西都赋》："据坤灵之正位，放太紫之圆方"；扬雄《甘泉赋》："闶阆阆其寥廓兮，似紫宫之峥嵘"；刘歆《甘泉宫赋》："案轩辕之旧处，居北辰之闳中"等，都反映出以未央宫、甘泉宫、建章宫前殿比拟紫宫的思想。陈力（2010）认为，汉长安西部宫室的规划，继承了秦咸阳"象天"设都的传统，采取"天极—阁道—营室"的象天模式进行布局。郭璐（2014）认为，汉长安西部宫室、建章宫、甘泉宫的布局，参考了《史记·天官书》的天文图式。

2.3 天汉、牵牛、织女说

据《西都赋》、《西京赋》、《三辅黄图》记载，昆明池东、西两侧立有牵牛、织女石像，以象征天汉与牵牛、织女二星。昆明池遗址在今斗门镇、石匣口村、万村和南丰村之间，东西约 4.25 公里，南北约 5.69 公里，面积约 16.6 平方公里，考古工作者在其北部的常家村和斗门镇发现了这两处石刻（刘振东、张建锋，2006）（图 1）。

2.4 斗城说

这种说法相对晚出，最早见于《三辅黄图》："城南为南斗形，北为北斗形，至今人呼汉京城为斗城是也。"《史记》、《汉书》、《西都赋》、《西京赋》均无类似说法。不过，《史记·封禅书》记载秦始皇称帝之后设立南、北斗庙；《史记·天官书》有"斗为帝车，运于中央，临制四乡"的记载；晋代葛洪《西京杂记》也记载了汉初民间北斗崇拜的习俗，这些都反映出西汉时期的北斗信仰。新莽时

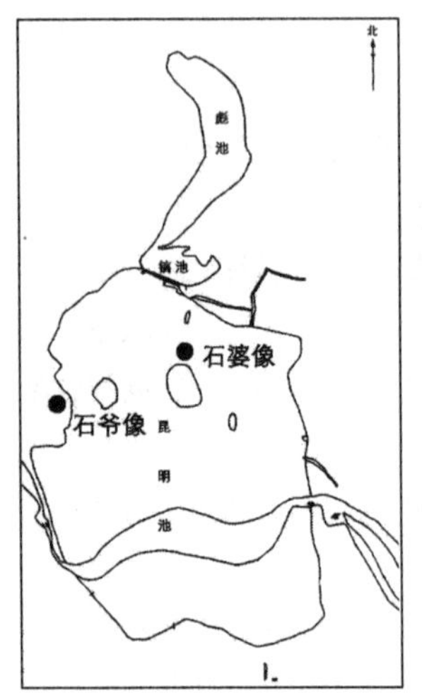

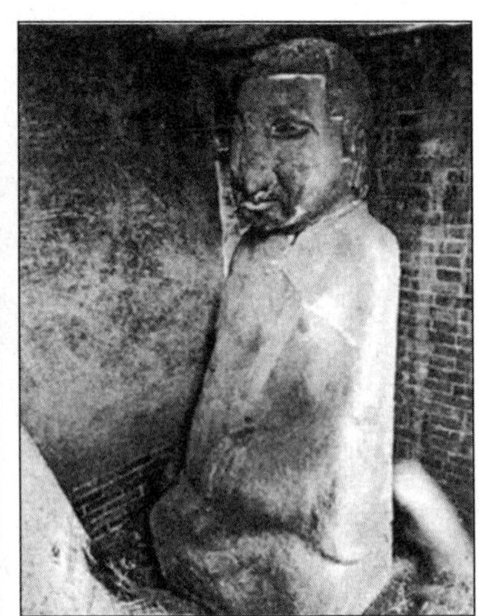

图 1　昆明池遗址与牵牛、织女石刻

资料来源：左图刘振东、张建锋（2006）；右二图刘晓达（2013）。

期，北斗崇拜达到极致，《汉书·王莽传》记载王莽“亲之南郊，铸作威斗”，在赤眉军攻入长安城后，王莽“旋席随斗柄而坐”，希望以此厌胜众兵。

唐、宋、元时期的著名志书，如李吉甫《元和郡县图志》、宋敏求《长安志》和骆天骧《类编长安志》等均沿用了《三辅黄图》的说法。但从元代李好文《长安图志》开始，提出对“斗城说”的质疑，“予尝以事理考之，恐非有意为也”，认为汉长安城墙形状是受到地形条件限制的结果。当代学者对“斗城说”的研究也延续了以上两种观点。

2.4.1　支持“斗城说”

早期学者从文献方面补充了汉长安“斗城说”的证据。如魏士衡（1984）指出，汉长安城的规划意图有唐代崔损的《北斗城赋》可作参考：“象蓬岛以疏岳，拟天河而凿池。馆倚南山，擞云霞而上出；城侔北斗，仰星汉而曾披。”孙宗文（1986）指出，唐代王翰诗中“陆海披珍藏，天河直斗城”的“斗城”即指汉长安。这些文献说明，唐人心目中汉长安城的营建被认为与南北斗相关。

后来学者将天文图引入汉长安“斗城说”的研究中，以汉长安考古成果与天文图进行比对。如李小波（2000）认为汉长安城依据北斗七星、勾陈、北极、紫微右垣进行布局，城北拟法中宫诸星，城南象征北斗，实际上是“城南象北斗”，《三辅黄图》说法可能有误（图 2 左）。而陈喜波、韩光辉（2007）则认为，汉长安以北城墙象北斗，以未央宫象紫宫，以南城墙象南斗，与《三辅黄图》的表述一致（图 2 右）。

2.4.2　批判“斗城说”

考古和历史地理学界的学者则更支持元代李好文提出的质疑。如李遇春（1981）、马正林

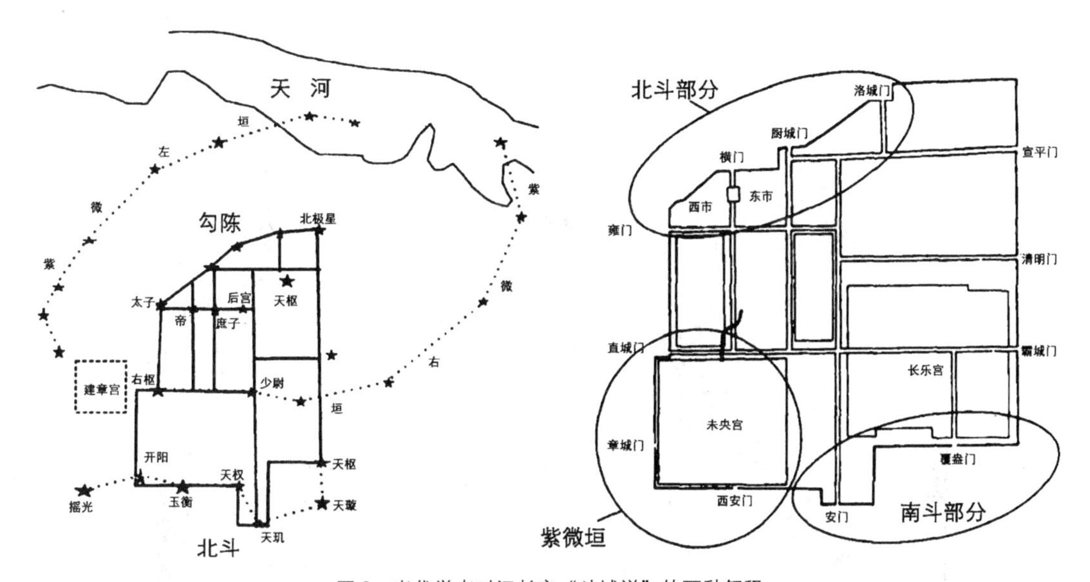

图2　当代学者对汉长安“斗城说”的两种解释

资料来源：左图李小波（2000）；右图陈喜波、韩光辉（2007）。

（1994）、王社教（1999、2001）等指出，汉长安城南墙的曲折，是由于先建长乐和未央两宫，后修建城墙的缘故；东南角和西墙的弯曲，则分别受到积水洼地和泬水的影响；北墙的曲折，是因为渭河一级台地的制约；只有东部地形较为平整，所以东城墙最为平直（图3）。汉长安“斗城”之形，并非有意为之。

总体来说，汉长安象天法地规划思想比较多样化，在都城整体、城墙、未央宫、甘泉宫、建章宫、昆明池等不同层次均有表现。相关文献和研究各抒已见，既丰富了汉长安象天法地规划的研究，也启发更深层次的思考。本文认为，“紫宫说”反映了古人“择中立宫”的传统，秦时即有以咸阳宫、阿房宫等重要朝宫象天极、紫宫的说法，汉长安继承这一模式，比较可信；“东井说”虽然描述的是汉高祖时期的建城意境，但基于天象与高祖入咸阳的时间有差，可以推断这种说法出现在高祖之后的西汉；“天汉、牵牛、织女说”因为有实物遗存，已无争议，但其与都城规划的整体关系还需进一步挖掘；“斗城说”则需辩证来看，汉长安城墙的不规则形状是宫殿、地形、水系等综合因素所限，南北斗之说出现时间较晚，也表明这种说法更可能是东汉之后的附会。除却“斗城说”，前三说所涉及的地面建筑和构筑物，主要出现在汉武帝一朝。因此，有必要进一步对汉武帝时期的天文历法和都城营建进行考察。

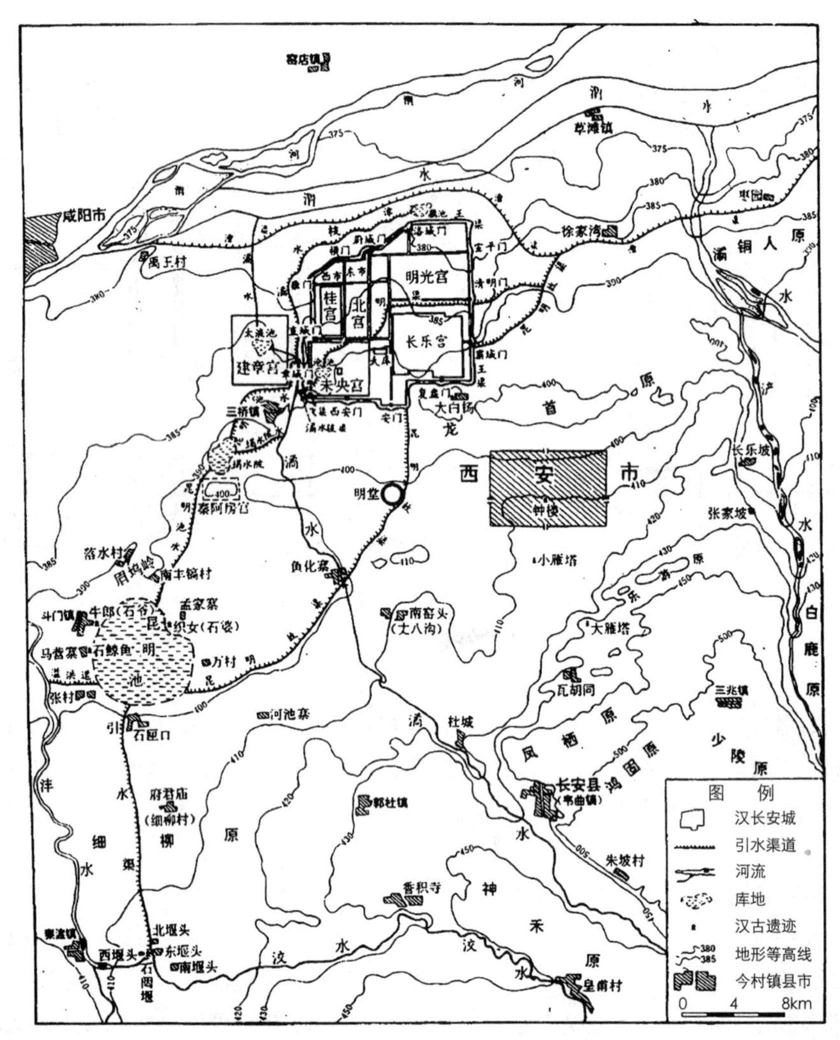

图3 汉长安附近的地形和水系

资料来源：马正林（1994）。

3 汉武帝时期的天文历法

葛兆光（1998）在《中国思想史》第一卷中提出古代思想史的研究应关注当时社会的“一般知识、思想与信仰”。汉长安象天法地规划研究亦可参照这一框架，充分考察汉武帝时期的社会思想和知识水平，特别是其中天文历法的部分，如宇宙观、天文图式、历法等内容，以揭示象天法地规划这个空间结果的“思想的因”。

3.1 宇宙观

《晋书·天文志》总结了古代盖天说、浑天说和宣夜说三家宇宙观。其中宣夜说已亡佚。盖天说载于《晋书·天文志》和《周髀算经》，其宇宙模型有两种说法：其一为“天圆如张盖，地方如棋局。……天之居如倚盖，故极在人北”。其二为“天似盖笠，地法覆槃。天地各中高外下。北极之下，为天地之中，其地最高而滂沱四隤”（图4）。浑天说见于张衡《灵宪》，以为“天如鸡子，地如鸡中黄。孤居于天内，天大而地小”。二十八宿“半覆地上，半绕地下”。汉武帝时期，正是这两种宇宙观并存和交替的时期，司马迁是盖天说的支持者，而落下闳等则是浑天说的支持者。就影响力而言，盖天说仍然是主导的宇宙观。

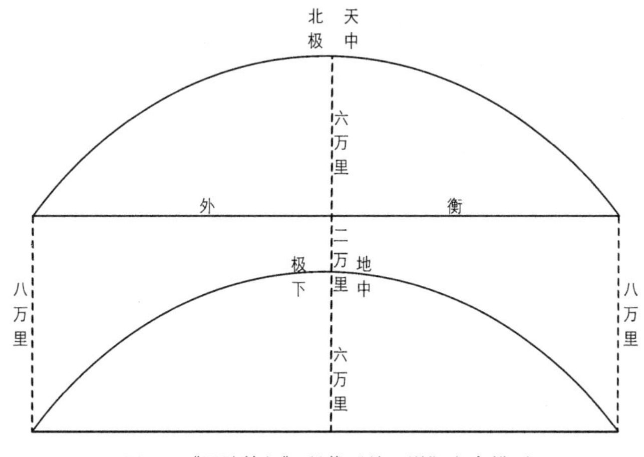

图4 《周髀算经》所载“盖天说”宇宙模型

资料来源：程贞一、闻人军（2012）。

盖天说的宇宙模型，涉及“天地之中”的关键概念。天之“中”即为《史记·天官书》开篇所载的“中宫”，是由天极星及其旁诸星构成的“紫宫”，再加上北斗七星等。地之“中”的说法很多，《吕氏春秋》记载：“白民之南，建木之下，日中无影，呼而无响，盖天地之中也。”《艺文类聚》记载：“昆仑墟在西北，去嵩高五万里，地之中也。”地中可以通过圭表测影求得，《周礼·大司徒》以夏至影长一尺五寸为地中：“日至之景，尺有五寸，谓之地中。”《周髀算经》以夏至影长一尺六寸为地中：“周髀长八尺，夏至之日晷长一尺六寸，谓之地中。”

“天地之中”的概念，逐渐转化为古代都城和建筑选址、布局的原则。《吕氏春秋》明载：“古之王者，择天下之中而立国，择国之中而立宫，择宫之中而立庙。”在都城、宫、庙的选址中，依据规定的影长，获得“居中”的位置而被赋予神圣性。在都城和建筑布局中，模仿“盖天说”的宇宙模式，也有相似的效果。单体建筑和建筑群（或城市）在表现“天圆地方”宇宙观时采用了不同的布局方式：一种是方圆叠合的类型，如明堂，沟通天地的“建木”表示为垂直方向的“都柱”，柱顶端的“斗”作为北斗的象征物（陈春红，2012）。另一种是北圆南方的类型，如天坛，沟通天地的“建木”表现为水平方向的南北“中轴线”（图 5）。

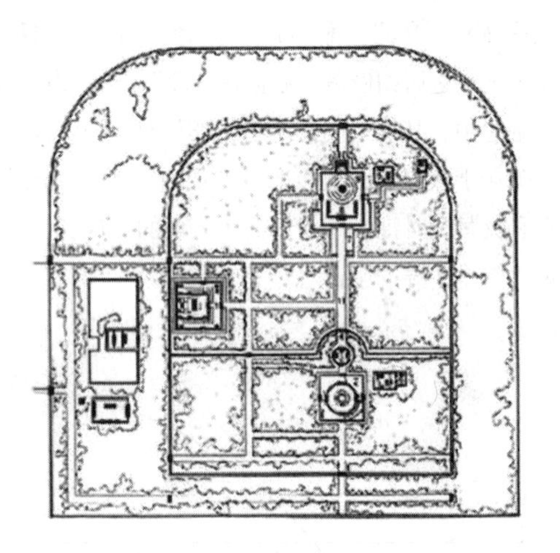

图 5 “方圆叠合”的明堂和“北圆南方”的天坛

资料来源：左图闻人军（2008）；右图陈春红（2012）。

3.2 天空模式

考察先秦至秦汉时期的天文学著作，可以看到古人对天空结构的组织逐渐明晰。《吕氏春秋》中第一次出现了完整的二十八宿名称，并与十二月、十二律、五帝、五色、五季、五德等对应起来，构成了一个丰富的关联世界。《淮南子》则按照五星、八风、二十八宿、五官、六府的顺序描述星空，并将紫宫、太微、轩辕、咸池、四守、天阿六个重要星宿单独列出。到了《史记·天官书》，创造性地提出五宫、四象、二十八宿的天空组织模式，建立起规范化的周天恒星坐标体系，来表征日月五星的运行，进而将天文与人事的关联“科学化”了。

3.3 太初改历

“帝王改正朔，易服色，所以明受命于天也”，改正朔的思想根基来源于战国时期邹衍的“五德终始论”。《吕氏春秋》记载了这套学说，按照黄帝（土德，尚黄）——禹（木德，尚青）——汤（金德，尚白）——文王（火德，尚赤）的天道循环，并做出“代火者必将水”的预言。秦始皇采纳了五德终始论，以为秦是水德，“以冬十月为年首，色上黑，度以六为名，音上大吕，事统上法”⑤。

西汉初年，五德终始论依然甚嚣尘上，并经历了一次改德。汉高祖称帝之初，自诩为“赤帝子”，沿袭秦颛顼历，以十月为年首，色上赤；至汉文帝时，改为土德，服色上黄[⑥]；至汉武帝时，以董仲舒的三统论代替五德终始论，按照夏、商、周的寅正、丑正、子正为循环，秦祚短暂，排除在外，以汉代周取寅正为正统。

元封七年（公元前104年），公孙卿、司马迁等提请改正朔和更历数，汉武帝责令邓平等人造《太初历》。首先选取元封七年冬十一月甲子朔旦夜半，改为太初元年。此时恰为冬至，天象显示“日月若合璧，五星若连珠，俱起牵牛之初”；接着在第二年春正月癸亥，改为寅正，作为太初历的岁首；然后在夏五月辛酉，正式颁行《太初历》。至此，完成了“太初改历”。

4　汉长安的营建和空间布局模式

在了解了汉武帝时期天文历法的概貌之后，本文将进一步探讨汉武帝时期长安城的规划建设。根据《汉长安城遗址保护总体规划（2009～2025）》，汉长安考古目前比较确定的有城墙、城门、主要道路、未央宫、建章宫、武库、东西市、桂宫、北宫、南郊礼制建筑、高庙、上林苑、昆明池遗址，尚待进一步研究的包括长乐宫、明光宫、太上皇庙等遗址（图6）。

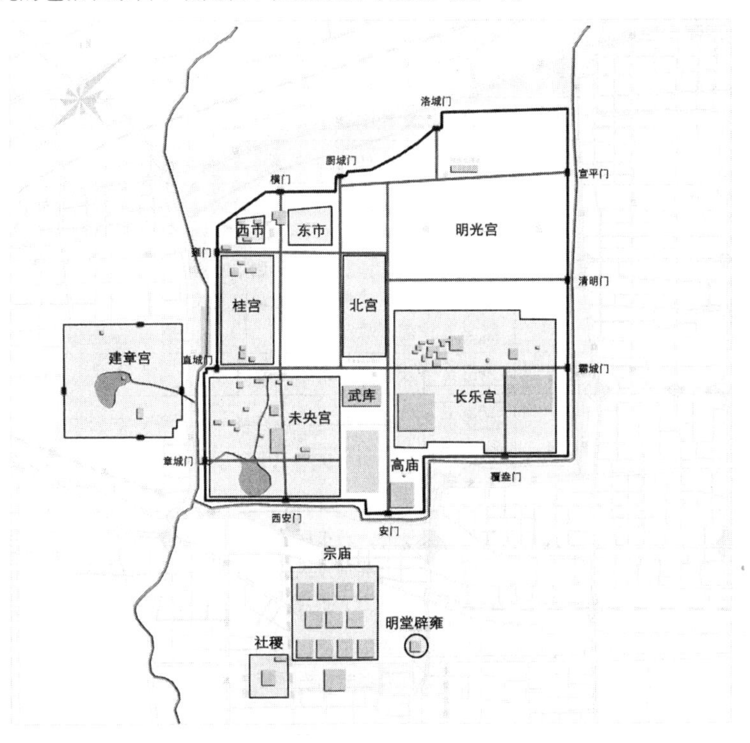

图6　汉长安遗址分布

资料来源：改绘自《汉长安城遗址保护总体规划（2009～2025）》保护规划总图。

4.1 汉长安的营建过程

根据《史记》、《汉书》的记载，秦末至西汉对都城地区的营建可以分为五个阶段。秦末征战，对秦咸阳的破坏极大，秦宫室基本被毁。汉高祖—汉景帝时期，采取休养生息政策，新的宫殿建设多利用秦代基址，形成了“秦宫汉葺”的特殊现象，并完成了汉长安城墙的修建和东、西市的设立。汉武帝—汉宣帝时期，社会经济恢复并发展到一个新的高峰，都城建设大规模展开，兴水利、建宫室、起苑囿，帝王周行天下，封禅、祭祀名川大山，其规模比秦始皇有过之而无不及。之后的几代帝王，受谶纬之说影响，不断兴废祭祀之所，于都城本身并无增减。后王莽篡权，复古改制，在汉长安城南建设了一批礼制建筑（表2）。

表2 汉长安的修建过程

阶段	时间	空间建设成果
秦代遗址	秦始皇	渭南有横桥、极庙、章台、兴乐宫、秦社稷、阿房宫等
西汉初期，养民为主，修建长乐、未央二宫，武库、陵庙、长安城墙	汉高祖	汉社稷、长乐宫、未央宫、北宫、太上皇庙，葬长陵 形成长陵—渭桥—横门—未央宫—西安门—汉社稷的汉长安轴线
	汉惠帝	高帝庙、长安城城墙、东、西市，葬安陵
	吕后	长陵城墙
	汉文帝	幸甘泉宫、棫阳宫，作顾成庙（文帝庙）、设五庙，兴祭祀，葬霸陵
	汉景帝	德阳宫（景帝庙）、葬阳陵
平定匈奴，开展大规模国都建设，兴稽古礼文之事	汉武帝	兴山川之祠、修便门桥、龙渊宫（武帝庙）、漕渠通渭、穿昆明池、起柏梁台、徙函谷关、立汾阴后土祠、立甘泉泰畤、祠黄帝于桥山、立中岳太室祠、作甘泉通天台、长安飞廉馆、作泰山明堂、作首山宫、上林平乐馆、起桂宫、建章宫、太液池、明光宫、修钩弋夫人云陵、盩厔五柞宫，葬茂陵
	汉昭帝	为母亲修云陵、渭桥绝，葬平陵
	汉宣帝	立皇考庙、起乐游苑，修兴泰一、五帝、后土之祠平定匈奴，单于来朝，走甘泉池阳宫—长平阪—渭桥—建章宫一线喜爱杜、鄠之间，起乐游原，葬杜陵
灾异之说盛行，祭祀之所不断兴废	汉元帝	祭祀甘泉泰畤、河东后土、雍五畤，罢先祖寝庙园，后又复，葬渭陵 好儒、阴阳，罢宫苑人、陵邑人、毁先祖寝庙园
	汉成帝	罢甘泉、汾阴祠、雍五畤，作长安南北郊 初作昌陵，五年不成，又作延陵 皇太后复甘泉泰畤、汾阴后土祠、雍五畤、陈仓陈宝祠，又复长安南北郊
	汉哀帝	恭皇庙、恭皇园，复甘泉泰畤、汾阴后土祠，罢长安南北郊，葬义陵

续表

阶段	时间	空间建设成果
王莽复古改制，兴建城南，赤眉军、绿林军入长安，长安城毁	汉平帝 (王莽摄政)	罢明光宫及三辅驰道 起五里于长安城中，宅二百区，以居贫民 立官稷、立明堂、辟雍，葬康陵
	王莽	改明光宫为定安馆，起明堂、辟雍、灵台，筑舍万区，作市、常满仓通子午道，皇后葬亿年陵，坏高庙高寝，起九庙，霸桥灾，更名为长存桥，起大仓，坏渭陵、延陵城垣 赤眉军入城，放火烧长安，只余长乐宫、霸陵、杜陵

资料来源：据《史记》、《汉书》整理。

4.2 汉武帝时期的空间建设

汉武帝即位之初，按照惯例开始为自己营建陵墓。茂陵选址长安西北，并特意修建西渭桥（便门桥）以通茂陵。随后，汉武帝在都城地区大兴水利，开凿了漕渠和昆明池。此时，汉武帝的空间行为还没有明显的象天法地意图。

元鼎、元封、太初年间，是汉武帝在长安开展空间营建的高峰期。元鼎年间，汉武帝在长安城内起柏梁台，并修建甘泉泰畤、汾阴后土祠两处重要的祭祀场所。元封年间，作甘泉通天台和长安飞廉馆。太初年间，起建章宫和明光宫。值得注意的是，汉武帝大兴土木的行为，与其改历、巡游、封禅、祭祀等行为在时间上是重叠的。

之后的时间，汉武帝将主要精力放在了巡游、封禅上，长安地区的空间建设进入一个低潮期(图 7、图 8)。

4.3 汉长安的空间布局模式

汉武帝时期都城地区的空间建设，包括了漕渠、昆明池等水利工程，以及柏梁台、飞廉馆、建章宫、明光宫等高台建筑和宫殿。此时的都城中心和轴线主要继承了汉初格局，而宫室布局则大规模地采用五宫四象的空间模式。

4.3.1 中心、轴线

西汉建国之初，利用秦宫建筑基址，营建汉社稷、长乐宫、未央宫，并在“宫之中建庙”，形成以高庙为中心，长陵—高庙连线为南北轴的新格局。

汉高祖十二年四月崩于长乐宫，葬于渭北长陵，并于长安城内建高庙、高寝。其位置有《汉书·叔孙通传》晋灼注引《三辅黄图》曰：“高庙在长安城门街东，寝在桂宫北。”据刘庆柱（1996）调查，高庙遗址在武库以南，安门大街以东，安门之内，约在今东叶村一带。高庙的选址，符合《吕氏春秋》“择宫之中而立庙”的原则（图 9）。

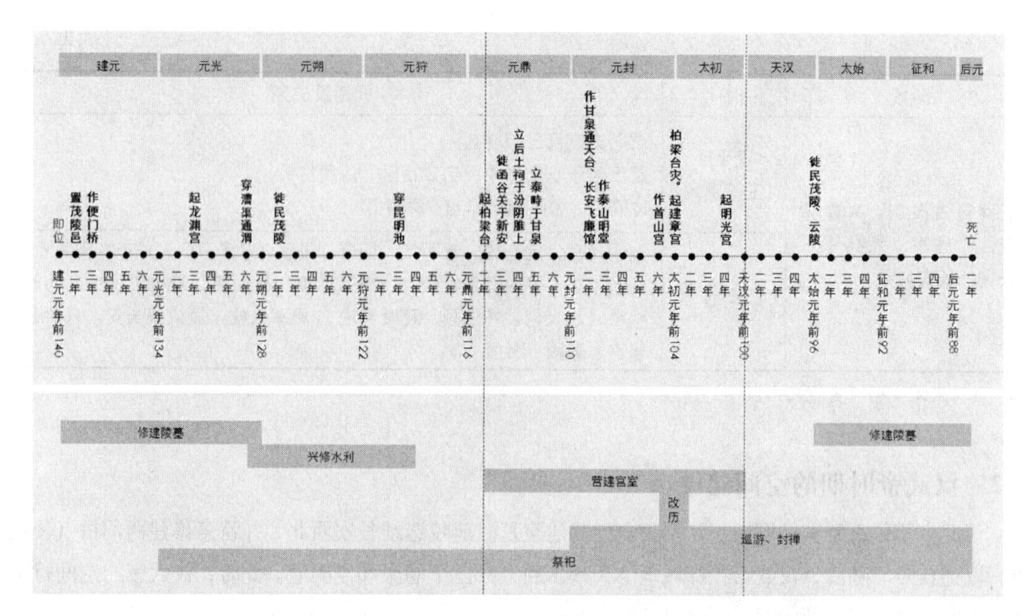

图7 汉武帝时期都城建设与改历、封禅、巡游、祭祀行为交织

资料来源：据《汉书·武帝纪》整理。

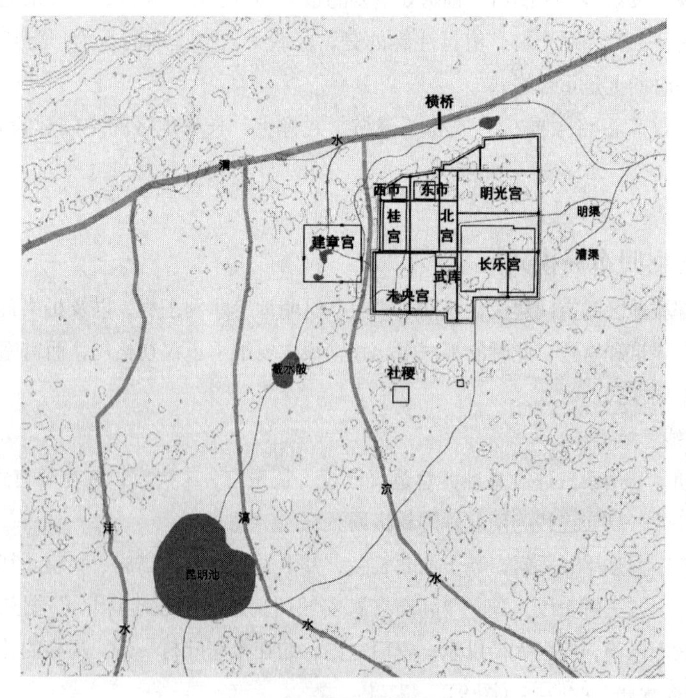

图8 汉武帝时期的长安城

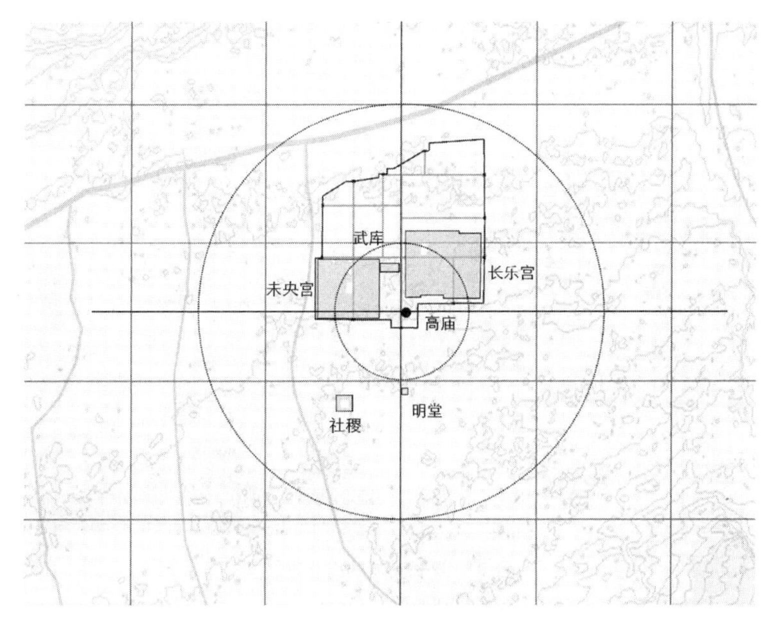

图9 高庙选址位于诸宫之中

秦建明等（1995）发现了以汉长安为中心的南北超长轴线。其中都城部分北起汉代“天齐祠”遗址，经清峪河南北段，从汉高祖陵与吕后陵中间通过，并沿汉长安城安门大街，向南延伸至子午谷，全长74.24公里，与真子午线间夹角仅差20’。文章指出，“如果以5公里为单位长度，则天齐祠至长陵、长陵至安门、安门至子午谷三者距离之比为6∶3∶6。如果将安门的位置换成武库的位置，则能更好地满足以上比例。”

本文认为，高庙在武库南，二者相距不远，而武库的地位远不及高庙，以高庙为节点更符合事实。5公里的单位距离，约合西汉12里（1汉里＝414米，5公里＝12.077汉里）（白云翔，2014）。秦始皇之时“数以六为纪，六尺为步”，《汉书·律历志》记载，汉承秦制，仍然是“六尺为步”。秦汉时期数尚“六”，反映在都城规划中，正是将重要建筑的距离规划为“六里”的倍数。上述轴线折合为汉里，则天齐祠至长陵段为72汉里、长陵至高庙段为36汉里、高庙至子午谷段为72汉里，全长180汉里（图10）。

4.3.2 五宫四象模式

西汉时期，“五宫四象”模式最早出现在汉文帝时期的祭祀建筑中；汉景帝时期，开始运用到帝陵（阳陵）的规划建设之中；到汉武帝时期，制度成熟，多座宫殿的布局均依照这一模式。

（1）汉文帝——五帝坛

汉文帝十五年春，在渭南霸渭之会立“五帝庙”、长门道北立“五帝坛”。五帝坛的形式可以根据汉

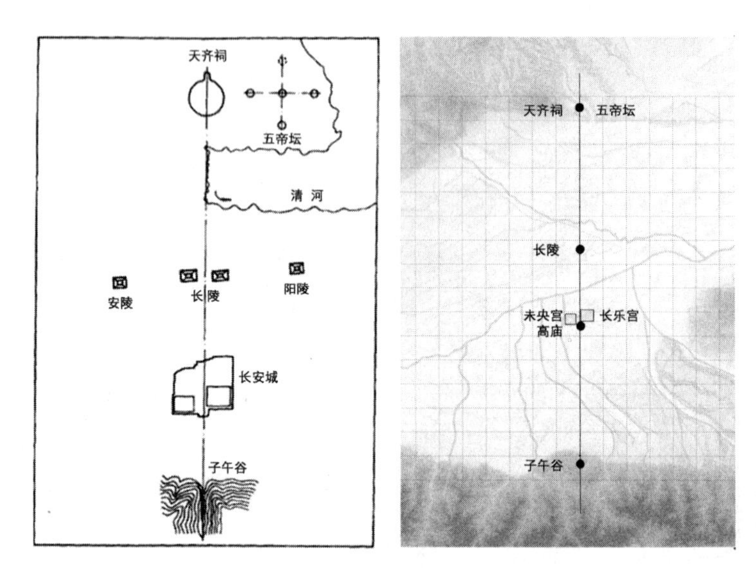

图 10 汉长安城的南北轴线

资料来源：左图秦建明等（1995）；右图作者自绘。

武帝时的“泰一、五帝坛”来推知：“祠坛放亳忌泰一坛，三陔。五帝坛环居其下，各如其方。黄帝西南，除八通鬼道。”由于泰一占据了中央，只能将黄帝放到西南位置。那么单立五帝坛时，就应该是黄帝居中，而其余四帝各如其方（图 11）。

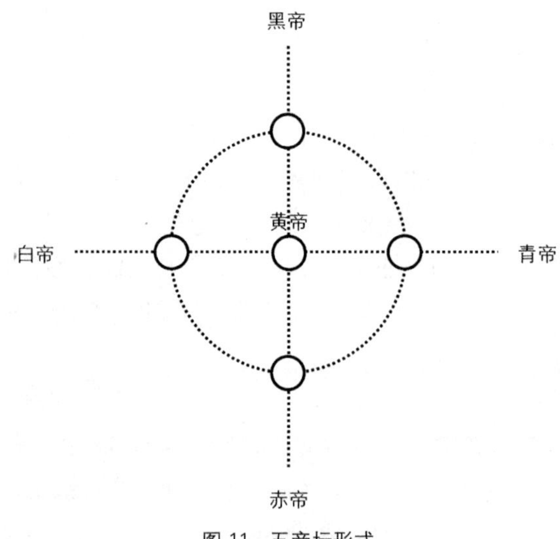

图 11 五帝坛形式

(2) 汉景帝——阳陵及罗经石

汉景帝阳陵选址长安城东北的咸阳原上，其制度严整，是后世汉帝陵的典范。景帝陵园平面为正方形，边长约418米（合西汉1里），四面墙的正中都有“三出阙”。封土位于陵园中部，边长约168米（合西汉120步），封土高32.28米（合西汉14丈）。后陵陵园平面也是正方形，边长约350米。四面墙的正中设门不出阙。封土边长为151～167.5米，高26.49米（陕西省考古研究院秦汉考古研究部，2008）（图12）。

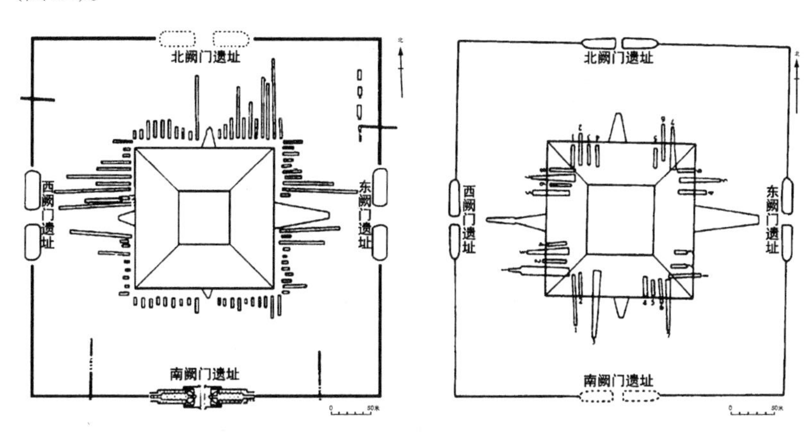

图12　汉阳陵帝陵、后陵平面

资料来源：陕西省考古研究院秦汉考古研究部（2008）。

阳陵中还有别具特色的罗经石遗址，位于帝陵与后陵之中偏南的位置。其平面近方形，边长约260米，外围有壕沟。中部是一方形夯土台，边长54米，每边各有三门。台上有一块方形黑色巨石，石板上部为圆形，刻有十字凹槽，指示四正方向（陕西省考古研究院秦汉考古研究部，2008）。李零（2002）认为，罗经石遗址是一种“博局式的设计”或“明堂式的设计”，反映了西汉时期的宇宙观（图13）。

(3) 汉武帝——甘泉宫、未央宫、建章宫

汉武帝时期，新筑或扩建了一大批宫室，如云阳的甘泉宫，都城地区的未央宫、建章宫、北宫、明光宫等。其中甘泉、未央、建章三宫都表现出以“五宫四象”结构作为布局模式的特征。

甘泉宫地处云阳甘泉山下，此地原有秦的甘泉宫和林光宫，自秦以来就是都城的北哨，又兼具避暑和祭祀黄帝的功能，是一处重要的离宫。《三辅黄图》引《关辅记》曰：“林光宫，一曰甘泉宫，……汉武帝建元中增广之，周十九里。去长安三百里，望见长安城，黄帝以来圜丘祭天处。”建元是汉武帝的第一个年号，增广甘泉宫与置茂陵、通便门桥一起，是汉武帝登基以来开展都城建设的头等大事。汉武帝热衷于求仙，除了封禅泰山和巡游东海之外，还非常重视在云阳甘泉祭祀黄帝。因为传说黄帝在泰山封禅，在甘泉明廷与神仙相会，因此汉武帝格外重视甘泉宫。甘泉宫出土了“益延寿观”字样瓦当，充分体现了汉武帝将此地作为求仙益寿场所的本意。

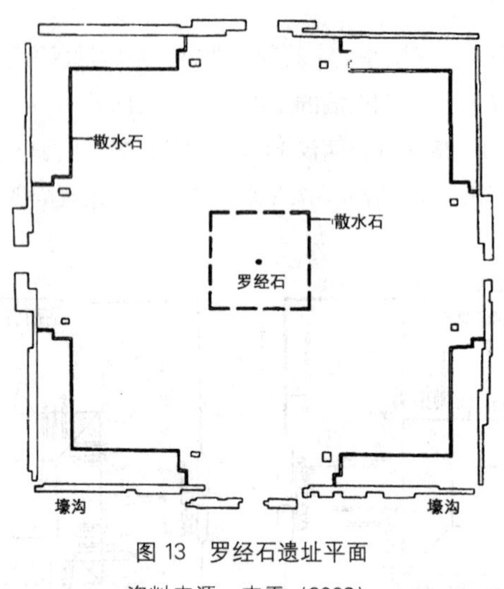

图 13 罗经石遗址平面

资料来源：李零（2002）。

甘泉宫的组成部分，根据扬雄《甘泉赋》，包含了通天台、悬圃、泰一神坛、洪台、赤阙、应门、前殿、圜丘等建筑。考古发现的甘泉宫遗址被秦直道所分隔，分为东、西两城，西城或为秦林光宫，东城为汉甘泉宫（梁云，2015）。通天台是甘泉宫的标志建筑，唐代颜师古注《汉书·武帝纪》云："通天台者，言此台高，上通于天。"通天台遗迹为东西相对的两座夯土高台，至今残高仍有 16 米。通天台以南，还有汉武帝祭祀泰一的场所"紫坛殿"，考古判断在今通天台遗址南 250 米处的方形棕色石堆砌遗址（姚生民，2006）。《甘泉赋》记载甘泉前殿"似紫宫之峥嵘"，《太平御览》记载甘泉宫"乃上比于帝室紫宫"，并有蛟龙、白虎、熛阙、应门位列四方，可以认为是一个五宫四象的空间模式（图 14）。

未央宫初为汉高祖时萧何所作，立东阙、北阙、前殿等。前殿因龙首山而作，"疏山为台殿，不假板筑，高出长安城"，"东西五十丈，深十五丈，高三十五丈"。前殿北有石渠阁、天禄阁、麒麟阁，收录了入关所得秦之图籍。前殿西南有沧池，池中有渐台，"高十丈"。汉武帝时期，对未央宫进行了扩建，将沧池与昆明池水系连为一体，并大兴土木，形成了"台三十二，池十二，土山四，宫殿门八十一，掖门十四"的壮观景象。据《三辅黄图》记载，汉武帝时期的未央宫"以木兰为棼撩，文杏为梁柱。金铺玉户，华榱壁珰。雕楹玉碣，重轩镂槛。青琐丹墀，左城右平，黄金为璧带，间以和氏珍玉，风至其声玲珑也"。根据班固《西都赋》和张衡《西京赋》的记载，未央宫的总体布局与甘泉宫类似，以前殿比拟紫宫，东阙名苍龙阙，北阙名玄武阙，法象四象（图 15）。

太初元年"十一月甲子朔旦夜半"，开启了改正朔和更历数的大事件。同月，柏梁台灾。二月，起建章宫。五月，"以正月为岁首，色上黄，数用五，定官名，协音律"。可以看到，建章宫的修建，

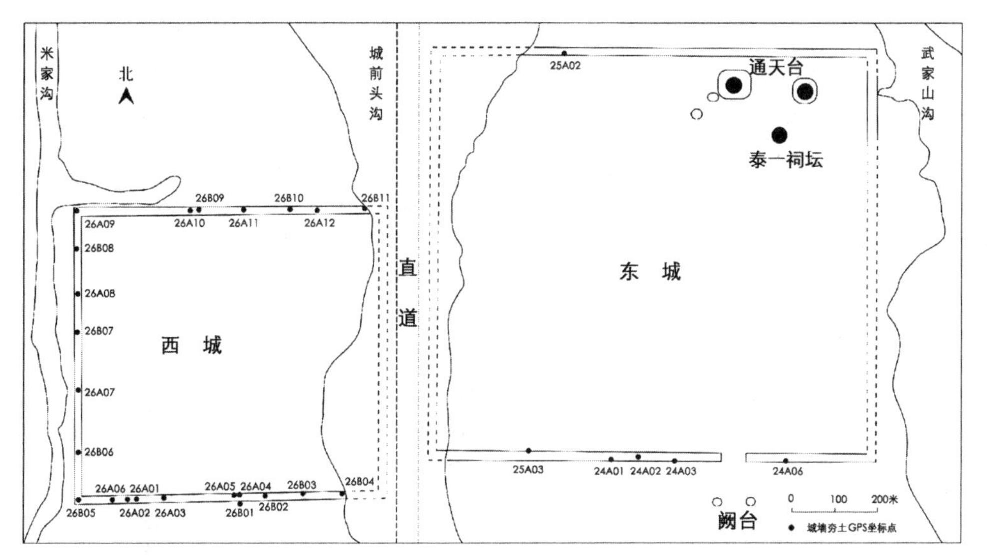

图 14 汉甘泉宫遗址平面

资料来源：梁云（2015）。

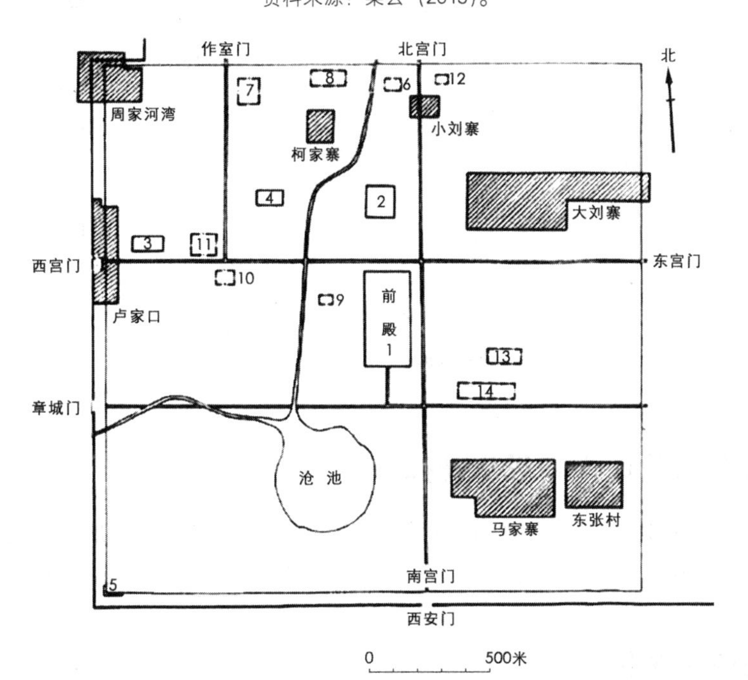

图 15 未央宫遗址平面

资料来源：刘庆柱（1995）。

与改正朔、改历数同时，都是重大的国家工程。柏梁台灾，对于改历元年来说，不是一个好兆头。因此，汉武帝采纳了粤地方士之言，“粤俗有火灾，复起屋，必以大，用胜服之”，在汉长安城外西部起建章宫，“度为千门万户，前殿度高未央”。建章宫建成后，“事兼未央”，实际上成为汉长安的新中心。

建章宫的建筑形制仿照未央宫，其核心为前殿，基址在今高堡子、低堡子村一带，南北长 320 米、东西宽 200 米，高于今地面 10 余米。以前殿为中心，“其东则凤阙，高二十余丈。其西则商中，数十里虎圈。其北治大池，渐台高二十余丈，名曰泰液。池中有蓬莱、方丈、瀛洲、壶梁，象海中神山、龟、鱼之属。其南有玉堂、璧门、大鸟之属。立神明台、井干楼，高五十丈，辇道相属焉”（图 16）。依然是一个五宫四象的空间模式。

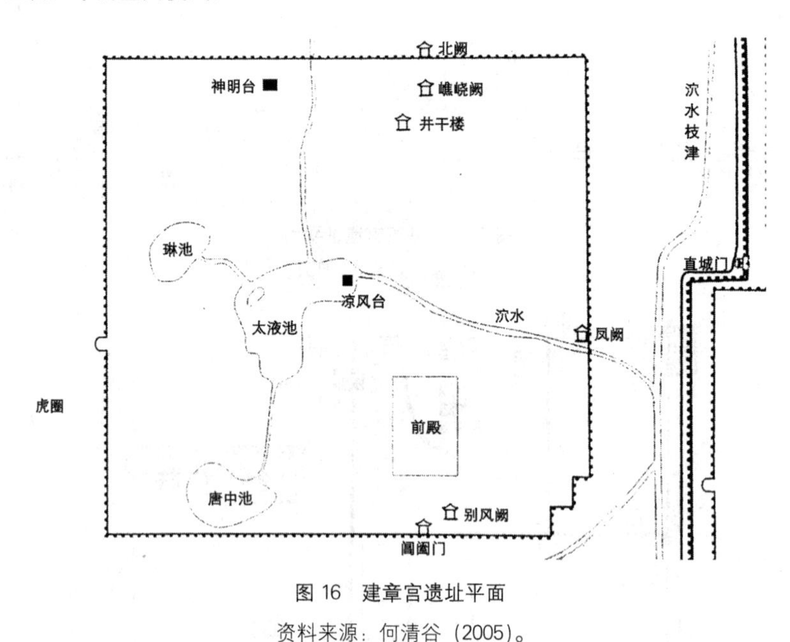

图 16　建章宫遗址平面

资料来源：何清谷（2005）。

5　汉长安象天法地规划思想初探

在明晰了汉武帝时期都城和宫室的布局模式之后，综合上文有关西汉时期“一般知识、思想与信仰”的探讨，将天空组织模式与都城空间布局模式对照研究，可以一窥汉武帝象天设都的规划思想。

5.1　以天极对应地中

盖天说的宇宙模型，赋予“天地之中”以崇高的地位。都城作为天下的中心，宫庙作为都城的中心，在空间上自然要强调“居中”。西汉初期，以高庙为都城中心，采取的是类似于秦始皇“极庙象天极”的思想。汉惠帝时期，高庙被迁至渭北；汉文帝之后，帝王庙不再设在长安城内。庙移出都城后，宫成为当之无愧的中心。因此才会出现将未央宫、甘泉宫、建章宫等宫室前殿比拟紫宫的记载，将天子所居之处对应天极、紫宫，体现出汉武帝以天帝自居的意图（图 17）。

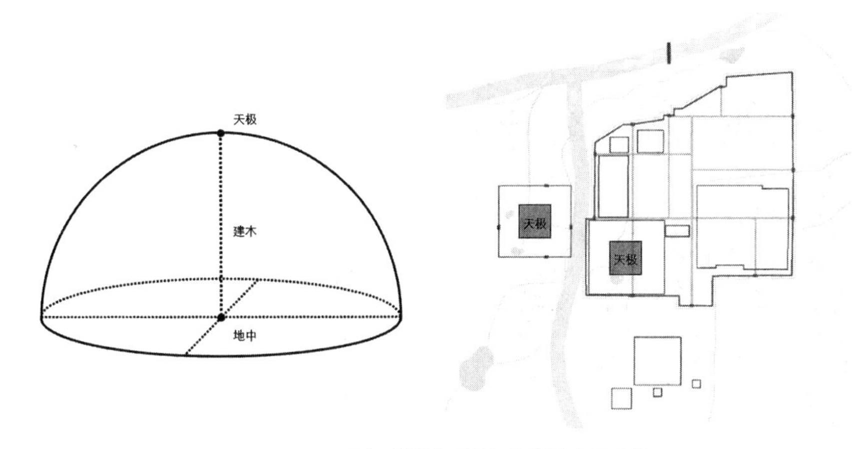

图 17　汉武帝时期以重要宫室前殿法象天极

5.2　以天之正朔对应地之正位

太初改历是汉武帝时期的重大事件，也是整个西汉王朝发展的重要节点。太初改历之前，以十月亥正为岁首，使用颛顼历；太初改历之后，以正月寅正为岁首，使用太初历。利用 Stellarium 软件，可以复原汉武帝元封七年十一月甲子朔旦夜半星图（取前 104 年 12 月 22 日 0 点）。此时紫宫在北中天，东井、五诸侯在南中天，二者南北正对，形成一条轴线。天汉位于紫宫西侧，向南穿过东井、五诸侯二宿，向北穿过牵牛、织女二宿。日、岁星位于西北方向的斗、牵牛二宿之位（图 18）。

西汉式盘的使用为理解天地对应方式提供了启示。据孙基然（2009）的研究，在使用式盘时，观测者应将两盘举过头顶，圆盘在上，正面朝下；方盘在下，正面朝上，形成“圆盘—方盘—观测者”的排列顺序。如果这样，需要将方盘想象为透明的，才能观测到方盘正面的九宫。其实，只要按照“圆盘—观测者—方盘”的顺序排列，就能解决这个问题。如此一来，在使用式盘时，实际上应将方盘置于脚下，而将圆盘举过头顶，通过人这个媒介，将天象对应到地面。同理，在使用天图对应地面时，只要按照南上北下、左西右东的方位，即可达到观测者将天图举过头顶的效果。上述复原星图，以西安市为观测点，使用赤道坐标体系，将天极置于中心，满足南上北下、左西右东的要求，可以作为都城空间布局模式的原型。

这样看来，有关汉高祖“五星聚于东井”的说法，应当出现于太初改历前后。这样，既可解释天象出现时间与高祖至霸上时间的差别，又可解释《史记》、《汉书》和汉赋等文献对这一说法的认可，还能与东井说所涉及的地面建筑形成对应。从文献记载来看，汉武帝及群臣对于太初正朔的选择，可谓非常慎重。这一天既满足冬至（节气）、甲子（年）、朔旦（月）、夜半（日）都在起始点，同时还将标志西汉王朝起始的天象“东井”置于南北轴线上，并且有“日月若合璧，五星若连珠，俱起牵牛之初”的天象，可谓非常难得。尽管从复原天图来看，并非五星而只是岁星和日在牵牛的方位，但也足以昭示新的天道轮回的开端。

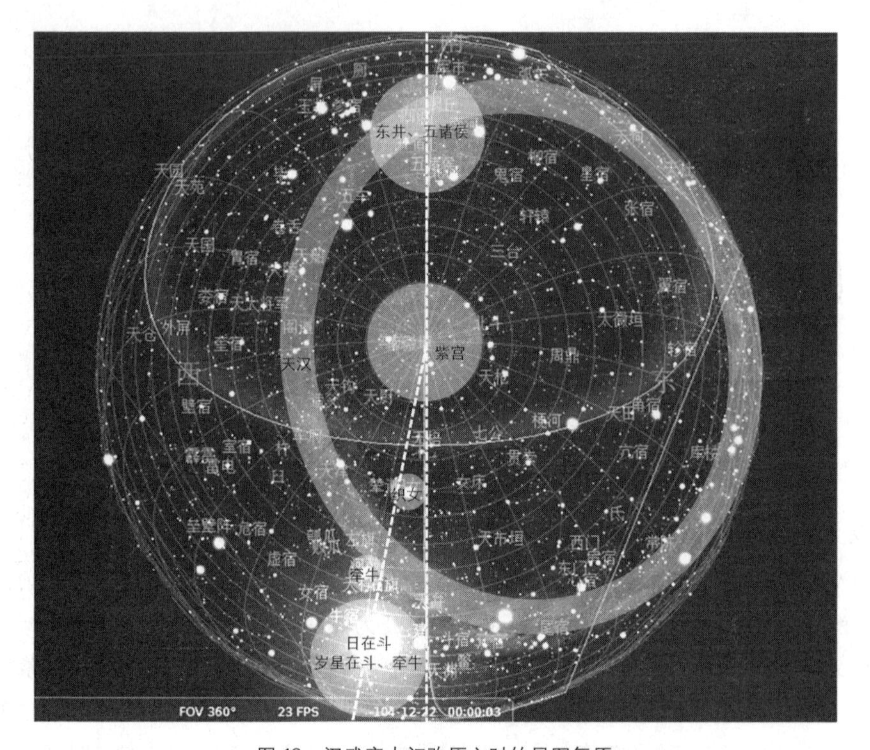

图 18 汉武帝太初改历之时的星图复原

注：运用天文复原软件 Stellarium，时间取汉武帝元封七年十一月甲子朔旦夜半（前 104 年 12 月 22 日 0 点），地点取今西安市。

5.3 以天空结构组织宫殿布局

《甘泉赋》记载甘泉前殿“似紫宫之峥嵘”，并有蛟龙、白虎、爂阙、应门位列四方，已经出现了五宫四象的雏形；未央宫早在萧何营建之初，就东设苍龙阙、北设玄武阙，汉武帝增建之后，又有“据坤灵之正位，放太紫之圆方”、“正紫宫于未央，表峣阙于阊阖”的记载；建章宫平面，通过比对《汉书·郊祀志》和《史记·天官书》的记载，反映出一个以前殿为中宫，双凤阙为东宫，商中（唐中）、虎圈为西宫，嶕峣阙为北宫，璧门、别凤阙为南宫的完整的五宫四象结构（图 19）。

从未央宫、甘泉宫、建章宫的构成要素来看，三宫具有很强的同构性（表 3）。前文证明，此三宫都有法象紫宫的蕴含，这反映出汉武帝时期的宫殿布局已经形成了以前殿为天极、紫宫，以周匝宫室、门阙、园林拟法东、南、西、北四宫和四象的布局规制。

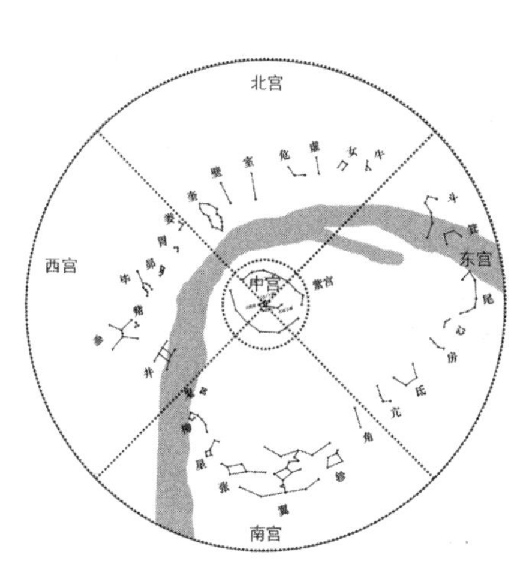

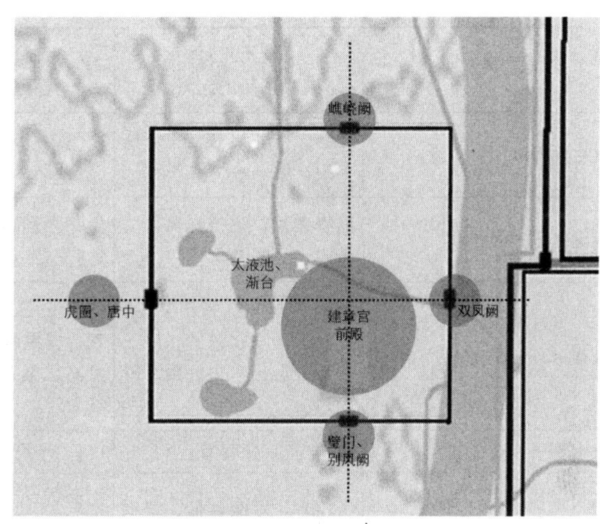

图 19 建章宫“五宫四象”的空间模式

表 3 未央宫、甘泉宫、建章宫的空间同构

	未央宫	甘泉宫	建章宫
殿	前殿	前殿	前殿
台	渐台	通天台	神明台
池	沧池、昆明池	甘泉昆明池	太液池
苑	上林苑	甘泉上林苑	上林苑
阙	东阙、北阙	凤阙	双凤阙、嶕峣阙、别风阙
三山	沧池内	昆明池内	太液池内

资料来源：根据《汉书》、《三辅黄图》整理。

5.4 以牵牛、织女石刻标识出日、岁星的起始位置

日和岁星都具有纪年的功能，是最重要的行星，也是古人持续观测和记录的对象。据张闻玉（2008）研究，秦颛顼历取立春时“日在营室五度”为起算点，因此秦历的岁首十月，等同于《吕氏春秋》、《淮南子》的孟冬和《史记·天官书》的十二月。汉武帝元封七年十一月仍然是颛顼历的十一月，也就是《史记·天官书》的正月和《淮南子·时则训》的仲冬，此时日在斗，招摇指子，岁星在斗、牵牛（表 4）。

表4 秦历正月、十月、十一月的日、岁星位置

文献	秦历正月 秦颛顼历的起算点	秦历十月 秦颛顼历的岁首	秦历十一月 汉太初历的起算点
《吕氏春秋·十二纪》	孟春之月，日在营室，昏参中，旦尾中。	孟冬之月，日在尾，昏危中，旦七星中。	仲冬之月，日在斗，昏东壁中，旦轸中。
《淮南子·时则训》	孟春之月，招摇指寅，昏参中，旦尾中。	孟冬之月，招摇指亥，昏危中，旦七星中。	仲冬之月，招摇指子，昏壁中，旦轸中。
《淮南子·天文训》	太阴在辰，岁名曰执徐，岁星舍营室、东壁，以正月与之晨出东方，翼、轸为对。	太阴在丑，岁名曰赤奋若，岁星舍尾、箕，以十月与之晨出东方，觜嶲、参为对。	太阴在寅，岁名曰摄提格，其雄为岁星，舍斗、牵牛，以十一月与之晨出东方，东井、舆鬼为对。
《淮南子·天文训》	（日）正月建营室。	（日）十月建尾。	（日）十一月建牵牛。
《史记·天官书》	执徐岁：岁阴在辰，星居亥。以三月与营室、东壁晨出，曰青章。青青甚章。其失次，有应见轸。	赤奋若岁：岁阴在丑，星居寅，以十二月与尾、箕晨出，曰天皓。黫然黑色甚明。其失次，有应见参。	摄提格岁：岁阴左行在寅，岁星右转居丑。正月，与斗、牵牛晨出东方，名曰监德。色苍苍有光。其失次，有应见柳。

资料来源：据《吕氏春秋》、《淮南子》、《史记·天官书》整理。

汉武帝时期，在昆明池畔立牵牛、织女石刻，正是因为此时都城中心与昆明池的连线，与天极和牵牛、织女二星的连线方位相近。而昆明池水系的流向，又与天汉的走向基本相同（图20）。以牵牛、

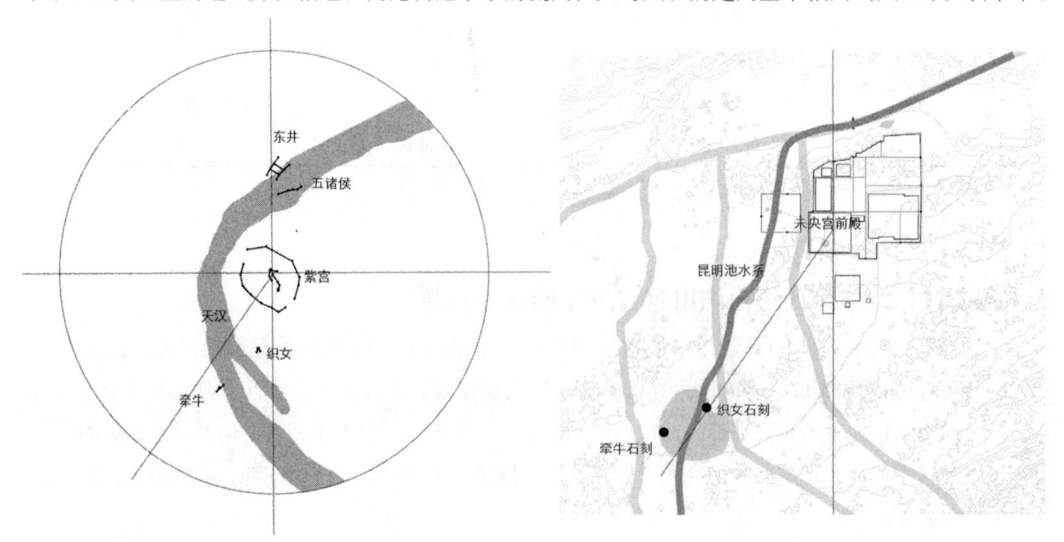

图20 以牵牛、织女石刻标识出日、岁星的起始位置

织女石刻标识出牵牛、织女二星，既强化了昆明池水系象天汉的意象，又能够反映太初历起算点的岁星、日所在方位。因此，牵牛、织女石刻和相应的象天之说，都应该产生于太初改历前后。

5.5 以高台、复道通天候仙

高台建筑具有通天候仙的功能，《三辅黄图》引《庙记》曰："神明台，武帝造，祭仙人处，上有承露盘，有铜仙人，舒掌捧铜盘玉杯，以承云表之露。以露和玉屑服之，以求仙道。"又引《汉武故事》："汉武时祭泰乙，上通天台，舞八岁童女三百人，祠祀招仙人。祭泰乙，云令人升通天台，以候天神，天神既下祭所，若大流星，乃举烽火而就竹宫拜望。上有承露盘，仙人掌擎玉杯，以承云表之露"(图21)。

图21 北海琼华岛仙人承露台

资料来源：郭久琪（2011）。

在高台建筑之间，以阁道、辇道相连，意在形成一个脱离人间的特殊空间，以供天子和仙人相会。这在《史记·秦始皇本纪》中记载得非常清楚，卢生对秦始皇说，要想遇到仙人，求得不死之药，必须要使"上所居宫毋令人知"。秦始皇听从了这个建议，"乃令咸阳之旁二百里内，宫观二百七十，复道甬道相连，帷帐锺鼓美人充之。"未央宫、建章宫均有复道相连，《汉书·孔光传》记载："北宫有紫房复道，通未央宫。"班固《西都赋》有："辇路经营，修除飞阁。自未央而连桂宫，北弥明光而亘长乐。"张衡《西京赋》有："于是钩陈之外，阁道穹隆，属长乐与明光，径北通乎桂宫。"《汉书·郊祀志》则记载，建章宫"立神明台、井干楼，高五十丈，辇道相属焉"。

可以看到，除却后人附会的“斗城说”，有关汉长安象天法地的“东井说”、“紫宫说”和“天汉、牵牛、织女说”，都出现在汉武帝太初改历之时，这说明都城建设与天文历法紧密相连，共同服务于皇权天授的政治命题。

6 法天地而居之的都城精神

象天法地思想，是先秦至秦汉时期都城规划的重要理论基础。本文以汉长安为例，以历史文献和考古研究为基础，总结和辨析了历史文献记载的四种汉长安象天法地模式，通过探究汉武帝时期的天文历法知识背景，还原天文图式和都城布局模式，揭示出汉长安“以天极对应地中”，“以天之正朔对应地之正位”，“以天空结构组织宫殿布局”，“以石刻标识重要行星起始位置”，“以高台复道通天候仙”的象天法地规划方法（图 22）。

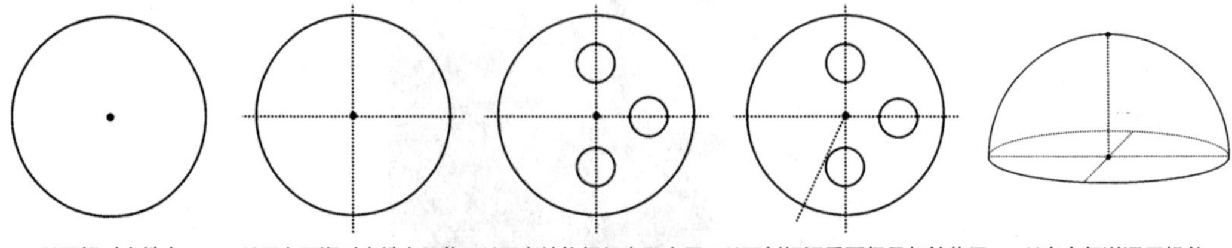

图 22 汉长安象天法地规划的五种方法

汉长安的象天法地规划，反映出古人天地对应、时空一体的建城思想。都城作为“天地之中”，其规划布局上映群星，下合山川，并与历法相关联，实现了对空间和时间的组织。人居其间，得以仰观俯察，忆古思今，感受一种法天地而居之的人居文化。陈子昂有诗：“前不见古人，后不见来者。念天地之悠悠，独怆然而涕下。”宗白华（2000）所言“气韵生动”，正是这种意境的表达。

值得注意的是，这种象天法地的规划手法是重“意”而非“形”的，并非生硬地将天象映射于地上，依照星宿布局宫殿，而是巧妙地通过方位、意义上的关联，使都城空间与星空、大地紧密相连，形成新的创造。这种规划理论和方法是因地制宜和颇有特色的，也是值得充分挖掘和借鉴的。快速城镇化过程中，对城市空间的定位偏重于物质生产功能，而忽略了同等重要的生态文化蕴含，出现了城市特色和城市文化缺失等问题。古人象天法地的规划思想，对于重建当代城市的山水和文化秩序将有所启示。

致谢

本文受国家自然科学基金（项目批准号：51378279）、高等学校博士学科点专项科研基金（课题编号：20130002110027）资助，特此感谢！

注释

①《史记・天官书》记载有天空二十八宿、北斗七星、日月五星与地理单元对应的天地分野学说。

②《史记・秦始皇本纪》记载秦始皇陵地宫"上具天文，下具地理"；西安交通大学西汉墓出土了绘有二十八宿和日月的天文图。

③ 见陈春红："古代建筑与天文学"（博士论文），天津大学，2012 年。文章梳理了世界范围内古代建筑的天文学蕴含。

④ 汉高祖时张苍"续正律历"，认为"高祖十月始至霸上，故因秦时本十月为岁首，不革。推五德之运，以为汉当水德之时，上黑如故。"

⑤《史记・封禅书》。

⑥《汉书・郊祀志》。

参考文献

[1] Huang, Y. L. Translated in English by Edward L. Shaughnessy 1990. A Study on Five-Planet Conjunctions in Chinese History. *Early China*, No. 15.

[2] 白云翔："汉代尺度的考古发现及相关问题研究"，《东南文化》，2014 年第 2 期。

[3]（东汉）班固：《汉书》，中华书局，1994 年。

[4] 陈春红："古代建筑与天文学"（博士论文），天津大学，2012 年。

[5] 陈力：《东周秦汉时期城市发展研究》，三秦出版社，2010 年。

[6] 陈喜波、韩光辉："汉长安'斗城'规划探析"，《考古与文物》，2007 年第 1 期。

[7]（宋）程大昌：《雍录》，陕西师范大学出版社，1996 年。

[8] 程贞一、闻人军译注：《周髀算经译注》，上海古籍出版社，2012 年。

[9] 董鸿闻、刘起鹤、周建勋等："汉长安城遗址测绘研究获得的新信息"，《考古与文物》，2000 年第 5 期。

[10]（西汉）董仲舒：《春秋繁露》，中华书局，2012 年。

[11]（东晋）葛洪：《西京杂记》，三秦出版社，2006 年。

[12] 葛兆光：《中国思想史》，复旦大学出版社，1998 年。

[13] 关增建："中国天文学史上的地中概念"，《自然科学史研究》，2000 年第 3 期。

[14]（春秋战国）管仲：《管子》，中华书局，2009 年。

[15] 郭湖生："论邺城制度"，载中国社会科学院考古研究所、河北省文物研究所、河北省临漳县文物旅游局编：《邺城考古发现与研究》，文物出版社，2014 年。

[16] 郭久琪："北京曾有几处'铜仙承露台'"，《紫禁城》，2011 年第 10 期。

[17] 郭璐："中国都城人居建设的地区设计传统：从长安地区到当代"（博士论文），清华大学，2014 年。

[18] 何清谷校释：《三辅黄图校释》，中华书局，2005 年。

[19] 黄建军：《中国古都选址与规划布局的本土思想研究》，厦门大学出版社，2005 年。

[20] 黄晓芬："论西汉帝都长安的形制规划与都城理念"，《历史地理》，2011 年第 1 期。

[21] 江晓原：《天学真原》，译林出版社，2011 年。

[22]（春秋）孔子：《论语》，中华书局，2006年。
[23]（元）李好文：《长安志图》，上海古籍出版社，1991年。
[24]（唐）李吉甫：《元和郡县图志》，中华书局，2013年。
[25] 李零：《中国方术考》，东方出版社，2000年。
[26] 李零："说汉阳陵'罗经石'遗址的建筑设计"，《考古与文物》，2002年第6期。
[27] 李小波："从天文到人文——汉唐长安城规划思想的演变"，《北京大学学报（哲学社会科学版）》，2000年第2期。
[28] 李遇春："汉长安城的考古发现和研究"，《河南师大学报：社会科学版》，1981年第2期。
[29] 梁云："汉甘泉宫形制探讨"，《考古与文物》，2015年第3期。
[30]（西汉）刘安：《淮南子》，中华书局，2012年。
[31] 刘操南：《历算求索》，浙江大学出版社，2000年。
[32] 刘次沅：《诸史天象记录考证》，中华书局，2015年。
[33] 刘庆柱："汉长安城未央宫布局形制初论"，《考古》，1995年第12期。
[34] 刘庆柱："汉长安城的考古发现及相关问题研究——纪念汉长安城考古工作四十年"，《考古》，1996年第10期。
[35] 刘庆柱：《三秦记辑注 关中记辑注》，三秦出版社，2006年。
[36] 刘晓达："秦始皇至汉武帝时代对'天下'观念的视觉艺术形塑"（博士论文），中央美术学院，2013年。
[37] 刘振东、张建锋："西安市汉唐昆明池遗址的钻探与试掘简报"，《考古》，2006年第10期。
[38] 雒启坤："西安交通大学西汉墓葬壁画二十八宿星图考释"，《自然科学史研究》，1991年第1期。
[39]（元）骆天骧：《类编长安志》，三秦出版社，2006年。
[40]（战国）吕不韦：《吕氏春秋》，中华书局，2011年。
[41] 马正林："汉长安城总体布局的地理特征"，《陕西师范大学学报：哲学社会科学版》，1994年第4期。
[42] 秦建明、张在明、杨政："陕西发现以汉长安城为中心的西汉南北向超长建筑基线"，《文物》，1995年第3期。
[43] 山东省博物馆：《山东汉画像石选集》，齐鲁书社，1984年。
[44] 陕西省考古研究院秦汉考古研究部："陕西秦汉考古五十年综述"，《考古与文物》，2008年第6期。
[45] 史念海：《中国古都和文化》，中华书局，1998年。
[46]（西汉）司马迁：《史记》，中华书局，1994年。
[47] 孙基然："西汉汝阴侯墓所出太一九宫式盘相关问题的研究"，《考古》，2009年第6期。
[48] 孙宗文："礼制与玄学对建筑的影响——建筑意识研究积微"，《华中建筑》，1986年第3期。
[49] 唐晓峰："君权演替与汉长安城文化景观"，《城市与区域规划研究》，2011年第3期。
[50] 王静：《中古都城建城传说与政治文化》，社会科学文献出版社，2013年。
[51] 王社教："也谈汉长安城斗城之来由"，《中国古都研究（第十六辑）——中国古都学会第十六届年会暨莒文化研讨会论文集》，1999年。
[52] 王社教："汉长安城斗城来由再探"，《考古与文物》，2001年第4期。

[53] 王世舜、王翠叶译注:《尚书》，中华书局，2012 年。
[54] 王子林:《紫禁城风水》，紫禁城出版社，2005 年。
[55] 魏士衡:“天人感应思想与中国古代都邑规画（中国城市规划历史探索之一）”，《国际城市规划》，1984 年第 3 期。
[56] 闻人军译注:《考工记译注》，上海古籍出版社，2008 年。
[57] 吴庆洲:“象天法地意匠与中国古都规划”，《华中建筑》，1996 年第 2 期。
[58] 席会东:《中国古代地图文化史》，中国地图出版社，2013 年。
[59] 徐斌:“秦咸阳—汉长安象天法地规划思想与方法研究”（博士论文），清华大学，2015 年。
[60] 徐卫民:《秦汉历史地理研究》，三秦出版社，2005 年。
[61] 杨鸿勋:“明堂泛论——明堂的考古学研究”，载杨鸿勋主编:《营造第一辑（第一届中国建筑史学国际研讨会论文选辑）》，北京出版社、文津出版社，1998 年。
[62] 姚生民:“汉甘泉昆明池遗址考”，《咸阳师范学院学报》，2006 年第 3 期。
[63] 叶大松:《汉代长安与洛阳都城宫室规制: 以两都二京赋为轴》，花木兰文化出版社，2013 年。
[64] 伊世同:“《史记・天官书》星象（待续）——天人合一的幻想基准”，《株洲工学院学报》，2000a 年第 5 期。
[65] 伊世同:“《史记・天官书》星象（续完）——天人合一的幻想基准”，《株洲工学院学报》，2000b 年第 6 期。
[66] 张闻玉:《古代天文历法讲座》，广西师范大学出版社，2008 年。
[67] 中国社会科学院考古研究所:《中国考古学（秦汉卷）》，中国社会科学出版社，2010 年。
[68] 朱文鑫:《史记天官书恒星图考》，商务印书馆，1927 年。
[69] 宗白华:《美学散步》，上海人民出版社，2000 年。

贵州南侗地区山地聚落人居环境营建初探

周政旭

A Study on Mountainous Settlements Construction in Southern Dong Area of Guizhou Province

ZHOU Zhengxu
(School of Architecture, Tsinghua University, Beijing 100084, China)

Abstract This article focuses on mountainous settlements located in counties of Liping, Congjiang, Rongjiang, etc. in Southern Dong area of Guizhou Province. With methodology and material from studies of both cultural anthropology and settlement spatial morphology, it discusses the history of settlements migration, siting, early construction, and evolution. Consequently, there are 3 main findings in this study: ① it attempts to propose an explanatory framework of settlement construction in river flat, mountain valley and mountainside slope since the Dong ancestors' early migration; ② it figures out a basic spatial pattern of "mountain-river-farmland-woods-village" of human settlements through an analysis of construction process of "surveying the topography, planning, building irrigation channels and paddy fields system, planting tree, setting up dwellings, and reproducing" in river flat areas; ③ it also analyzes the construction process in mountain valley and slopes, and assumes that with appropriate reform and adaptation of special topography, a

作者简介
周政旭，清华大学建筑学院。

摘　要　文章结合文化人类学研究与聚落空间形态研究的相关方法和材料，对分布于贵州黎平、从江、榕江等县的南侗地区山地聚落进行研究，讨论其聚落迁徙、选址、初建、演变的历史过程。本文有以下主要发现：①在对生存需求进行讨论的基础上，提出了侗族先祖迁徙以来河谷平坝—山间谷地—山腰坡地的聚落营建谱系，并且在生存适应性下形成了各具特色的聚落模式；②分析河谷平坝地带聚落"察山、布局；理水、开田；蓄林、立寨；同构、展拓"的营建过程，总结出聚落人居环境的"山—水—田—林—村"基本空间格局；③分析山间谷地与山腰坡地聚落营建过程，认为在对山溪、山坡等进行改造与适应的情况下，形成了"山—水—（塘）—田—林—村"、"山—水—梯田—林—村"等衍生空间格局。

关键词　聚落；人居环境；南侗地区；山地；贵州

1　引言

贵州地处云贵高原东部（图1），山地与丘陵面积占全省面积的92.5%，数千年以来，苗、侗、布依、仡佬等17个少数民族陆续迁居并世代居住于此，建设了各具特色的山地聚落，形成和发展了各自独特的山地民族聚居文化。

此前贵州山地聚落空间研究往往存在两方面的局限：第一，缺乏对聚落空间形成与历史演变的研究，由于缺乏聚落的历史记载，尤其是历史图纸材料，极大限制了对聚落历史空间情况的回溯研究；第二，研究往往专注于民居、鼓楼、广场、风雨桥等"构筑物"，其空间范畴往往相当于

spatial framework of "mountain-river (pool) -farmland-woods-village" or "mountain-river-terrace-woods-village" could be derived.

Keywords settlements; human settlements; Southern Dong area; mountain; Guizhou Province

狭义的"村庄",但实际上,聚落居民在山地从事生产生活活动,住房仅仅是其中的一个部分,山体、河流、树林、田地等与村庄一道,共同构成了当地居民的"人居空间"。因此,本文尝试以人居环境科学"生成整体论"的基本观点(吴良镛,1989、2014)来研究贵州山地聚落。首先,将研究范畴扩展至聚落"山—水—田—林—村"构成的整体人居环境,通过考察当地村民在其中的生产生活与建设情况,分析各部分之间的关联,并整体考察这一空间格局在当地村民生存繁衍中所起到的历史作用;其次,通过考察聚落选址、布局、营建、扩展的全过程,研究聚落在不断发展过程中所具备的人居环境特点以及具备的智慧。

本文主要以南侗地区的聚落[①]为案例开展研究。侗族主要居住于黔东南地区,其聚落营建过程充分体现了稻作民族的生存和繁衍的需要。侗族聚居地主要分为南侗、北侗两部分。南侗地区因为地形相对封闭、纳入国家行政管辖较晚等原因,保存了更为原生的民族文化,其聚落与民居特色更为突出(图2)。南侗地区主要位于贵州省黔东南苗族侗族自治州黎平、榕江、从江三县,位于长江、珠江分水岭,大部分处于珠江水系上游都柳江流域。区域内降水较为充沛,山溪密布,多数通过四寨河、寨蒿河、洛香河等支流汇入都柳江。地形以山地占绝对主导地位,河流切削严重,地貌破碎不平,海拔起伏剧烈。据《贵州省地表自然形态信息数据量测研究》,三县坡度超过25°的陡坡面积比例分别为26.9%、35.1%与38.7%,适宜耕作的土地十分稀少;低于6°的平地面积比例分别仅为5.1%、3.4%和2.0%,适宜耕作的平地绝大部分位于由这些河流冲积而成的河谷坝子地带。

侗族本无本民族文字,并且在"改土归流"之前也很少见诸汉语文献记载,聚落历史图片等资料更是缺乏,为本文研究该地区侗族聚落在不同历史时期的情况带来困难。但幸运的是,该地区存在众多以"代代相传"为特征的民族古歌与传说,记录了不少其先祖由外地搬迁而来、定居此地并进行建设与扩展的情况;同时,聚落中往往有部分村民通过代代相传的方式对聚落演变的历史过程有一定了解，对这部分村民进行访谈，也能获得部分聚落营建的历史信息。

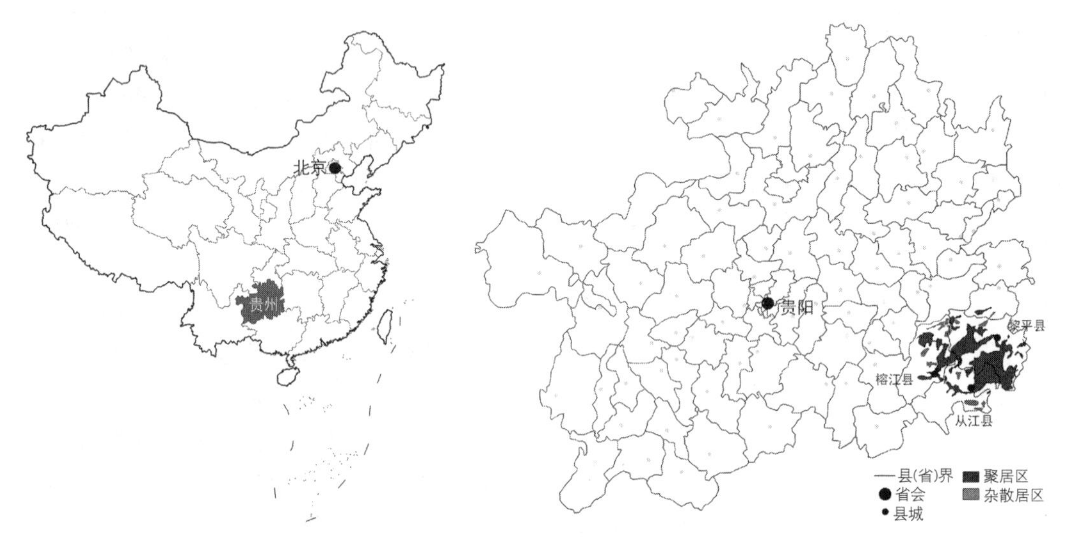

图 1 贵州所处位置（左）与南侗地区侗族聚居分布（右）

资料来源：作者根据《贵州省地图集》与《侗族简史》等资料改绘。

图 2 南侗地区侗族典型聚落与民居建筑

此外，聚落空间在长时段的营建过程中往往采取“有机更新、有序扩展”的方式，部分地区和村寨，如黎平县黄岗寨，还有以最初开辟与建设者的名字命名聚落内小地名的习惯（崔海洋，2009），如此则能够通过聚落空间的解读还原部分历史信息。由此，通过对歌谣文本以及访谈记录加以分析，并与聚落空间信息加以比对分析，能得出不少有意义的关于聚落营建的历史信息[②]，进而有可能构建聚落整体的生成过程。

因此，本文采取文化人类学研究与聚落空间形态研究相结合的方法。研究材料也主要来自两方面：一是当地民族志资料，主要为流传于当地的侗族古歌、传说等口述民族志资料，田野访谈记录以及散见于地方志中的部分信息；二是聚落的空间形态信息，主要通过实地调研、地方政府信息公开材料、公开地图与地形数据、文献阅读等方式获取。通过两种研究方法的相互结合以及两部分材料的相互补充和对照，本文尝试构建南侗地区聚落选址、营建、扩展历史过程的粗略图景，并分析归纳山地聚落营建的空间模式。

2 生存、迁徙与选址

侗族一般认为是由“百越”的一支发展而来。其中，在流传于南侗地区的古歌中，广泛流传着侗族祖先由广西梧州、江西吉安等地搬迁至今日聚居地的传说。结合语言、建筑、习俗以及汉语历史文献等方面的佐证，这一说法已经成为侗族源流几种主要观点之一（国家民委《民族问题五种丛书》编辑委员会等，2009；洪寒松，1985；石若屏，1984）。根据这一观点，南侗地区侗族祖先在远古时期的初始居住点在珠江水系中下游地区的河网平原地带，溯河而上沿途经过浅山丘陵地区，最终在云贵高原东缘的河谷与山间定居下来。其生存环境发生了较大的改变，侗族先祖在保持“稻耕农作”的生计方式基础上，对自然环境加以改造与适应，逐渐形成了自己独特的聚落格局与形态。

2.1 迁徙原因

据考证，生活于珠江中下游河网平原地区的百越民族很早以前就过着“饭稻羹鱼”式定居农耕生活，稻田及其植根于的“河—渠—田”湿地生态系统是民族生存繁衍的基础。在侗族古歌记载中，不乏“梧州地方田坝长，音州地方江河长”的描述（黔东南苗族侗族自治州文艺研究室等[3]，1981）。而侗族先民舍弃自然地理条件较好的中下游河网平原地带，其原因正是人口增加、自然灾害、技术限制以及战乱纷争等动摇了其生存繁衍的基础。

（1）人口增加，田地紧缺

人口增加导致耕地不足是导致侗族先民离家另寻居所的最主要原因，这也在南侗地区多个侗族支系的古歌中出现最为频繁。流传于从江、黎平等地的古歌《侗族祖先哪里来》说道，“住在梧州那里，人口连年发展。父亲这一辈，满院坝闹嚷嚷；儿子这一辈，人口增添满村庄；姑娘挤满了坪子，后生挤满了里弄。地少人多难养活，日子越过越艰难”，因此原聚落中的部分人商议，“不能困在这里等饿死，大家相约出去，找那可以居住的地方”（州文研室等，1981）。流传于从江摆共等地的古歌《摆共侗族祖先落寨歌》中也提到因为人口繁衍太多，“父母健壮儿成群，吃不饱来穿不上，只因地少人多难养活”，因而必须另寻出路（州文研室等，1981）。

(2) 自然灾害频繁

侗族先祖搬迁的另一个重要原因在于自然灾害频繁，原聚居地已不再适合居住。其原因可能有两个方面：一是大尺度的气候条件变迁影响到该地区；二是由于当地人们对自然的改造超过了可调节的限度，使得地区生态环境恶化、微气候条件发生较大改变。

自然灾害最主要的因素是干旱，“那里的太阳离地不远，晒得地下直冒青烟，晒得人脸流出油汗，晒得井水枯竭河也干”(州文研室等，1981)，“六月天干土变白，就像晒干的构纸一个样。构纸晒干不会裂，田地干裂陷得下牛羊。……望断赶场江水还是往下流，哭瞎双眼河水不把高坡上”(州文研室等，1981)。此外，还有洪涝灾害等，“好景不长久，天灾人祸落寨中。十年遇了九年大干旱，还剩一年落雨又涨洪”(州文研室等，1981)。自然灾害，尤其是旱灾与灌溉技术欠缺等因素相叠加，造成了“年年闹灾荒，盗贼偷又抢”的结果(州文研室等，1981)，迁徙成了必然的选择。

(3) 技术限制，田地不能尽其利

在侗族古歌文本中，灌溉等技术的限制亦是侗族先祖抛弃原住地另寻居所的原因之一。由于当时技术条件限制，尤其是灌溉技术不够发达，使得原本十分宽广平坦的田地不能有效灌溉，即今天我们比较熟悉的“工程性缺水”，导致田地收成不够生存所需。“梧州地方田坝大，音州地方江河长。可惜真可惜，天地都在高坎上，引水不进田，河水空流淌。茫茫大地棉不好，宽宽田坝禾不旺”(州文研室等，1981)。

另一首流传于高增地区、影响非常大的侗族古歌《祖公上河》，描述的搬迁原因则兼具了田地紧缺、技术限制的双重原因：“侗族祖先住广东，侗族祖先住广西，那里人群发得猛，山川广阔也难容”，因此其先祖先搬至梧州地区，但“梧州地方虽然好，水在低处田在高，我们祖先不会做水车，低水难救高处苗。种田禾不壮，种地棉不好”(州文研室等，1981)。

(4) 战乱纷争

此外，当受到外来强势力量袭扰时，为求得生存，侗族先民也不得不搬离战乱纷争之处，另寻居所。“来到梧州打一仗，战死的人树下埋。……祖先们准备在那里扎寨，强人船只尾追来，喊声阵阵刀光闪，杀气腾腾似妖怪。我们祖先被逼实无奈，连夜登船往上开”(州文研室等，1981)。

甚至当搬迁至都柳江地区之后，也存在不同群体间争夺生存空间，弱势一方另寻居所的情况。现在居住于黎平寨头、孖尧等地的侗族支系，当时最初迁徙到榕江车江大坝，但却因为与汉族以及其他支系的纠纷，不得不继续往山深处迁徙：“谁知官家派兵把古州占。占了古州又破三宝寨，炮声隆隆震天响。……古州汉人占完了地，三宝侗家分完了田。剩下我们的祖先，两手空空没田园”(州文研室等，1981)。

2.2 迁徙路径

南侗地区侗族各支系在提到其先祖迁徙的过程时具有强烈的共识，即“祖公沿河走上来”，“结伴同行寻找新住地，只有沿着大河逆水上”(州文研室等，1981)，“祖先为寻生路离家乡，众人商议沿

河走，找那可以居住的地方”（州文研室等，1981）等。对当地多数古歌与传说进行梳理，结合地理因素考量，我们可以勾勒出一条较为清晰的迁徙路径（图 3），即由珠江中下游地区（多数记载指向梧州地区）的祖居地出发，沿浔江—黔江—柳江—融江—都柳江一线溯流而上，直至抵达都柳江流域的新聚居区域。整体而言，这一迁徙路径经历了由河网平原地区出发，经半山丘陵地区，抵达云贵高原边缘地带的山地地区的转变过程。

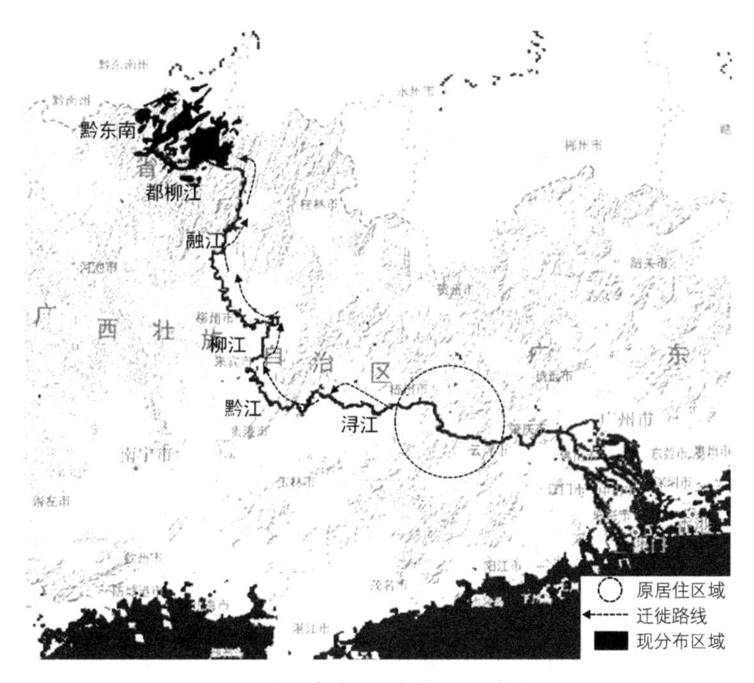

图 3 侗族古歌中记述的主要迁徙路径

资料来源：根据相关资料，以水利部珠江水利委员会编制的《珠江流域片地势图》为底图改绘。

在进入都柳江流域之后，侗族先祖在通往各支流的河口处弃船登岸，重要的河口诸如高安河口、八洛河口、丙梅河口等。随即沿支流继续溯流而上，寻找各处具有生存繁衍条件的地点作为定居新址。

一般而言，早期进入的侗族先民选择坝子较为宽阔、土质与灌溉条件较为优越的河谷地带作为最初居址（图 4 中所示的“初级定居聚落”），这也形成了侗族先民开拓都柳江流域的最初据点。

随着定居状态的稳定，田地不断开辟，人口不断繁衍，当初级聚落的田地已不再能支撑进一步的聚落发展之时，聚落中的部分支系会离开初级聚落，再寻合适地点定居，形成“次级定居聚落”，甚至再由“次级定居聚落”分化出更次一级的定居聚落的情况。一般而言，这时区域内各处河谷宽坝已经几乎被占据殆尽，分化出来的次级定居聚落的选址会选择条件欠缺一些的河谷窄坝地区，甚至条件

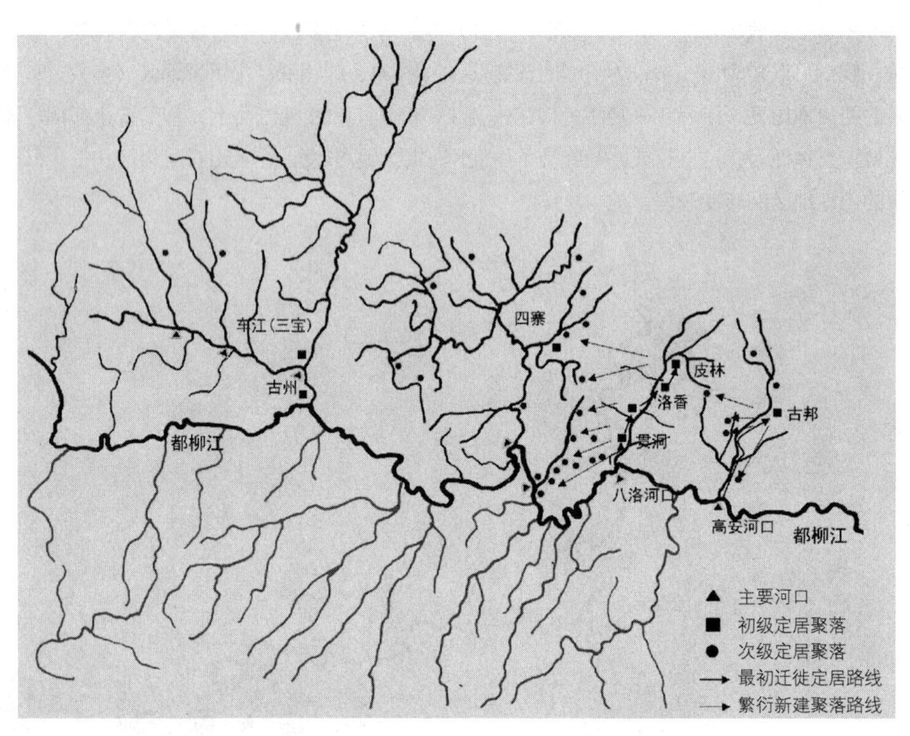

图4 侗族祖先聚落分布及迁徙定居、扩展新建聚落路线

资料来源：根据《侗族祖先哪里来（侗族古歌）》等资料绘制。

更差的山间谷地以及山腰坡地。如表1所示，从中整理列出了南侗各侗族支系古歌中描述迁徙路径以及各轮次寻找合适地点定居的情况。

表1 侗族古歌中侗族祖先迁徙、定居与扩展情况

原居住地	上岸河口	初级定居聚落	次级定居聚落	来源
梧州胆村	八洛河口	贯洞、龙图、洛香、皮林	三龙、郎寨、坑洞、寨脚、宰高、四寨、平瑞、丙梅、解脚、岑抱、高增、平求、银良、小黄、岜扒、岩寨、归用、弄向……	《侗族祖先哪里来》
梧州	八洛河口	皮林、四寨	同苟、寨修、平美、平细、高增、银良、岑抱、銮里、归农、弄向、潮里、寨庞	《祖公上河》

续表

原居住地	上岸河口	初级定居聚落	次级定居聚落	来源
江西/广东/梧州	—	四寨	当勾、俾仰、寨足、刹湾、平瑞、丙梅、岑抱、銮里、高增、平求、银良、小黄、岜扒、它里、归农、弄向、纪堂、寨庞……	《摆共侗族祖先落寨歌》
梧州音州	八洛河口	贯洞	（儿孙们分居各寨、分管各山……）	《祖源歌》
梧州音州	车江河口	古州、三宝（车江）	—	《祭祖歌》
梧州/浔州	车江河口	古州、盛娥（车江）	（按族分开住，建村又建寨……）	《侗族祖先迁徙歌》
梧州木究/演究	—	—	务孖、三宝、南江、水口、皮林、龙图、潘老、口团、信地、增冲	《忆祖宗歌》
梧州木究/演究	高安河口	古邦	岑岜、六甲、地坪、肇洞（肇兴）	《古邦祖公落寨歌》
江西吉安	—	地扪	腊洞、茅贡、罗大	《茅贡忆祖来源歌》

资料来源：根据《侗族祖先哪里来（侗族古歌）》等资料整理。

例如，侗族一支系的先祖溯江而上抵达都柳江的高安河口，上岸沿支流南江河继续向上，最初找到古邦这一合适选址，“果见好山好水人人夸，到处都是大榕树，还有一块好沙坝”，经过若干年的不懈营建，形成了“古邦”这一初级定居聚落。若干年之后，“人多地少后来住不下，祖公商议分到别处去安家；人到岑岜、六甲，都讲是个好住处，人到地坪、肇洞，都讲一点也不差。分到哪处爱哪处，就像瓜藤牵到哪里都结瓜”（州文研室等，1981），在古邦周围又形成了岑岜、六甲、地坪、肇洞四个次一级的聚落。此后，当我们进一步讨论肇洞（即肇兴）这一位于河谷窄坝地带的次级聚落时，发现它经过若干年的繁衍，又进一步扩展分化出厦格、堂安等多个位于山腰地带的聚落。最终，在该区域形成了一个由彼此之间存在着亲缘关系的若干个聚落形成的聚落体系。

图 4 从地理空间上描述了侗族各支系迁徙而来、形成初级定居聚落、继而繁衍分支出次级定居聚落的过程，从中可以较为清晰地看出侗族各支系定居具有沿都柳江支流由浅及深、由河谷向山间发展的规律。

2.3 聚落选址

选址往往是聚落营建的第一个步骤，是奠定其人居格局的最基本因素。聚落选址必须首先考虑人的生存适应性问题，“一方水土能养活一方人”是对各项选址条件最为基本的需求。对于稻耕民族而言，选址的核心问题在于寻求合适的可栽种水稻的土地，并且在此基础上，尽可能地避免水灾等自然灾害影响，“最大程度上取自然之利，避自然之害，造就自己安居的乐土”（吴良镛，1989）。

贵州省是唯一没有平原支撑的内陆山地省份，地形往往呈现出“山豁险阻，四围俱山”，“高山密障，率多险阻”，“水带山牵，林深箐密”[4]的特点。侗族先祖溯河而上，抵达黔东南地区的都柳江沿岸之后，在聚落选址时需要经过一整套的考察过程。如山的因素，“俄过与宏年[5]走上山崖，观看了整个山脉，眼底一片荒凉景象”，“寨尾是红石块连块，寨头是满山石灰岩，寨中的怪石尖如刀剑”，因为未能提供村寨必需的庇护与改造条件，所以舍弃；水的因素，“只见水往地下流，田在高台当西晒”，因为没法耕作而舍弃这片平地，继续往前；田地的因素，因为“坡上没有菜地可种，坝子没有荒田可开”，所以必须继续往前找寻合适居所；此外，还有一些关于耕作的具体原因，“脚踩田泥如无底，胀胀鼓鼓就像牛怀胎……冷水[6]锈泥[7]鱼不大，山头风冷花不开”，综合考虑了土质、水质、日照、气温等具体因素。总体而言，聚落的选址是一个整体考量并不断试错、不断总结经验、确定合理定居地的过程。最终，侗族先祖普遍总结出聚落选址的四个重要条件：第一，必须具有适宜的可耕作土地；第二，河流水系须能提供便利的灌溉条件；第三，山体需要提供荫庇；第四，需要有树林提供建房材料，并涵养水源等。正如侗族古歌所说：“要找那山坡有树田有水，能够养活儿孙的地方”（州文研室等，1981）。

因此，在南侗地区地形条件下，由都柳江支流冲积出的河谷平坝成为当时侗族先民聚落选址的最优选择。“洞苗住平坡及河上”[8]，“这里有田坝，这里有山林，可以建村寨。……留下一部分人住，依山傍水建村庄”（州文研室等，1981），“这里土熟地好，满山密林都是百鸟栖身的地方，绿水环抱山旁，溪边那块小坝，田中禾秆粗得像大腿一样”（州文研室等，1981）。河谷平坝还可进一步分为田地较为丰富的河谷宽坝以及田地相对较少的河谷窄坝。

当河谷地带开发殆尽后，侗族耕作活动由河谷向山中扩展，山间谷地与山腰坡地开始依次成为侗族聚落选址的次优选择。山间谷地通常为群山怀抱的小块盆地，中有溪流流经，四周山高林茂。而山腰坡地通常选择向阳的山腰地带，须有较为充足的泉水或溪水，方便聚落灌溉与生活，山顶通常覆盖密林以涵养水源。山间谷地聚落与山腰坡地聚落通常由位于河谷平坝的“母聚落”繁衍分化而成，其规模较小，常位于其“母聚落”附近的山中。如，黄岗寨由位于河谷地带的四寨村分化形成，两者相距约 8km，但海拔已由四寨的 260 余米提升至黄岗所处的 760 米。

2.4 聚落类型与谱系

根据以上分析的迁徙与选址情况，南侗地区的侗族聚落主要可分为河谷平坝型、山间谷地型、山腰坡地型三种类型。其中，根据河谷平坝的规模大小，还可进一步分为河谷宽坝型与河谷窄坝型。各种类型的自然生态条件存在较大差别，可提供的生存空间也存在显著差距。大者容纳上千户村民生存发展，而小者只能满足数十户村民的生存所需（图 5）。

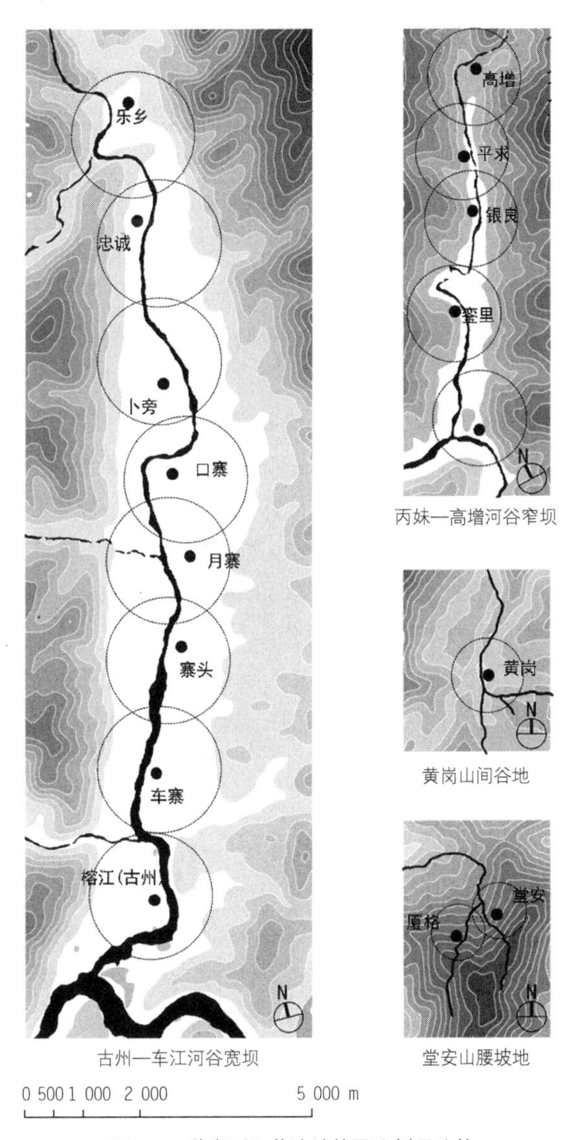

图5 四种类型聚落选址的同比例尺比较

(1) 河谷宽坝型

通常由都柳江较大支流冲积而成，河谷宽度一般在1km以上，顺河流上下延伸可达数公里，地势平坦，水流量较大且平顺，在南侗山地地区是相对最有利于农耕生产的类型。

其中，位于榕江县境内寨蒿河与平水河交汇处的“车江大坝”是其中最大、最为典型的一个例子。车江河坝呈南北走向，东西两山脉与河谷之间高差超过100m，河谷东西宽1～3km，长约15km，河谷内土地平坦，寨蒿河蜿蜒平缓而过，“二水两岸皆山，惟车江自乐乡以下至厅城，几三十里之遥，迤逦潆洄，平原通坦，榕树参天”[9]，在南侗山地地区极为罕见。平坦宽阔的河坝改造为田地，可为众多的聚落居民提供生存保障，据清乾隆年间贵州巡抚张广泗上疏，车江大坝“上田每亩可出稻谷五石，中田可出四石，下田可出三石”[10]，这已是当时贵州山区很好的土地产出水平了。因此，车江大坝聚落规模在南侗地区亦处于首屈一指的位置。村庄沿河陆续分布，共有八九处，位于各聚落耕作田地的中心位置，各聚落间相互距离1～2km。

类似于车江大坝，规模略小的河谷宽坝聚落还有四寨—双江河谷坝子、贯洞—洛香—皮林河谷坝子等，均是侗族先民由下游搬迁而来首先选择定居的初级聚落。

(2) 河谷窄坝型

通常位于都柳江较大支流的上游或中小型支流沿岸，河谷宽度在数百米之间，长度为数公里不等。坝中地势较为平坦，河流相对平缓，较为适宜农业耕作。每个聚落规模可大可小，相互间距离数百米至1km左右。为节省较为有限的平地资源，河谷窄坝中的村庄一般位于山脚地带。

位于从江县城以北的丙妹—高增河谷地带是这一类聚落分布的典型地区。该河谷窄坝宽度200～800m，总长约5.5km，沿河分布銮里、银良、平求、高增等五六处聚落，村庄规模适中，基本位于两侧山峦延伸的山脚地带，村庄周边留有较大片的稻田。

这一类型的河谷坝子还有不少，如南江河沿岸的高安—地坪、洛香河支流沿岸的洛香—肇兴等。这一类聚落，有部分为侗族先民由下游迁徙而来之时选择定居，有部分由位于河谷宽坝地区的初级定居聚落繁衍分化而成。

(3) 山间谷地型

主要位于山中，海拔相对河谷地带较高，四周由山岭围合，形成规模数十亩至数百亩的盆地，溪流一般流经盆地。黄岗是这一类型聚落的典型代表，其海拔700余米，为一四周由高山围聚的高山盆地，仅余北侧一口为出水口。该盆地南北向略长，面积约300亩，中有黄岗河流经盆地。

这一类聚落通常由河谷平坝型聚落中分出，聚落规模需适应于可耕用地面积，相对不大。

(4) 山腰坡地型

主要位于山腰向阳坡面中部，海拔相对较高，改造利用难度最大。山坡地经改造形成梯田，为便于耕作，村庄一般位于梯田中央位置。山顶有溪水流下，经过村庄并灌溉梯田。这一类聚落规模一般较小。肇兴侗寨周边的堂安、厦格、纪堂等村寨是这一类的典型代表。

这一类聚落一般是在侗族先祖解决山地塘—渠灌溉技术与梯田修造技术之后才会出现，因而一般是最后出现的。根据当地口述民族志，这一类聚落往往也是由周边河谷田坝地带的中心聚落分化而成。

于是，我们建构了南侗地区由迁徙、选址至定居的基本谱系。我们可以认为，侗族先祖从珠江水系中下游的河网平原地带，溯河而上至云贵高原东缘的山地地区，首先选择耕作条件最好、最利于稻耕民族生存的都柳江较大支流的河谷宽坝与部分河谷窄坝作为最初的定居据点，形成初级定居聚落；

随着人口不断繁衍（或许后续还有支系陆续从下游迁徙至此），同时也有一定的山地耕作技术积累之后，当河谷坝子地区已不能满足生存繁衍的需要之时，人们开始陆续往山上寻找合适的定居点。由此，山间谷地与山腰坡地开始被改造成为侗族聚落，形成了迁徙一定居一分化扩展聚落谱系（图 6）。

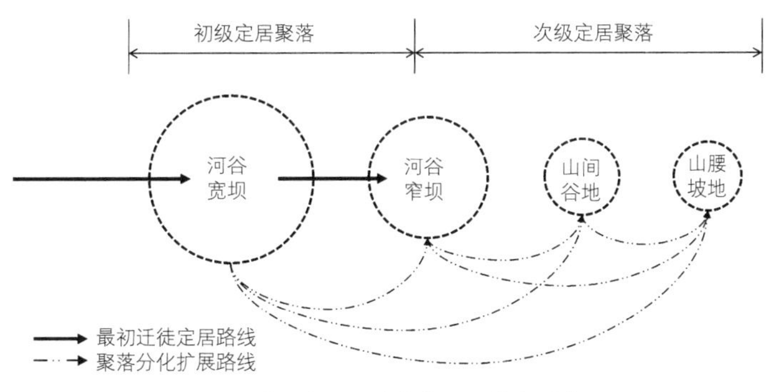

图 6　迁徙一定居一分化扩展聚落类型谱系

3　河谷平坝聚落："山—水—田—林—村"基本格局构建

据考证，"侗"之来源为"峒（硐、洞）人"。"峒"在两广民间古语以及壮语、布依语、傣语等周边少数民族语言中，皆指"山间盆地、平地或坝子"之意（张寿祺，1982）。而所谓"溪峒"，则意为在群山环抱间由溪水冲积而成的小片河谷平坝，或是小型盆地，河谷盆地被群山阻隔，形成了相对独立的自然地理单元，后"溪峒"逐渐引申出溪边村寨之意。根据以上梳理，我们发现居于溪边的平坝或谷地的聚落这一空间上的特征，甚至对于侗族族名的形成都具有重要的意义。

进一步的研究表明，侗族先祖在溪边平坝通过察山、布局、理水、开田、蓄林、立寨、展拓等一系列的聚落营建过程，最终形成了具有侗族鲜明特色的"山—水—田—林—村"空间格局。

3.1　察山、布局

对聚落的营建开始于对选址周边山形水势的踏勘，在此基础上顺应山水格局，对林地、水田、村庄的布局进行大致的谋划。如藕洞寨的选址位于"层峦叠耸"之中，但通过对山形的观察与精妙布局，将村庄入口处设置为"路仅如线"，以利于村庄安全，但是聚落核心地区却保持"中有一平田数十顷"[11]，充分确保聚落有充分的耕作空间，保证聚落的生存需要。

地扪侗寨的山水格局是典型的河谷平坝（图 7a）。河流由南向东北方向缓缓流去，中间冲积形成西南—东北朝向的河谷坝子，坝子宽 200～500m，长约 2km。坝子两边群山环绕，仅西南角与东北角有两水口，整体形成了较为封闭的地理单元。地扪侗寨的先祖在对山形水势进行整体观察的基础上确定基本布局，将最初的村庄位置置于河北岸偏西的山脚地带，在村庄两侧及对岸留有大片可供种植水稻的田地，村庄与稻田均有良好的日照，同时，北侧的高山也为其提供庇护。

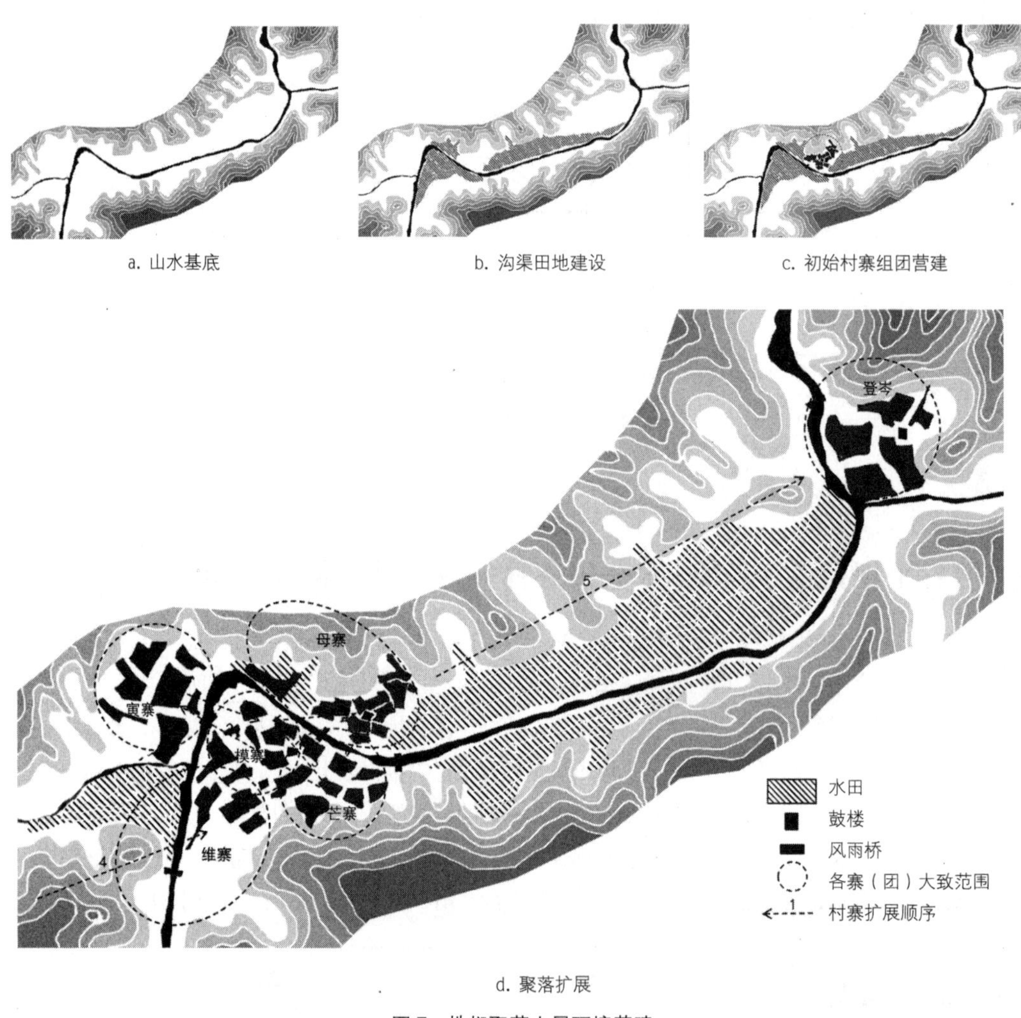

a. 山水基底　　b. 沟渠田地建设　　c. 初始村寨组团营建

d. 聚落扩展

图7　地扪聚落人居环境营建

3.2　理水、开田

待确定基本布局之后，首先营建的是对河谷平坝进行整理，以使之能够种田与居住。侗族先民刚进入这一区域时，河谷平坝显然不是“平畴细浪”的状态。据立于榕江县车江侗寨口寨村口的“万古垂名碑”碑文记载，车江大坝在侗族先祖“始祖由浙右之粤，移徙雷州星县沿河而寄迹于斯”之时，甚至是“平原树木掩翳，深林密满，难以居人”的状态，因而只得先临时居住于半山，随即对平坝进行整理，直至后期才搬入河边“平地而居之”（普虹、共苗，1990）。

河谷平坝的整理工作主要集中在整理水系形成灌溉渠道、开垦田地两方面。地扪聚落的营建过程，首先是由河流上游水口处引水进入沟渠，或由从周边山沟流出的溪水处引水，使水能够流往河谷坝子里的田地（图 7b）。据当地老人介绍，今日在地扪田野中的灌溉沟渠几乎遵循了一开始初辟时的格局。与理水建沟同步，稻田的开垦也在聚落营建最初开展。如古歌所言：“可惜这里没有一块现成的田，全靠锄头把荒挖。挖了荒田又砌埂，等那阳雀催春就把谷种下”（州文研室等，1981）。沟渠的建设与稻田的开垦还具有阶段性，与聚落中人口的繁衍增长相适应。在聚落初建之时，人口还较为稀少，开垦的稻田主要位于村庄附近耕作条件最优的部分[12]。随着聚落人口的增加，为满足生存需要，沟渠与稻田不断被开辟出来，直至占据适宜耕作的整个河谷地带。

3.3 蓄林、立寨

南侗地区聚落对树林采取“养蓄为主、砍伐适度”的原则，聚落周边山系普遍覆盖良好的森林植被。占里寨古歌：“山林树木是主，人是客。占里寨是一条船，有树才有水，有水才有船”（沈洁，2011）。这对聚落涵养水源、防止山石滑坡、维系生态平衡等发挥了重大作用，同时，森林还为聚落提供了营建所需的木材以及部分可供采集与猎取的动植物资源。

村寨建设是聚落营建的重要内容。侗族先祖在选好村址，有了“好田塘”之后，“男女老少都高兴，上山砍树建楼房……村村寨寨兴旺”（州文研室等，1981）。房屋采用“干栏”式解决居住问题，“仡佬[13]以鬼禁，所居不着地。虽酋长之富，屋宇之多，亦皆去地数尺。以巨木排比，如省民羊栅。杉叶覆屋者，名说羊栖”[14]。

南侗地区村寨建设注重“核心”与“边界”。由“鼓楼”、“萨坛”等公共空间构成村寨核心，建村先建鼓楼，侗寨往往有“未曾立寨先建楼，砌石为坛敬圣母，鼓楼心脏作枢纽，富贵光明有根由”的说法，“邻近诸寨于高坦处造一楼，高数层。用一木杆，长丈余，挖空悬于顶层，名‘长鼓’，凡有不平事，即登楼击之”[15]，“凡有不平之事，即登楼击之，各寨相闻，俱带长镖利刃，齐至楼下，听寨长判之。有事之家，备牛待之”[16]。由风雨桥、寨门等限定出村庄建设的边界，进出村寨一般须从风雨桥或寨门经过。而村中民居通常环绕鼓楼呈组团状排布，并且不得超出风雨桥与寨门建设。传统中，村民若居住于村寨边界之外，则意味着其被村中宗族排除在外。由此，基本确定了村寨结构。在地扪的案例中，最开始立寨于河流拐弯处东岸的“母寨”，意为本村的“发源地”。村寨中民居均围绕母寨鼓楼成团状建设，并于村西南侧跨河处建设风雨桥，标示村庄出入口。这形成了地扪最初始的村寨组团——“母寨”。结合周边的山体、水系、田地、树林，最初的地扪聚落初见成效（图 7c）。

3.4 同构、展拓

随着人口的不断繁衍，河谷内田地不断开垦，宗族不断分化出若干支系。当初始村寨组团边界已经容不下新增人口之时，部分支系便采取跳出初始村寨组团边界，于紧邻地带另行建设村寨组团的方式对村庄进行展拓。这一展拓通常采取同构的方式进行，即同样首先建设支系的鼓楼与风雨桥，确定这一组团的核心与边界，支系的民居便围绕鼓楼核心，在组团边界内发展。一般而言，村寨中有几个主要的支系便会形成几个这样的组团，它们共同构成村寨整体。与此同时，各支系也往往在河谷内往不同的方向开辟田地。

在地扪侗寨的案例中，在母寨之后，经过逐步分化、融汇、发展，逐渐形成由“母”、“芒”、“寅”、“模”、“维”五个紧邻的组团共同构成的大型村落（图7d）。村中老人对地扪村内的扩展记得十分清楚：“地扪的吴姓先人最初在今塘公祠附近安家落户，成为母寨；其意为发源地……经过一代代人民的辛勤开垦，地扪终于发展起来。母寨已经由开始的十几户人家发展到几十户人家，此时地扪的村民感到住地有些狭窄了，有必要扩展一下村寨……于是村里房族中的一支就赶快急急忙忙搬了过去，在这里定居繁衍。人们便把这个寨子称作忙寨，后演化为现在的‘芒’字。这些人搬到芒寨居住之后，人口繁衍很快，于是又搬到村里的另一块地方居住……他们的居住地就称作寅寨。在寅寨之后，又有了模寨……意思便是有许多树木的寨子。最后形成的一个寨子叫作维寨……在最边缘，把地扪村包围起来。维寨住的是后来到达地扪村的外姓人”（张姗，2009）。

肇兴侗寨也经历了类似的过程，在经过人口繁衍、支系分立以及部分外来家族迁入的过程后，最终形成由“仁”、“义”、“礼”、“智”、“信”五个组团共同构成的大型聚落（图8）。每个组团均围绕各自的鼓楼建设，并且有各组团明确的风雨桥作为进入该组团的标识。

图8 肇兴聚落各房族扩展

3.5 形成河谷平坝“山—水—田—林—村”聚落空间格局

经过一系列的聚落营建过程，南侗地区位于河谷平坝地带的侗族聚落普遍形成“山—水—田—林—村”的整体空间格局（图9）。在这一格局中，连绵山峰环绕村落，为人的居住提供庇护；河流在村前田间流淌，以供饮用，并方便田地灌溉；田地充分利用河谷平地，为人提供最为基础的食品保障；树林覆盖山地，以维系生态，同时保护村寨免受泥石流等自然灾害的影响；而村庄住房呈组团建设，或位于河湾，或位于山脚地带，各自具备特色。广泛流传于侗族地区的俗语“无山就无树，无树就无水，无水不成田，无田不养人”，即这一空间整体格局的文化体现。

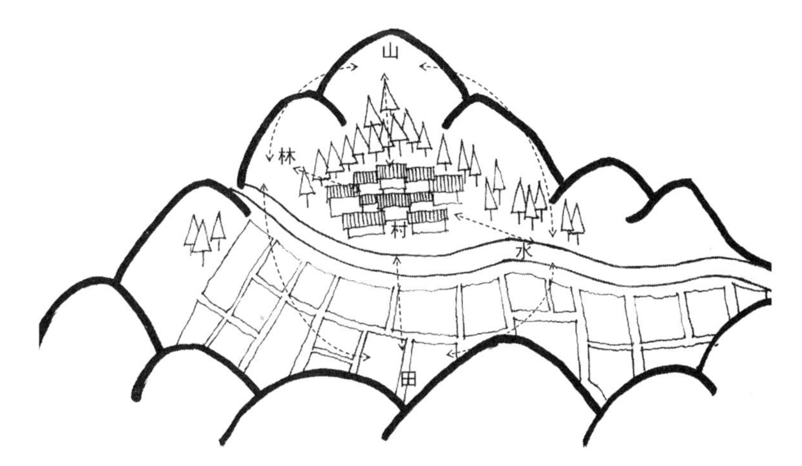

图9 聚落人居环境“山—水—田—林—村”典型模式

4 山间谷地与山腰坡地聚落：基本格局的改造、移置与优化

作为以“饭稻羹鱼”为传统的稻作民族，侗族的理想聚落位于“依山傍水”的溪峒位置。但仍有不少侗族村寨位于山中，这当是人口繁衍超出河谷地带承载力、人们不得不“上山”另寻居址的原因。进一步的研究发现，侗族聚落在营建高山聚落的过程中，基于在河谷聚落中业已形成的“山—水—田—林—村”空间格局，对高山环境适当加以改造、移置与优化，形成了衍生的聚落空间格局。这一空间格局实现了生态环境的可持续利用，保障了侗族传统的“稻作农业”的生计方式，并延续了自身的文化特色。

4.1 开枝散叶：聚落由河谷向山中扩展

侗族聚落人口继续繁衍，当河谷地带的田地资源不足以承担增加的人口之时，原聚落的部分支系开始向周边扩展。如当地扪河谷坝子达到容纳极限之时，部分支系开始在原初始聚落之外另寻居所，首先在该片河坝的水口位置另行兴建“登岑”寨（图7d）。随后，还有支系跳出坝子范围，“人口发展落满寨，又愁屋坐又愁粮。田地越来越嫌少，祖公商议去开荒。分去腊洞就住高山上，分去茅贡发七百家人丁旺。分去罗大那里荒田真不少，肥田沃土年年有余粮”（州文研室等，1981）。由此，形成了以地扪为中心，包含登岑、罗大、腊洞、茅贡等在内的聚落体系（图10）。

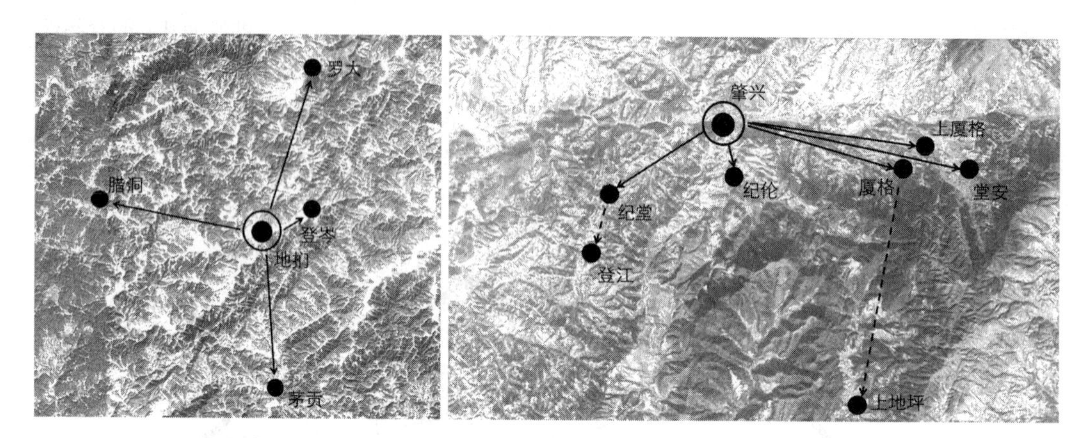

图 10　以地扪（左）、肇兴（右）为核心聚落向山中分支扩展

扩展的首选仍然是河谷坝子，但当周边所有河谷坝子都已被开发之后，侗族先祖开始向山中扩展。如肇兴，当河谷地带已不足以支撑不断增长的聚落人口生存需求时，宗族的部分支系即开始向周边山中迁徙，分别形成了厦格、堂安、纪伦、纪堂、登江等新聚落（图 10 ）。这些聚落普遍为位于山间谷地和山腰坡地。

4.2　山溪改造：形成“溪—塘—田”系统

作为早年生息于河网平原地带，进入山区后也首先选择河谷平坝地带定居，一直以来“饭稻羹鱼”的侗族，需要通过对山间自然环境加以改造，以使其习惯性的稻作农业的生计模式能够继续在新的生境条件下实施。其首先面临的问题即是对于山溪水的改造，即如何将“坝子的河流及灌溉系统”运用于山谷与山腰地带。

山谷与山腰地带面临的问题是山地落差大，水流急，水势不稳。尤其是山溪水具有“易涨易落”的特点，对山溪改造的重点在于水流迟滞、稳定下来，并保有、储备部分水体，使其成为聚落农业耕作稳定的水源供给。到明清时期，据地方志记载，当地侗族民众已经能够较为熟练地掌握通过堰、塘、陂、渠、枧、深田等手段涵养水源、灌溉田地的方法，同时还掌握了“踏车引水”等从低处提水的方法，这为其在山地构建水田系统提供了技术基础。

黄岗是对山溪进行改造的一个典型案例（图 11）。据民族志考察，黄岗由位于河谷地带的四寨聚落分化而成。黄岗村寨所处海拔大约为 760m，是海拔最高的侗族村寨之一，高出四寨河谷海拔约 400m。黄岗村寨所处地为一四面高山环绕的谷地，山体海拔可高达 900 余米。谷地面积约 300 亩。谷地内有数条发源于周边山体的小溪，汇集成为黄岗溪，穿行而过，经谷地北侧水口流出汇入四寨河。山溪具有两个主要特点。一是保水性较弱，对降水的保有与迟滞能力很差。该地区山高水急，尽管降水十分丰沛，但很快都流入下游河流，原生生态系统保有、储备水体的能力十分有限。二是稳定性较差，溪水盈亏差别极大，常年流量低于 0.5m³/s，较为严重的伏旱时即会发生断流，但当遭受暴雨之时，水位上涨却十分迅猛。据村民回忆，1990 年曾发生过洪水暴涨，水量达到了约 10m³/s，“当时全村约2/3的农户被淹”（崔海洋，2009）。黄岗先民对高山溪水主要通过以下三种方式进行改造。

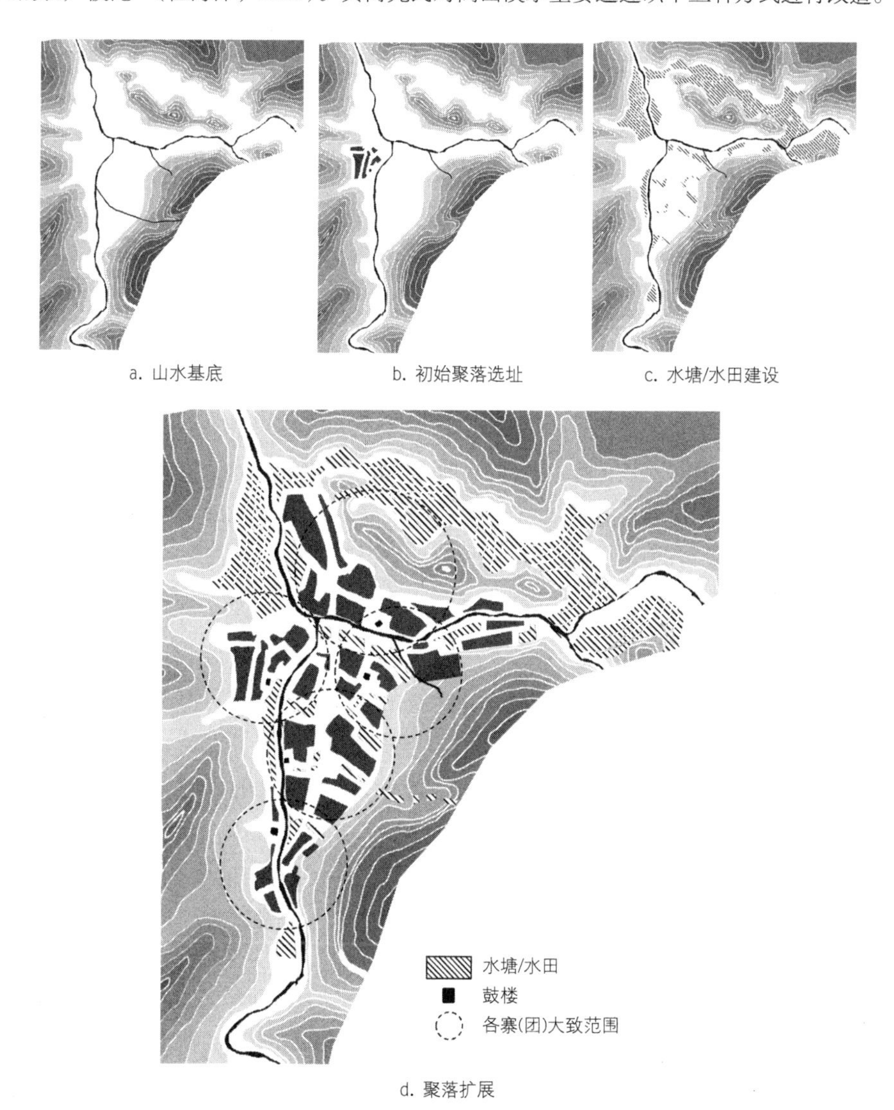

图 11　黄岗聚落人居环境营建

第一，在山溪上游建设数量较多的小尺度的水塘，在源头保有水源，供给邻近水田灌溉，并调节下游水量。对山中随处可见的小溪，黄岗村民在源头或上游位置通过筑堰、引流等方式，建设众多小型水塘，并在水塘之下合适位置开垦高山梯田，水塘的水直接供其下数块水田灌溉利用。同时，众多位于上游的小型水塘综合发挥作用，对流经村庄的黄岗溪起到调蓄作用。

第二，建设深水稻田，以达到储、用、调节等综合功用。黄岗村稻田的田坎高度往往超过50cm，远远超过河谷地区水田高度，在雨季能够大量储存雨水，在冬季休田期则加以保留，留待开春使用。由此，每一块稻田自身兼备了对灌溉用水的储藏与使用功能，同时还能对下游的溪、塘与田的水位进行调节。

第三，在黄岗寨子所处谷地地区大量建设水塘与稻田混合系统，兼具生产、保水、防洪等多重功能。黄岗所在谷地汇集多条山溪，在对水进行利用之时须时刻防范洪涝危险。因此，黄岗村民在溪水流经的基础上，通过筑坝留蓄、引水入洼地等方式，留蓄、迟滞住山水，同时还能在山洪来袭时起到分洪的功用。在此情况下，水塘与水田的界限较为模糊，水田可承担蓄水作用，大部分水塘中同样可以进行耕种，整个谷地大部分由星罗棋布的水塘—水田构成（甚至远超出图11c中标示的水塘与水田范围）。直到在1990年代之前，黄岗谷地还被当地人称为“高山泽国”。

由此，通过多种手段，黄岗聚落通过对原有山溪水系进行积极但有限度的改造，在高山之间形成了独具特色的“溪—塘—田”系统，建构出利于耕作生产的水体利用体系。这一体系发挥了重要的功用，正如罗康隆和杨曾辉（2011）的研究表明，黄岗由水渠、水塘—稻田等构成的高山湿地系统面积仅占整个聚落的8%，但却为黄岗提供了80%以上的生存资源。

4.3 山地改造：形成层层梯田

与改造山溪使之具备稳定的灌溉功能的同时，侗族先民还创造性地以构筑梯田的方式对坡地进行改造，实现了对河谷平坝稻田的“山地立体化”。当地修筑梯田主要有三种方式，“筑坝、填埋土石；将缓坡拉平；在山间出水口筑田埂”，并且“都是就地取材。所有的坝埂都由石块砌成，人为填入沙土和粘土”，通过这样的方式修筑的梯田具备很好的适应性，只需“依山引水就能保证稻田用水了”（罗康隆、杨曾辉，2011）。梯田营建过程中往往需遵循世代传承的生存与创造规律：“造梯田有四个要素：一看坡度，二看光照，三看水，四看地质”，并且，梯田“宜小不宜大、顺山不破山”（季诚迁，2011）。

由肇兴聚落分化搬迁而成的堂安聚落（图12）位于高山的山腰地带，地势较陡，原本进行稻作生产的条件十分薄弱。但经过历代堂安村民的不懈改造，借助由山顶流下的山溪水与当地涌出的山泉水，对坡地进行层层改造，在山腰地带形成立体连片的梯田区，有力地支撑了堂安村民的生存。

4.4 山林培育：最小改动、严蓄节用

山间谷地与山腰坡地聚落的侗族村民尤其注重保持所处山地森林生态系统的稳定。山林生态系统在涵养水源、防止地质灾害等方面起到决定性作用，其稳定与否，直接关系到聚落“水—塘—田”体

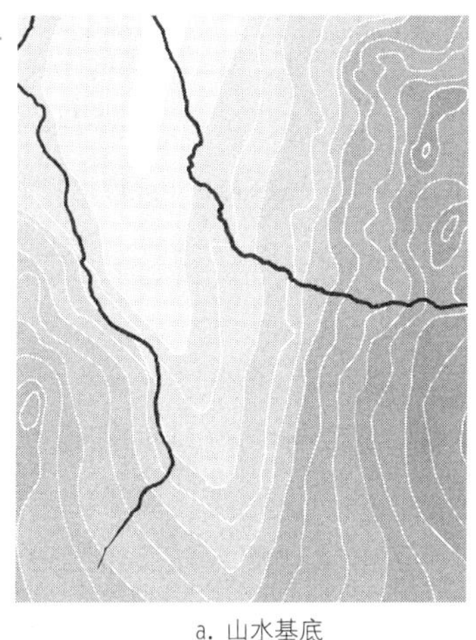

a. 山水基底

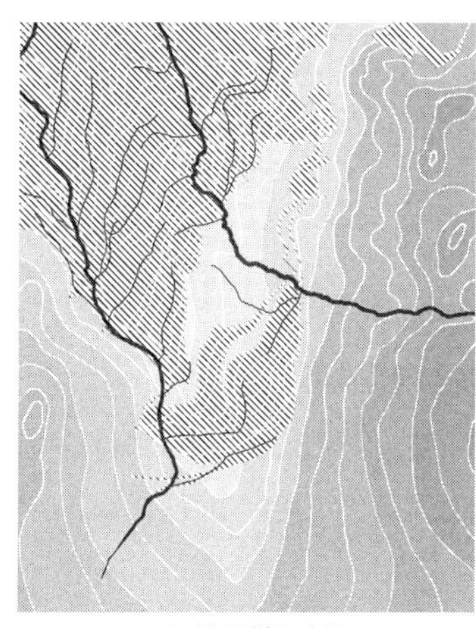

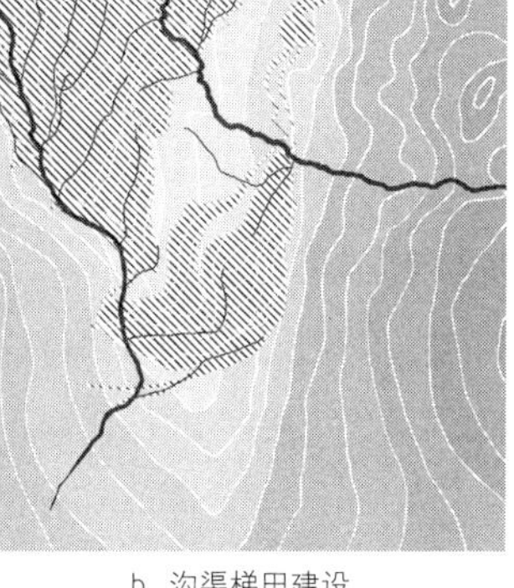

b. 沟渠梯田建设

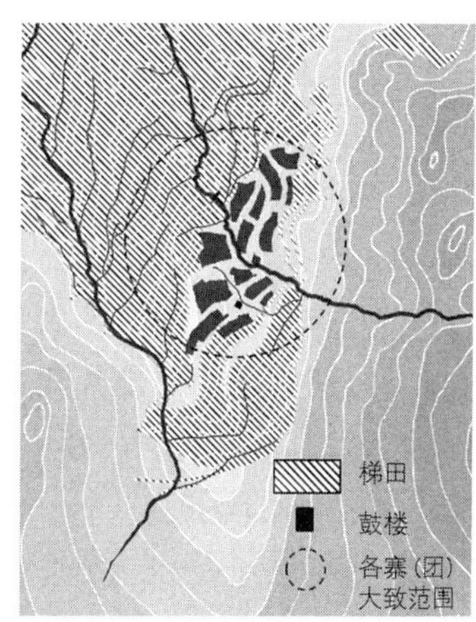

c. 聚落营建

图 12 堂安聚落人居环境营建

系能否提供人类生存的基础保障。同时，该地区的山林生态系统往往十分脆弱，一经破坏，很难恢复。因此，侗族村民在聚落营建中一直秉承最小改造原则，同时严格蓄养山林，节制使用。

如前述所言，聚落营建之初需对山溪与坡地进行改造，不可避免地会对山地原生生态系统产生影响，但侗族聚落先民一直秉承最小改动原则，尽量通过最小改动生态环境的方式来配置和利用各项资源。水塘与梯田建设尽量少地影响到林地，尤其是位于水源涵养地区的林地。如黄岗聚落，经过多年的营建，其林地面积仍然占到总面积的 85%（罗康隆、杨曾辉，2011），仍占据主导地位。

同时，聚落严格对林地进行蓄养培育。如各侗族村寨都会划定“风水林”或“护寨林”，这些林地通常位于村寨水源涵养区，往往严禁任何砍伐。如位于村庄西侧、高出村庄 160m 左右的“小岭”，一直作为村庄的“护寨林”与“公共坟山”，严禁任何砍伐。

对于其他地区的树林，侗族民众往往也以间伐、轮伐等方式节制使用，某些地区还规定在砍伐之后，必须补种相同数目的树苗，以保持山林能够自我更新。如黄岗村，正是因为保持了聚落山体上的茂密树林，同时留存了深厚的地面腐殖层，使其能够发挥积极的生态功能。尤其是具有较强的涵水保水能力，涵养的地下水可以通过井泉等对地面降水形成补充，对调节山溪水量，使其保持常年稳定起到了重要作用。

4.5 山村建设：同构移置、随山就势

南侗地区侗族保持了较为鲜明且一致的民族文化特色，这在村庄建设方面有突出的体现。在山间谷地与山腰坡地聚落的村庄建设中，仍然以鼓楼、萨坛等构成村庄的核心，民居围绕核心呈组团布局或沿等高线展开，并且以风雨桥、寨门等严格限定村庄边界。这与河谷坝子地带的侗族村庄空间保持

一致，具有很高的同构特征。但是，山谷与坡地的聚落，因为其所处地形的不同，除了侗寨共有的特征之外，它们也具备一些特点。如堂安侗寨（图12c），其村庄围绕鼓楼等公共空间、顺山势走向形成多个台地，并在各台地分别沿各自等高线向两侧扩展。鼓楼仍然位于村庄核心位置，风雨桥位于村寨海拔最低的河流水口处。空间起伏自由，富于高下变化，村庄轮廓高低起伏，村庄整体结构与自然地形结合尤为紧密。

4.6 长期调适、局部优化与建章立制

在聚落格局形成之后的漫长时间里，侗族民众还不断对其进行调整、适应与优化，同时还通过"款约"等方式建立规制，进一步确保聚落的可持续发展。

例如，侗族禾仓往往单独设置于村寨外围，与村庄主体设置隔离带以防止火患波及，甚至架在水塘之上，彻底防范火患，这当是在发生火灾后对村庄布局进行的调整。再如，在该地区广泛采用于稻田中种植、养殖复合的方式，形成"稻—鱼—鸭"复合生态系统，互相促进，形成多重收益，扩大稻田的产出，优化空间生态系统。其中，清《黎平府志》即记载了稻田养鱼方式："鲤为鱼王，无大小……清明节后，鲤生卵附水草，取出别盆浅水，置于树下，漏阳暴之，三五日即出仔，谓之鱼花。田肥池肥者，一年内可重四五两。"

同时，侗族聚落还通过"款约"等方式，订立规制，协调各村寨，确保聚落持续稳定地发挥其最佳功用。如对于山地梯田最为重要的水资源的使用，设立款约，明确水流分配方式方法，确保水塘、水渠、梯田系统的持续运行："讲到塘水渠水，我们如何共同使用？按照公时的款约来办，按照父时的条规来断。水共渠道，田共水源。上层归上层，下层归下层。有水从上减下，无水从下旱上。水尾难收稻谷，水头莫想吃鱼。莫要让谁人偷山塘，偷水坎；挖田埂，毁渠道"（苗延秀，1991）。再如，对于乱砍滥伐者设立严格的惩戒制度，"若是有人安心不良，安肠不善，扛斧窜山，背刀穿岭。进山偷柴，进林偷笋。偷干柴，砍生树。偷直木，砍弯树。抓得木证，拿得柴捆。要他父赔工，要他母赔钱"（苗延秀，1991）。

4.7 形成山间谷地"山—水—（塘）—田—林—村"与山腰坡地"山—水—梯田—林—村"聚落空间格局

基于山间谷地与山腰坡地的地形及生态条件，侗族先民在业已形成的"山—水—田—林—村"空间模式和文化传统的基础上，首先对山间的水系与坡地进行改造，因地制宜地构筑了"山溪—沟渠—塘田"系统与"梯田"系统。在改造中尽量不影响山地森林生态系统，注重培育山林，保持山地生态系统稳定；在村寨建设中既保持业已形成的结构，也注重随山势自然起伏。然后，在长期的生产生活过程中对聚落空间格局不断进行调整、优化，并建立相应规章制度，形成民风民俗。最终，形成针对山间谷地的"山—水—（塘）—田—林—村"空间格局以及针对山腰坡地的"山—水—梯田—林—

村”空间格局（图 13），建立了适应于地形与生态环境、满足聚落生存繁衍与可持续发展需要的山间聚落系统。

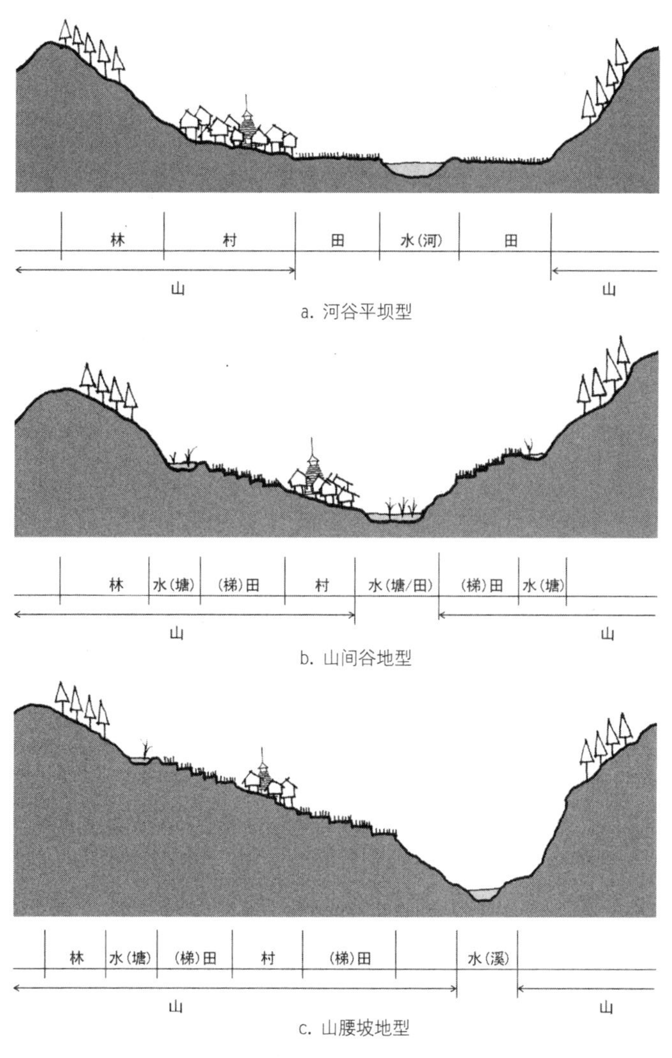

图 13 南侗地区典型山地聚落空间格局

5 结论与讨论

本文的主要发现有以下三点。

第一，本文尝试建构侗族先民在南侗地区沿着“河谷宽坝—河谷窄坝—山间谷地—山腰坡地”的顺序先后进行聚落营建的历史谱系。文章根据口述民族志等资料，认为当地侗族先民在人口、气候、技术、战乱等因素综合形成的人地矛盾情况下，由河网平原地区迁徙进入当时尚处于未开发状态的南侗地区。首先选择耕作与居住条件最好、土地承载力最高、耕作技术要求最低的山区河谷坝子地带营建聚落，形成初级定居聚落。随之，人口繁衍带来新一轮的人地矛盾，构成推动侗族先民向山中地带进一步迁徙的动力。与此同时，耕作技术发展到能够对山地溪流、坡地等进行改造以供稻田耕作的程度，使其具备了在山中地带生存并营建聚落的能力。于是，新一轮由河谷坝子聚落向山间盆地以及山腰坡地分化扩展的聚落营建过程开始发生，形成了次级甚至更次级的定居聚落。若干轮迁徙、分化、扩展之后，形成了今天南侗地区聚落的分类与分布情况。

第二，本文分析侗族先民在河谷坝子地区的营建活动，总结出“察山、布局；理水、开田；蓄林、立寨；同构、展拓”的营建过程，并在此基础上提出聚落人居环境“山—水—田—林—村”的基本空间格局。这一格局是侗族先民在生存的最基本需求驱动下，历经数代人不断摸索、营造、调适所逐渐形成的，是当地侗族民众赖以生存和繁衍的基本空间保障。当地河谷地形生态条件、当地民众的生计模式、聚落空间格局三者相互作用，不断调整、优化、固定，形成了聚落人居环境空间格局与生计模式的最佳配置。同时，这也建构了当地侗族民众最为朴素、也最为牢固的聚落空间观念，对民族文化的形成与固化产生了影响。

第三，本文进一步认为，在聚落由河谷地带向山中分化扩展的过程中，由“山—水—田—林—村”的基本空间格局出发，在重点对山间溪流和坡地进行适度改造之后，在山间谷地形成了“山—水—（塘）—田—林—村”的聚落空间格局，在山腰坡地形成了“山—水—（梯）田—林—村”的聚落空间格局。这一衍生的空间格局，因应了山间的地形与生态情况，保持了侗族民众以“稻耕”为核心的生计模式与文化特点，并且在随后长期的营建中不断调适，建立相应的规制，进一步促进了聚落空间格局的优化，提升了其适应性与可持续性。

总体而言，对南侗地区聚落人居环境营建过程的研究，有助于进一步发掘其聚落空间价值、民族文化价值以及生态环境价值，有利于系统总结山地聚落人居环境的建设模式，对当前的村镇建设，尤其是山地地区的村镇建设具有参考意义。但是，今天的侗族聚落也面临不少问题和挑战，尤其是随着工业化、城镇化、全球化的发展，聚落生计模式与民族文化正在发生巨大变迁，这将对聚落空间营建产生怎样的影响等问题，很值得我们进一步思考。

致谢

本文受中国博士后科学基金（2014M560087）、国家自然科学基金（51508298 ）资助。

注释

① 为便于分析理解，本文将对“聚落”与“村庄”（或“村寨”）两词的运用进行严格的区分。“村庄”（或“村寨”）主要指以房屋等人工建成空间为主、主要满足村民生活居住的部分，“聚落”涵盖了“村庄”及其周边山体、河流、耕地、林地等自然与人工环境，可以认为“聚落”是村民进行生产活动和生活活动以及与这些活动

发生紧密联系的空间的整体。

② 其中，20 世纪中期，贵州省相关单位组织收集了主要流传于黎平、从江、榕江三县的 20 余首侗族古歌，记录了当地各侗族支系繁衍、迁徙、定居以及习俗沿革等情况，以《侗族祖先哪里来（侗族古歌）》为名于 1981 年结集发表，具有较高的历史价值。本文将该书中收录的多首古歌的文本作为基本材料加以引用。

③ 为便于阅读，后文引用该书以“州文研室等”作为“黔东南苗族侗族自治州文艺研究室等”的简称。

④ 光绪《黎平府志》卷二《地理志・形胜》。

⑤ 俄过与宏年均为侗族先祖名。

⑥ 在当地指温度较低的水。地下水从井泉涌出之时温度一般较低，如不经过较长时间日晒增温的话，不利于农作物生长。

⑦ “锈泥”指被流经煤矿矿层的水所污染过的泥土，不能用于农作物耕种。

⑧ 光绪《黎平府志》卷二下《地理志・苗蛮》。

⑨（清）爱必达：《黔南识略》卷二十二《古州厅》。

⑩（清）张广泗：《议覆苗疆善后事宜疏》。

⑪ 光绪《黎平府志》卷二上《地理志・山水》。

⑫ 在地扪田野调查时，具体哪部分田地被首先开辟并未得到明确的答案。因此，图 7 中所示最初沟渠田地建设部分的位置为示意性标识。

⑬ 历史上，侗族称谓十分复杂，“仡伶”、“仡佬”、“僚”、“洞蛮”、“洞苗”、“侗家”、“峒人”等均有见于著述，本条指当时沅江流域附近南方百越系统多个民族共有的居住习俗。

⑭《溪蛮丛笑》“羊栖”条。引自符太浩：《溪蛮丛笑研究》，贵州民族出版社，2003 年。

⑮《百苗图》“黑楼苗”条。引自李汉林：《百苗图校释》，贵州民族出版社，2001 年。

⑯（清）李宗昉《黔记》卷三。

参考文献

[1] Rapoport，A. 1969. *House Form and Culture*. Prentice Hall Press.

[2] 蔡凌：《侗族聚居区的传统村落与建筑》，中国建筑工业出版社，2007 年。

[3] 陈幸良、邓敏文：《中国侗族生态文化研究》，中国林业出版社，2014 年。

[4] 崔海洋：《人与稻田——贵州黎平黄岗侗族传统生计研究》，云南人民出版社，2009 年。

[5]《侗族简史》编写组：《侗族简史》，贵州人民出版社，1985 年。

[6] 符太浩：《溪蛮丛笑研究》，贵州民族出版社，2003 年。

[7] 贵州师范大学地理研究所、贵州省农业资源区划办公室：《贵州省地表自然形态信息数据量测研究》，贵州科技出版社，2000 年。

[8] 国家民委《民族问题五种丛书》编辑委员会、《中国少数民族》编写组、《中国少数民族》修订编辑委员会：《中国少数民族》，民族出版社，2009 年。

[9] 洪寒松：“侗族族称、族源初探”，《贵州民族研究》，1985 年第 10 期。

[10] 季诚迁：“古村落非物质文化遗产保护研究——以肇兴侗寨为个案”（博士论文），中央民族大学，2011 年。

[11] 李汉林：《百苗图校释》，贵州民族出版社，2001 年。
[12] 罗康隆、罗康智：《传统文化中的生计策略——以侗族为例案》，民族出版社，2009 年。
[13] 罗康隆、杨曾辉："生计资源配置与生态环境保护——以贵州黎平黄岗侗族社区为例"，《民族研究》，2011 年第 5 期。
[14] 苗延秀：《广西侗族文学史料》，漓江出版社，1991 年。
[15] 普虹、共苗："万古垂名"，《贵州民族研究》，1990 年第 4 期。
[16] 黔东南苗族侗族自治州文艺研究室、贵州民间文艺研究会编：《侗族祖先哪里来（侗族古歌）》，贵州人民出版社，1981 年。
[17] 沈洁："和谐与生存——对侗寨占里环境、人口与文化关系的人类学解读"（博士论文），中央民族大学，2011 年。
[18] 石若屏："浅谈侗族的族源与迁徙"，《贵州民族研究》，1984 年第 12 期。
[19] 水利部珠江水利委员会编：《珠江流域片综合图集》，2013 年。
[20] 吴良镛：《广义建筑学》，清华大学出版社，1989 年。
[21] 吴良镛：《中国人居史》，中国建筑工业出版社，2014 年。
[22] 张姗："贵州地扪侗寨的历史地理研究"（硕士论文），中央民族大学，2009 年。
[23] 张寿祺："关于侗族名称的来源问题"，《民族研究》，1982 年第 3 期。
[24] 周政旭："贵州少数民族聚落及建筑研究综述"，《广西民族大学学报（哲学社会科学版）》，2012 年第 4 期。

基于活动分析的唐长安地区空间界定初探

郭 璐

Spatial Definition of Chang'an Region of the Tang Dynasty Based on Activity Analysis

GUO Lu
(School of Architecture, Tsinghua University, Beijing 100084, China)

Abstract The region which includes a specific city and its surrounding area is an essential issue of the research on ancient China's human settlements, while the definition of a region varies according to different research purposes. From the perspective of ancient China's human settlements, the region that is treated as a human-centered living space can be defined through activity analysis-based case studies. This article takes the Chang'an region of the Tang Dynasty as a typical case and studies the general situation of its population. Based on that, it analyzes the activities of the emperor and nobilities, the common citizens, the official and literati, and the religious people, finding that the scope of Chang'an region can be defined as 60 li away from the city. In a word, this article is an attempt to understand and explain the region from the perspective of human settlements, which is considered as an organism closely related to people.

Keywords region; activity analysis; Chang'an region; human settlements

作者简介
郭璐，清华大学建筑学院。

摘 要 包括城市与其周边地区在内的整个区域的研究是中国古代人居环境研究中的一个重要议题，而“区域”的界定因研究目的的差异而有不同的标准与方法。在中国古代人居环境研究视角下，区域是以人为中心构建的生活场所，可通过以活动分析为主要手段的案例研究界定区域的空间范围。本文选择唐长安地区为典型案例，在对这一地区人口的基本情况进行研究的基础上，通过对皇室贵族、普通市民、官宦文人、僧尼道冠四类人口的活动的空间分布进行分析，发现距离长安城60里的范围可认为是人居环境视角下的唐长安地区的空间范围。人居环境是与人密切相关的生命体，而非纯粹的客体，本文是从人居环境视角对区域进行“理解”与“解释”的一次尝试。

关键词 区域；活动分析；长安地区；人居环境

1 引言

“区域”[①]是地理、历史、政治、经济、社会等多门类学术研究中的一个习用概念，它也是人居环境科学的一个重要概念，是人居环境的五个层次[②]之一，介于全球与城市之间。在中国古代人居环境的研究中，区域具有特别重要的意义。中国古代社会发展中一直秉持“以农为本”，农业是社会经济的基石，城市与乡村保持着一定意义上的“一致性”（牟复礼，2000）和紧密联系，“中国的城市尽管规模宏大，却只是形成了更大的农业环境的‘质量密集’版而已”（科特金，2006），对中国古代城市人居环境的研究不可能仅局限在城市（或者说城墙）的范围内，而是应当将其与周边的乡野地带作为一个整体的区域来考虑。在当前中国古代城市规划设计的研究中，对于城市与其周边地区的整体研究也得到越来越多的重视：有关注区域空间中的城市定位原则的城市选址研究（侯仁之，1979；史念海，1986；马正林，1998；吴庆洲，2000）；有关注城市与其周边自然山水关系的“山—水—城”研究（吴良镛，1988、1993；鲍世行、顾孟潮，1994；黄光宇，2001）；有关注城市空间布局与大尺度山水环境的轴线对位关系的研究（武廷海，2011；秦建明等，1995；王树声，2009；吴良镛，1985；贺业钜，1985）等。对于包括城市与其周边地区在内的整个区域的研究是中国古代人居环境研究中的一个重要议题。

“对一项认真的区域研究来说，第一步工作是为所研究的地区划出一个明确的地域范围，并且说明划分的依据。根据越充分，越合理，该项研究的科学性自然也就越高”（李伯重，1991）。因此，科学地界定区域的空间范围是区域人居环境研究中最基本的问题。然而，区域不同于城市或建筑，本身并没有明确的边界，其含义因研究目的的不同而变化。自然地理研究重视自然地形地貌的特征，政治学研究重视国家行政建制的边界，经济学研究重视经济活动的内在联系，社会学研究重视一定的社会特征的同一性等。在中国古代区域空间的研究中，研究者也因研究目标的不同而采取不同的区域界定方法，如贺业钜在基于《周礼》的王畿地区研究中以政治统治结构为主要标准（贺业钜，1982、1992、1996），施坚雅在基于经济地理学中心地理论的中国19世纪晚期区域空间结构研究中以市场体系为主要标准（施坚雅，1991、2000）等。正如美国地理学家普雷斯顿·詹姆斯（Preston E. James）所说：“一切区域都是假定的。它们是为一定的目的划分的，只要它们达到目的，就被判定是好的。……区域仅仅作为一种理智概念而存在，用于特定的目的，只能按照所要考察的问题的观点来评定它的得失”（詹姆斯，1982）。因而，以中国古代人居环境的研究为目的，对区域的空间范围进行科学合理的界定，非常必要。

2 人居环境视角下的区域空间界定方法：活动分析

如前文所述，对于区域的空间范围的界定取决于研究的目的，所以要界定古代人居环境研究中区域的空间范围，就要从人居环境科学和中国传统文化观念中对于区域的认识来着手，找到它不同于其他研究视角的特点，进而从这一特点切入，选择界定其空间范围的标准与相应的研究方法。

2.1 中国古代人居环境视角下的区域观：以人为中心构建的生活场所

区域是人居环境的一个重要层次。在《广义建筑学》中，吴良镛（1989）从“聚居”的思想出发，认为：“环境者，环绕以人或事物为中心的一定空间范围和地域。这说明两个问题：一是环境因人而创造……二是‘物’——建筑物与自然物的经营，是人们赖以生存其间的物质对象。但物质的经营无一不是为了人的需要和人的利益，忽视了人，工作就失去了目的和重心。”人居环境科学理论又进一步发展了这一思想，认为：“人居环境的核心是‘人’，……人创造人居环境，人居环境又对人的行为产生影响”（吴良镛，2001）。也就是说，有人生活的地方才有人居环境。“人居环境是人类为自身所作出的地域安排，是人类活动的结果”（吴良镛，2001）。区域是人居环境的一个层次，是因人在区域尺度上进行活动而产生的结果。

中国传统文化观念中向来有以人为中心来构建区域的思想。《墨子·经说上》有云：“宇：东西家南北”，家是人们开展一切生产和生活的中心，以家为中心，才能确定“东西南北”四方，进而确定空间。可见“家”，这一人类活动的中心是空间的参照点。王夫之《读四书大全说》有言：“所谓‘天地之间’者，只是个有人物的去处。”人赋予空间以意义，有人才有空间。《墨子·经上》有言：“动：或（域）徙也。”一个物体只要它所处的空间范围有所变化则意味着它的运动；反之，空间的范围也是由物体的运动决定的。

“广谷大川异制，民生其间者异俗”[③]，人们在一定的自然条件下生存，世代经营，以自身的聚居点为中心，向四围拓展开来，逐渐形成一个以人为中心构建的地区空间，这是一个基本可以自给自足的生活单元，是区域尺度的人居环境。正如《盐铁论·水旱》所描述的那样：

> 古者千里之邑，百乘之家，陶冶工商，四民之求足以相更。故农民不离畎亩而足乎四器，工人不斩伐而足乎材木，陶冶不耕田而足乎粟米。

2.2 研究方法：以活动分析为主要手段的案例研究

在中国古代人居环境研究的视角下，可以将区域视为一个以人为中心，通过人的活动建构的生活场所，在具体的研究中则需从这一认识出发，选择一定的界定指标。人居环境科学和中国传统文化的研究中并没有这样的先例，这引导我们在相关的学科中、类似观点下寻找研究方法的借鉴。

（1）活动分析

人居环境科学与中国传统文化观念的区域观类似，人文主义的地理学对城市空间有这样一种认识，即“城市和城市生活的本质是相互作用而不是地域”（沃姆斯利、刘易斯，1988），瑞典地理学家哈格斯坦德（T. Hagerstrand）所进行的城市“日常生活地理”的研究认为：“城市范围是人们生活行为与空间相互作用的结果。它们相互作用的过程是人们日常生活行为在空间（或场所）上的重叠性与时间上的节律性，这两性使城市空间形成层次”（王兴中，1995）。基于这样的认识，地理学家们开始通过“人类活动分析法”来研究城市空间的范围与层次，将通勤、购物、休闲等日常活动视为人与环境最直接的交互影响过程，“用‘发生了什么’而不是土地利用类型的数量特征来描述和研究城市”（Golledge and Stimson，1997）。伴随着居住郊区化、乡村化的发展，这一研究也逐渐拓展至对城市及其周围影响地区的研究。这种对于城市空间的研究方法以人的活动为主要考察对象，关注人的活动对空间的塑造作用，可以借鉴于对古代人居环境研究中的区域界定。

在具体的材料获取与分析方法上，当代的人类活动分析法多采用访谈、调研、GIS数据采集与分析等方式。对于历史研究来说，无法直接获得这些鲜活的材料，传世文献与考古发现是其所主要依赖的“二重证据”[④]，关键在于以人的活动为导向，重新理解、组织和解释这些材料，发现隐藏于材料背后的人类活动的规律，而非以现有材料为导向，描述呈现于表面的物质空间的现象。其中，文学作品的重要性需要引起特别的关注，相较于史书、方志等文献材料，文学作品往往以个人为创作主体，是创作者行为和思想的直接体现，而中国古代向有严谨、务实的文学传统，正如左思所言："美物者贵依其本，赞事者宜本其实。匪本匪实，览者奚信?"[5]从诗文等文学作品中可以获得大量的有关古人行为活动的可靠信息。

（2）案例研究

中国地域辽阔，在悠久的历史中产生了众多各具特色的城市和区域，无法一次性地同时展开研究，也难以用一个统一模式来概括，故而可以选取一定的具有代表性的案例来进行研究，这也是社会科学在面对"复杂社会现象"时的一种常用方法（殷，2010）。

都城地区的人居环境是一个时代举天下之力凝成的结晶，代表着那一时期人居建设的较高水平，也是当时人居理想的集中反映。"秦中自古帝王都"，在唐及以前的大多数时间内，都城都位于今西安市一带，在漫长的历史时期中，城市名称屡有更迭，但城市发展的地理区位和腹地环境并没有大的变化（为表述方便，本文便将这一地区统称为长安地区；图 1），合计起来先后有 13 个朝代建都于长安地区，超过 1 200 年，是中国历史上建都时间最长的地区（图 2）。历朝历代倾注天下之力对这一地区进行了长时期的经营、建设，长安地区一直被后世认为是理想的都城之所在，清人顾祖禹即有云：

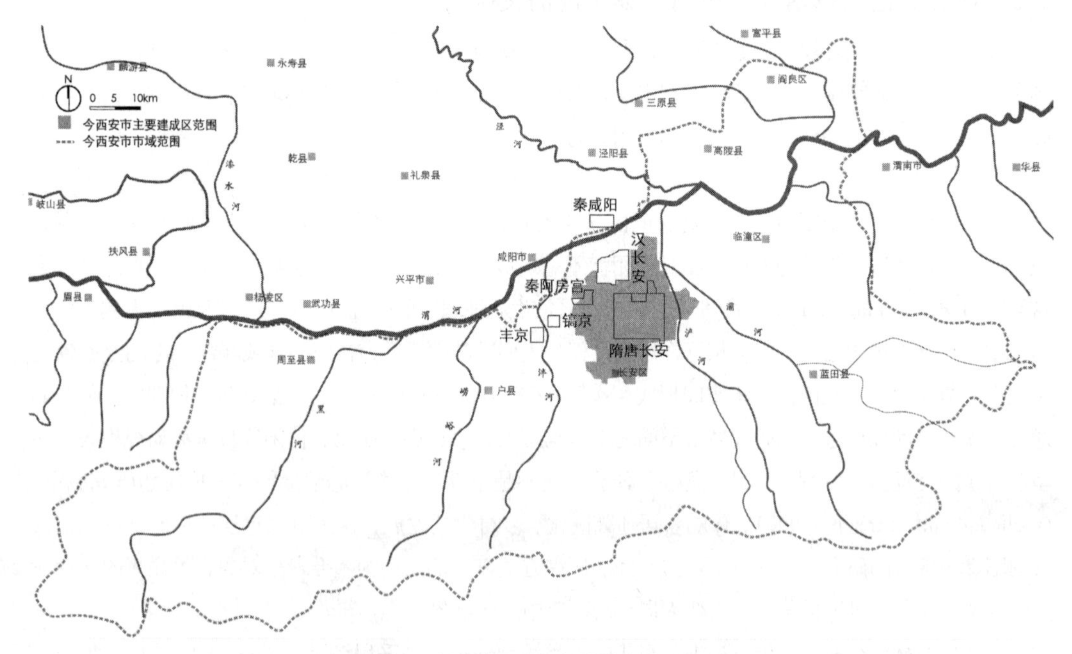

图 1　长安地区历代都城的位置关系

注：秦咸阳的空间范围至今学术界尚无共识，本图中所标注的秦咸阳是战国直至秦帝国时期重要的政治中心咸阳宫遗址的位置。

“然则建都者当何如？曰：法成周而绍汉、唐，吾知其必在关中矣”[6]。唐代是最后一个长时期在这一地区建都的强盛、统一的帝国，唐以前历朝历代的持续经营，使得长安地区积累了深厚的人居建设财富，虽亦有战乱破坏，但仍构成了唐长安发展的坚实物质基础。唐代是中国历史上人口充实、国力富足、文化昌盛、对外交流广泛的时代，“唐代历史揭开了中国古代最为灿烂夺目的篇章”（李泽厚，1981），司马光称颂唐代“三代以还，中国之盛未之有也”[7]。这一时期的人居建设在各个方面都达到了历史上的较大规模和较高水平，对后世影响深远，直到明末清初，顾炎武仍有言曰：

> 予见天下州之为唐旧治者，其城郭必皆宽广，街道必皆正直。廨舍之为唐旧创者，其基址必皆宏敞。宋以下所置，时弥近者制弥陋[8]。

作为都城地区的长安地区更不待言。以唐长安地区为案例进行研究具有较强的代表性和典范性。

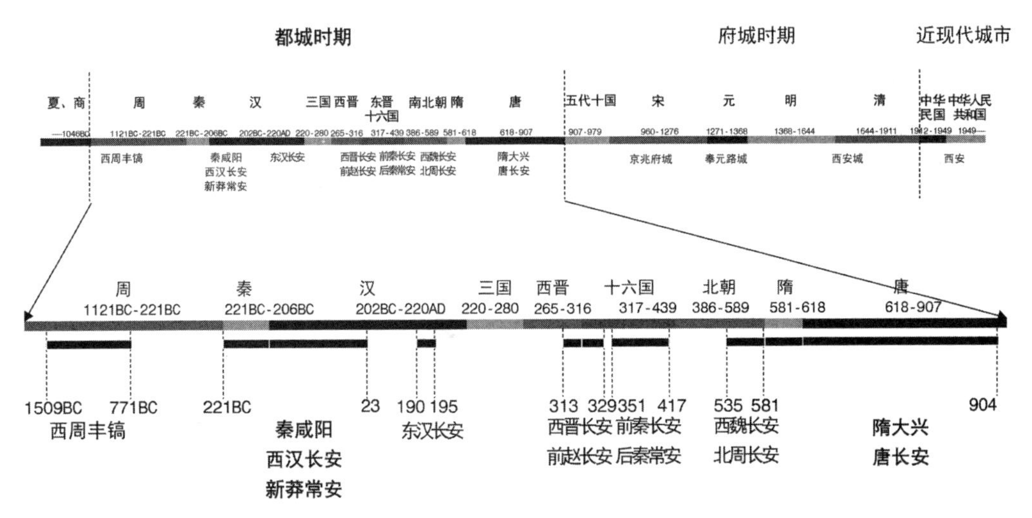

图 2　长安地区的历史演变与分期

资料来源：据万国鼎《中国历史纪年表》（中华书局，1978 年）相关资料绘制。

3　唐长安：百万人口的都城地区

活动分析的第一步是了解研究对象的人口规模与人口构成，再以此为线索，挖掘各类人口的活动特点，故而先要对唐长安地区人口的基本情况做一研究。

3.1　以长安城为中心的百万人口地区

唐长安作为昌盛的唐帝国的首都，是一个人口众多的繁盛都市。“长安百万家，家家张屏新”[9]，“长安千万人，出门各有营”[10]，“二年寒食住京华，寓目春风万万家”[11]等诗句，都描绘出了长安城人口众多、人文荟萃的繁荣景象。

值得注意的是，都城长安不只是被限定在城墙以内的一个孤立的城市的概念，而是与其周边地区一起，被作为一个区域来看待。在自然地理上，都城与外围山川原隰紧密结合在一起，从唐代典籍中可以看出，唐人对长安地区自然地理的认识包括三个层次：长安城—关中平原中部—关中平原[12]。在行政区划上，也有层层护卫都城的特殊行政建置，在长安城及其周边 20 余县设有京兆府[13]，在京兆府外围设有岐、邠、同、华四辅州（图 3）。

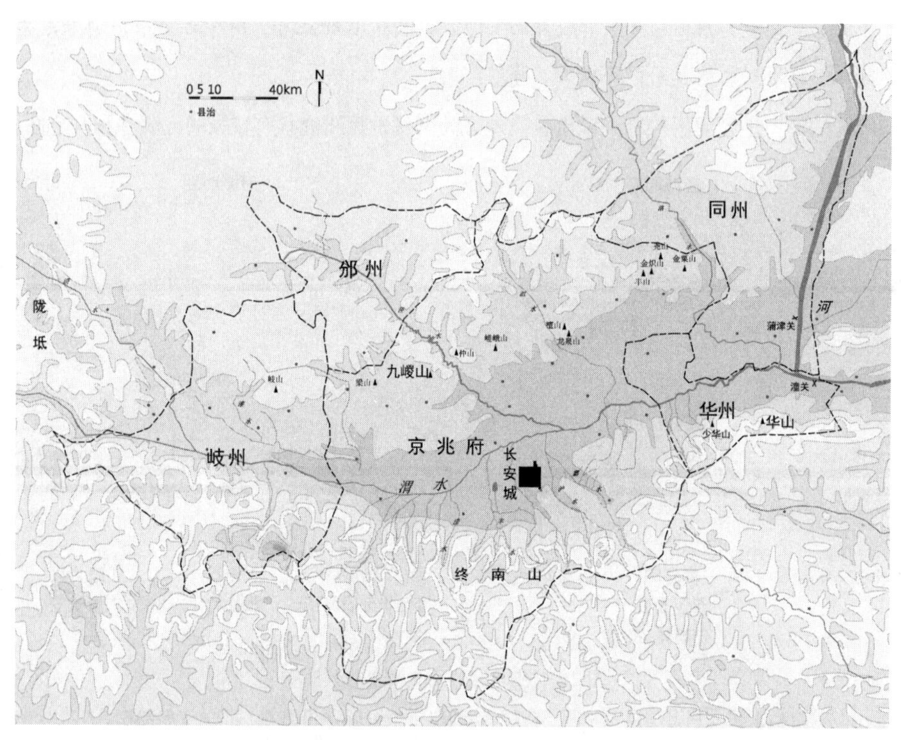

图 3　唐长安地区的自然地形与行政建置

资料来源：据谭其骧《中国历史地图集》之《唐京畿道、关内道图》等绘制。

关于长安城的人口问题，长期以来中外学者进行了大量研究。20 世纪四五十年代，即有日本学者提出长安人口百万之说[14]，中国学者也有持此论者（武伯纶，1979）。唐长安外郭城东西广 9 721m，南北长 8 651.7m，总面积约 $84km^2$；其中宫城总面积约 $4.2km^2$，皇城约 $5.2km^2$，兴庆宫约 $1.4km^2$（马得志，1963）；靖善坊以南四坊，总面积约 $22.4km^2$，人口稀少，甚至阡陌相连[15]，因而长安城中主要的居住与生活面积只有不到 $50km^2$。再考虑到长安城内有大量占地广大而人口密度较低的寺观、贵族官宦的大型宅院等，其中不乏占据一坊或半坊之地者（图 4）。若城内居有百万人，则人口密度将高于 2 万人/km^2，这个数字接近于 2010 年北京首都功能核心区的人口密度[16]。而长安城以单层建筑为主；从史书记载来看，其居住密度并不高，即便是在靖善坊以北诸坊中，仍有空宅、墟墓的存在[17]；而且唐人喜造山池，城市绿化亦盛，是“万家身在画屏中”[18]的园林城市。这样高的人口密度几乎是不可能的。

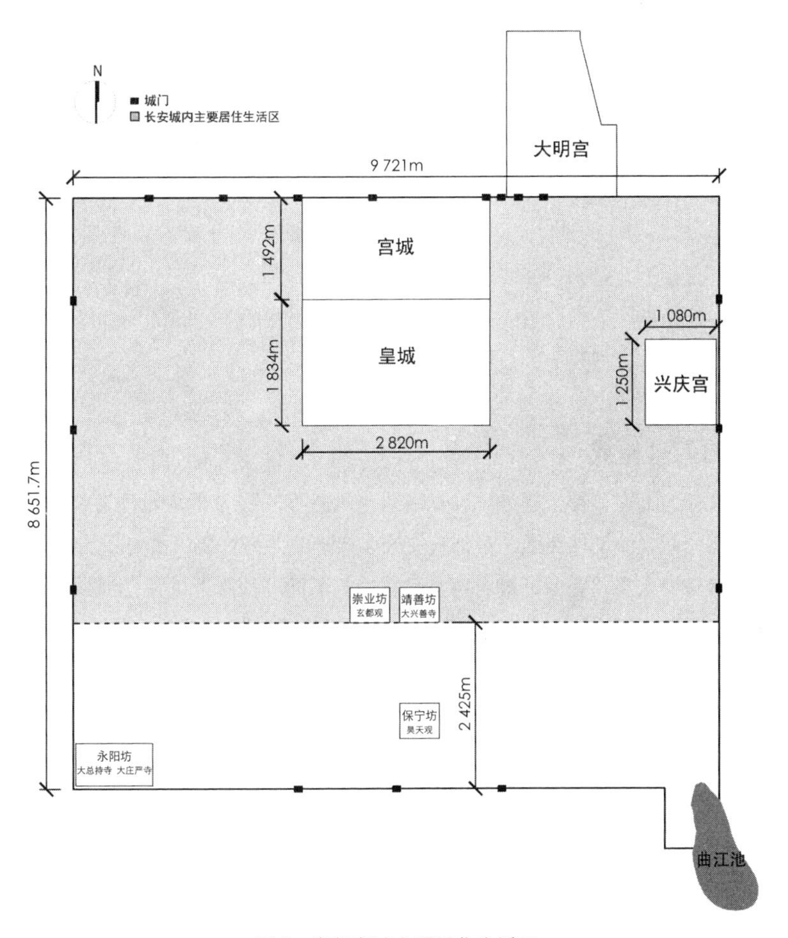

图 4 唐长安城主要居住生活区

资料来源：具体数据来自：马得志：“唐代长安城考古纪略”，《考古》，1963 年第 11 期。

韩愈在贞元十九年（803 年）上奏的《论今年权停选举状》中说：“今京师之人，不啻百万，都计举者，不过五七千人，并其僮仆畜马，不当京师百万分之一”[19]。由此来看，京师人口有百万之众。此状事关国家重大决策，数据应不会有太大偏误。值得注意的是，韩愈在此处所论者为“京师”，而非“长安城”，“京师者何？天子之居也”[20]。京师是国家的统治中心，但并不就是一定指都城城墙之内的范围；此处所指的百万之众极有可能是将长安城内与其周边视为一个整体来进行统计的。再从历史文献来看。长安县与万年县分别辖有长安城的一半及周边的郊区[21]，《长安志》卷一《西市》条载："长安所领四万余户，比万年为多"，卷八《东市》条载"万年户口减于长安"，此数据原载于唐韦述所著《两京新记》，是可信的。这样的话两县合计约有八万余户。据《新唐书·地理志》，天宝元年京兆府有户 362 921，口 1 960 188[22]，平均每户 5.4 口，考虑到都城之内官宦云集，大户较多，每户人口数可以 6～7 人计算，则长安、万年两县共有户籍人口 50～60 万，此外，再考虑到长安城内及其周边的贵族、军队、僧侣道冠、大量的流动人口（如举选应试者、外国人等）以及脱漏人口[23]等，总人口应超过 80 万。由此可见，韩愈所谓"百万"，应当包括长安城及与其关系紧密的周边地区，包括长安、万年县的辖境及其他外围县乡，是一个地区的概念，而非单一的城墙内的城市。《大唐慈恩寺三藏法师传》卷九载显庆元年（656 年），御制大慈恩寺碑被送往寺中，"京都士女，观者百余万人"，此处所谓百万人，应与韩愈所说相近，是来自长安地区的人。

长安城的人口占这个地区人口总量的一半以上，是理所当然的中心，因为都城作为全国政治、经济、文化中心的吸引力，才使得众多人口聚集在这一地区。

3.2 复杂多变的人口构成

在西汉时，长安作为国家首都，就是"五方错杂，风俗不一"，"称为难理"[24]的地区。及至唐代，经济繁荣、文化昌盛，社会流动性更强，帝都长安的人口构成尤为复杂、多变。元和十二年（817 年）宪宗曾有敕列举京城各种人户"宜令京城内自文武官僚，不问品秩高下，并公郡县主、中使等，下至士庶、商旅、寺观、坊市，所有私贮见钱，并不得过五十贯"[25]，概括起来长安人口的类型包括：贵族、官僚、士人举子、普通百姓、商人、僧尼、流动人口，此敕中未提及的还有护卫京师的军人等。

首先，都城作为政治统治的中心，必然居住着大量以皇帝为首的贵族，即肃宗敕中所提及的公郡县主。

其次，都城还拥有庞大的官僚队伍。唐代，科举制逐步确立与完善，"唐代科举之盛，肇于高宗之时，成于玄宗之代，而极盛于德宗之世"（陈寅恪，1958），唐以前在政治上占统治地位的世家大族走向衰落，官宦阶层最为重要的构成者是经由科举考试选拔出来的文人，"士有不由文学而进，谈者所耻"[26]，唐代许多著名的文学家本身即重要的政治家，如柳宗元、刘禹锡、白居易、韩愈等。与此同时，科举制的兴起，也使得社会上以读书谋求仕进的文化人蓬勃发展起来，数量增加，社会影响力增强，长安城中有大量赴京赶考或留京求学、温书的举子。已经入仕的官宦与谋求仕进的文人，是两个相互流通的社会阶层，文人可一朝及第为官宦，官宦也可退身而为文人，他们具有社会文化上的一致性，可视为同一阶层。

再次，城市中有大量的市民，包括工商业者、手工业者等。特别是中唐以后，"正是由于城市人口总量的剧增以及工商业和零杂业者所占比例的提高，从而逐渐形成了既不同于农业人口，也不同于官吏贵族，又与西方资本主义前夕的'市民阶级'有所区别的'市民群体'"（林立平，1991）。

此外，寺观人口，即僧尼道士，是一类特殊的人口。隋文帝对灵藏和尚说："弟子是俗人天子，律师为道人天子”[27]，可知宗教首领具有崇高的社会地位。唐代大部分君主也都尊崇佛道两教，礼敬有加。僧人道士以寺院为基地，与达官贵人、文人墨客为友，又与普通百姓的生活息息相关，进可言天下，退可诵经文。

还有大量的流动人口和军队、宫人等，《长安志》称长安县“游寄流寓不可胜计”[28]，沈亚之《周至县承厅壁记》言唐穆宗长庆年间，长安以南的盩厔县：“三蜀移民，游手其间，市间杂业者，多于县人十九，趋农桑业者十五”[29]。京畿地区尚且如此，城内更不待言。唐代京城驻军数目也很大，早在唐前期即已如此，如玄宗开元中听从张说的建议，招募“长从宿卫”十二万人[30]。

概括起来，长安人口的类型包括：皇室贵族，官宦文人，普通市民，僧尼道冠，流动人口、宫人、军人等。其中，前四者具有自由的行动能力，以下的研究将围绕他们的活动展开（表1）。

表1　唐长安的人口构成

<table>
<tr><th>宪宗敕中提及的人户种类</th><th>本文对长安人口构成的界定</th></tr>
<tr><td>公郡县主</td><td>皇室贵族</td></tr>
<tr><td>文武官僚</td><td rowspan="2">官宦文人</td></tr>
<tr><td>士</td></tr>
<tr><td>庶</td><td rowspan="2">普通市民</td></tr>
<tr><td>坊市</td></tr>
<tr><td>寺观</td><td>僧尼道冠</td></tr>
<tr><td>商旅</td><td rowspan="2">流动人口、宫人、军人等</td></tr>
<tr><td>中使</td></tr>
</table>

4　基于各类人口活动分析的长安地区空间范围界定

长安地区是皇室贵族、普通市民、官宦文人、僧尼道冠等不同阶层共有的生活场所，以长安城为中心，他们在长安周边地区开展着不同的社会活动，因而也界定了长安地区的范围。

4.1　皇室贵族：宴游于郊野，埋骨于山陵

有唐一代，经济繁荣、文化昌盛，整个社会呈现出一种蓬勃向上的宏大气象，在这种大的时代背景之下，唐代的皇室贵族有更多的可能去享受宴游之乐。“诸王每旦朝于侧门，退则相从宴饮，斗鸡击球，或猎于近郊，游赏别墅中”[31]。

行宫是属性最为明确的帝王游憩之所，隋唐时期以都城为中心建设了大量的行宫，今有名称可考者约18座。其中，唐代新建的10座，分别是庆善宫、龙跃宫、永安宫、玉华宫、翠微宫、华清宫、

金城宫、万全宫、游龙宫、望春宫；沿袭隋代建置的8座，分别是长春宫、兴德宫、凤泉宫、九成宫、太平宫、琼岳宫、金城宫、神台宫[32]。这些行宫在紧邻长安城到距城200余里[33]的范围内均有分布，近者在距离长安城60里的范围内，远者则往往与一定的县城保持着30里以内的距离[34]。元稹《两省供奉官谏驾幸温汤状》：

> 当天宝盈羡之秋，葺殿宇於骊山，置官曹于昭应，警跸於缭垣之内，周行於驰道之中，万乘齐驱，有司尽去，无妨朝会，不废戒严[35]。

可见帝王出游于行宫，需要邻近县城作为支撑、安置官曹等，此外应还有物资供应等功能。

除行宫之外，开展宴游活动的场所还包括私人宅园与别业、寺观、公共风景区、自然山水等。唐人热衷于诗歌，许多帝王或贵族本身即具有较高的文学艺术修养，并善于吟诗作赋[36]；在以文取士的科举制度之下，官宦大臣亦多是文人雅士。在这些帝王率领群臣的宴集、游赏的活动中，“帝有所感即赋诗，学士皆属和”[37]。从而产生了大量的应制诗，对这些应制诗进行研究，可以大致勾画出唐代帝王、贵族宴集、游赏的空间轨迹。《全唐诗》中题名含有“应制”、“应诏”、“应令”、“应教”[38]、“奉和圣制”、“奉和御制”[39]、“侍宴”、“诏宴”、“赐宴”等词的诗共有728首，均可认为是应制诗，其中336首是以长安城为中心，以游赏、宴集为主题的诗歌[40]。对其进行分析，可以发现：宴游的场所并不局限于城市内部，近者基本集中在城外60里的范围内，远者则在百里之外，主要以行宫为主；60里内为最多，活动更为频繁。

综上，帝王的游憩之所以以长安为中心，分布在两个层次上：距离城市60里以内与60里之外。第一个层次较为密集，其中尤以30里以内活动最为频繁，形式多样；第二层次以行宫为主，也与一定的县城保持着30里以内的距离（图5）。

“死生亦大矣”，帝陵作为先代帝王的安葬之所对于现世的帝王仍具有极为重要的意义。一方面，它是具有象征意义的政治符号，其选址、建设、维护等被认为体现了皇权的威严，并关系到政权的稳固与国家的命运；另一方面，它又是皇室先祖的安息之地，后代应进行维护、祭祀，以慰先人。唐代礼制中对帝王陵寝的祭祀有详细的规定，包括在时令、生日、忌日等时间的皇帝拜陵或公卿巡陵以及日常“视死如生”式的对陵寝的供奉。唐太宗、高宗、玄宗分别于贞观十三年（639年）、永徽五年（654年）及六年（655年）、开元十七年（729年）亲自谒陵，开元之后，除懿宗咸通四年（863年）亲自拜陵之外，皇帝拜陵之礼多数由贵族或大臣代为执行。每次谒陵时间在三天左右[41]。

关中共有唐代帝陵18座，献陵、庄陵、端陵和靖陵位于渭北台地，其他14座唐陵均位于北山山脉南麓，因山为陵，海拔750～1 200m。长安城的海拔只在450m左右，且这一帝陵群体绵亘于关中北部，最西者为高宗乾陵（距长安约70km），最东者为玄宗泰陵（距长安约105km），自西向东近150km，形成一个以长安为中心的扇面，确有背倚山原、面临平川、居高临下、雄视京都的宏伟气势。虽较之西汉帝陵距离长安较远，但获得了积土为陵所无法达到的气魄，与北山一起构成了长安城北面的巍峨屏障。

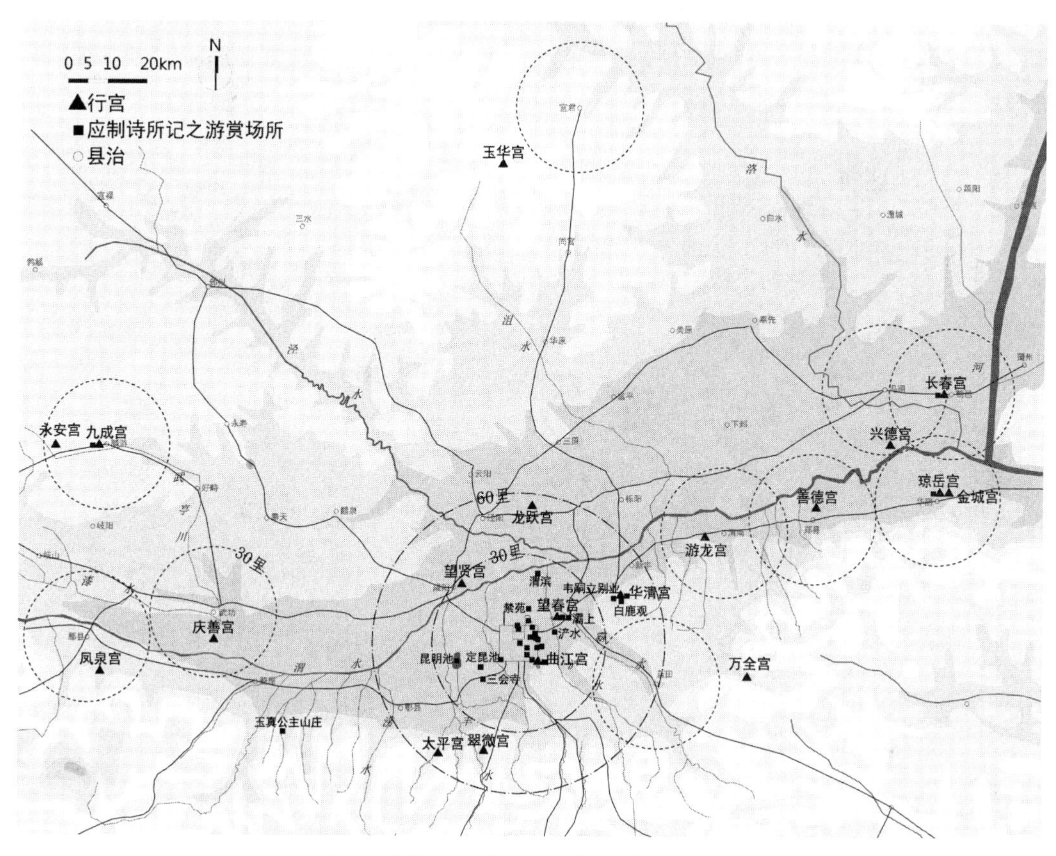

图 5 唐代长安周边帝王宴游之所的空间分布

注：图中表现的行政建置为开元时，但行宫建设是一个持续性的过程，在此时并不完备，为便于理解，在同一图中标出。

资料来源：据《全唐诗》中应制诗等文献资料、行宫考古资料及史念海《西安历史地图集》之《唐时期图》绘制。

帝陵与长安城的距离在百里以上，但是与一定的县城保持着空间上的紧密联系。唐代京兆府设有“次赤县”，其目的在于“奉陵寝”、“崇陵”[42]，皇帝在祭拜陵寝之后往往会对临近县邑的官吏、百姓有所封赏，亦可见陵寝与县的紧密关系[43]。从开元二十七年（729 年）定奉先县为次赤县后，醴泉、奉天、富平、三原、云阳诸县先后被定为次赤县。这样 18 座帝陵被分为以一定的县城为中心的 6 组，帝陵基本分布在距离这些县城 30 里以内的范围（简陵、贞陵略有超出，为 40 里）。

这些县城都在长安与外部沟通的重要驿路上。奉天、醴泉、云阳在西路，位于邠州—萧关道上，奉天设有奉天驿，醴泉设有醴泉驿，云阳自秦始皇修直道时便是重要的交通节点，此道是长安通往西域的“丝绸之路”的北路，是经济和交通的大动脉。三原、富平、奉先在东路，三原有三原驿、富平有富平驿、奉先有昌宁驿，都是隋唐时期蒲津关道北路上的重要驿站。而蒲津关道则是河北道、河东道向长安运贡赋的主要通道，交通繁忙，地位重要。“诸州调物，每岁河南自潼关、河北自蒲坂达于京师，相属于路，昼夜不绝”[44]（图6）。

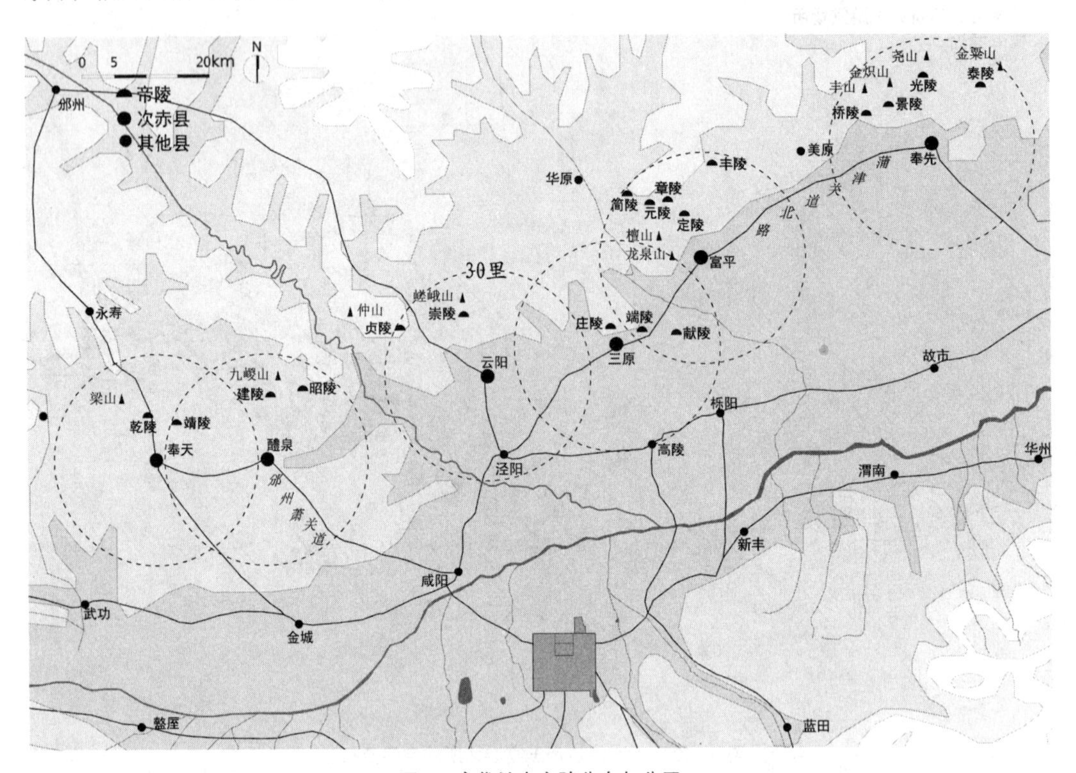

图6 唐代关中帝陵分布与分区

资料来源：据相关考古资料、史念海《西安历史地图集》之《唐时期图》及严耕望《唐代交通图考》之《唐代秦岭山脉东段诸谷道图》等绘制。

4.2 普通市民：游赏于近郊

唐代经济的繁荣、文化的发展、人口的增加，使得市民群体逐渐兴盛起来，其生活也更为丰富多彩。但是，长安城中仍有严格的宵禁等管理制度，约束着市民的生活[45]。借由节日、宗教庆典等活动，百姓能够最大限度地抛开平日的约束，这种活动往往在城市周边或更远的乡野地区展开，远离城市的束缚。外出游赏、宴集是普通市民生活的重要组成部分。如《开元天宝遗事》所云：

> 长安春时，盛于游赏，园林树木无间地……都人士女，每至正月半后，各乘车跨马，供帐于园圃，或郊野中，为探春之宴[46]。

唐代时令节日颇多，从正月迎新到到腊月辞岁，不同的节日总配合有不同的游赏宴集活动（表2）。

表 2 唐代重要节日与典型活动[47]

重要节日	典型活动
正月七日人节	登高寻胜
正月十五上元节至二月初一中和节	探春酺聚
三月巳日上巳节	踏青祓禊
寒食节、清明节	扫墓赏春
四月初八佛诞日、七月十五中元节	礼佛聚会
九月九日重阳节	赏菊登高

资料来源：本表的活动内容主要根据记述不同节日的唐诗所总结。

普通市民的游赏活动，主要包括四种类型：赏景、登高、亲水、礼佛，赏景要寻风景优美之地，登高要到地势高敞之处或登临塔、阁，亲水要临近水泉，礼佛则需毗邻佛寺。基于这些要求，长安城周边形成了若干公共风景区：①曲江、慈恩寺、杏园片区；②乐游原、青龙寺、浐水片区；③昆明池、定昆池；④还有城南诸寺院，灞水之滨、渭水之滨等。前两者满足以上四条要求，是最为繁华热闹的景区，后两者满足其中部分要求。这些风景区的一个共同特点是与长安城距离近便，都在 30 里以内，交通便捷，与城市联系紧密（图 7）。

4.3 官宦文人：聚饮于近郊，读书于山林

唐代科举考试放榜之后，会在曲江等公共风景区举行一系列的游宴活动，长达数月，甚至延长到仲夏，内容包括相识、闻喜、樱桃、月灯打球、牡丹、看佛牙、关宴[48]等，名目繁多。其中最为盛大的闻喜宴[49]与关宴[50]都是在曲江举行。在这一带的相关活动还有杏园探花[51]和雁塔题名[52]等，这一片区的胜景直到宋代仍为人所称道、追念[53]。在平时的节日中，官员们也往往呼朋唤友或携带家眷，成群结队地前往郊外游赏，“凡此三节（指晦日、上巳、重阳），百官游燕，……有司供设或径赐金钱给费，选妓携觞，幄幕云合，绮罗杂沓，车马骈阗，飘香堕翠，盈满于路”[54]。在这些活动中，官宦文人们前往毗邻城市的公共风景区进行游赏、宴集，与普通百姓共享游乐之所，详细分析见上节，在此不再赘述。

居住在长安城中的官宦文人虽身在官场，仍心系山林，而园林别业正是既满足入世之需，又可享林泉之乐的绝佳之所，他们往往在城市近旁拥有一处甚或多处别业。如《旧唐书》载：

> （李）林甫京城邸第，田园水硙，利尽上腴。城东有薛王别墅，林亭幽邃，甲于都邑，特以赐之[55]。
>
> （杜佑）甲第在长安里，杜城有别墅，亭馆、林池为城南之最，昆仲与时贤从游，其乐有节[56]。

凡此种种，不胜枚举。此外，亦多有于山林中读书的学子、隐逸的高人。“（唐初）公立学校发达，士

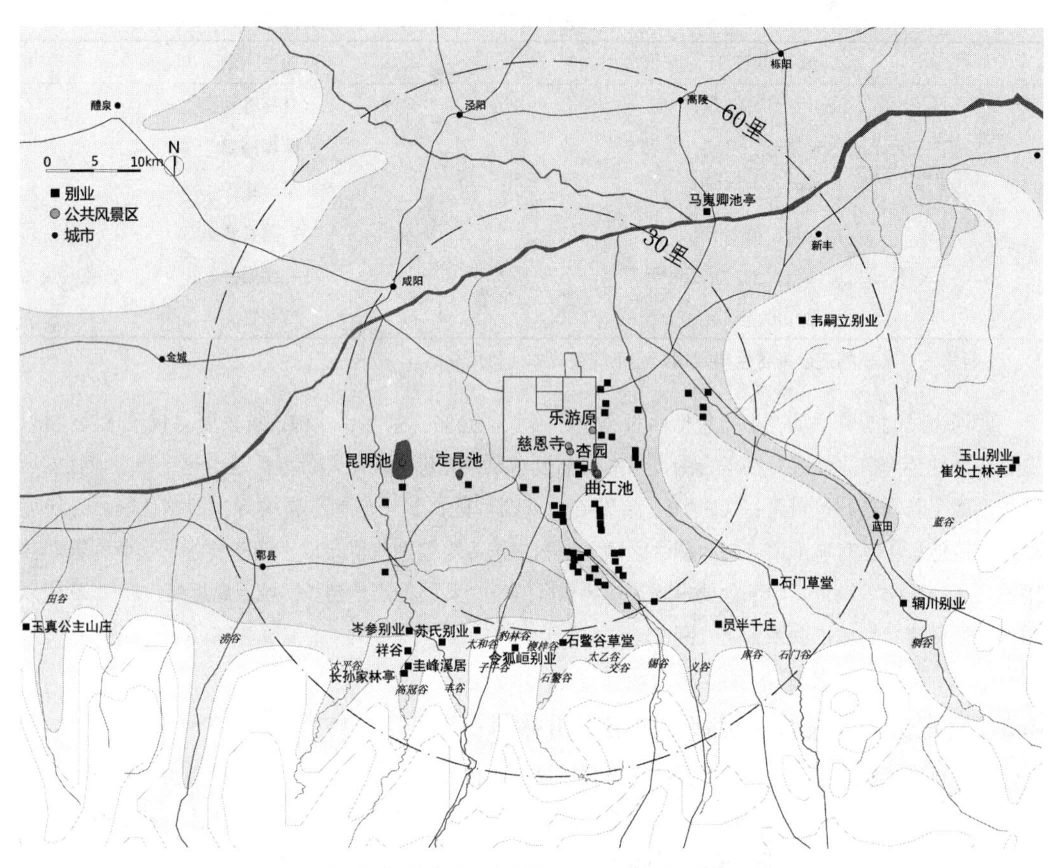

图 7　唐长安周边公共风景区及园林别业分布

资料来源：据李浩《唐代园林别业考论》、史念海《西安历史地图集》之《唐长安城南图》等绘。

子群趋学官，……武后擅权，薄于儒术。……其后学官日衰，而士子读书山林者却日见众多”（严耕望，1969）。

这类行为一部分是在山林寺院中进行，另有一些则是在园林别业中进行的。韩愈即有《符读书城南》诗劝勉子韩符到城南别业勤学苦读。

根据李浩（2005）《唐代园林别业考录》“关内道”的材料进行统计，其中基本可以确认属于长安官宦文人且与长安城位置关系相对明确的园林别业共有 86 所，又有史念海主编《西安历史地图集》的《唐长安城南图》中标示而李书未载的别业 14 所，以及宋代张礼《游城南记》所载而此二书未载的方位明确的别业 1 所[57]，合计 101 所。其中，长安城东 24 所，城南 71 所，城西 4 所，城北 2 所。城南是园林别业最为集中的片区，在其中 59 所能够确定具体位置的别业中，有 29 所位于樊川，22 所位于终南山；其次密集的是城东。这两个密集区又可分为两个层次，城南樊川和城东的别业主要分布在距长安城30里的范围内，主要是达官显贵、官宦文人休憩、游赏的场所；城南终南山的别业大多在距离长安城50～60里的范围，少量分布在较远的交通干道上，主要是文人学子读书、隐居的场所。

城南樊川风景秀丽且交通近便，是公卿建设园林别业的首选之地，《画墁录》云：

> 唐两京省入伏假，三日一开印，公卿近郭皆有园池。以至樊杜数十里间，泉石占胜，布满川陆，至今基地尚在，省寺皆有山池[58]。

樊川是自终南山的义谷口至距长安城外郭五里左右的下杜城[59]（今西安市杜城村）之间的南北三十余里的狭长地带。长安外郭城南开安化、明德、启夏三门，均位于南面城墙较为居中的位置，出城南行不足10里即达樊川北缘。长安以南有锡谷道、义谷道、库谷道通往东南方向，抵达汉江谷地的金州（今安康）、兴元府（今汉中）等城市。据辛德勇（1988）考证，三者均先由长安城南出启夏门，经朱坡，沿潏水至终南山下，再向东西分为三路，向南过山[60]。此三条驿路南端共有的一段恰从樊川贯穿而过。唐人《杜城郊居王处士凿山引泉记》描述樊川的杜佑郊居“路无崎岖，地复密迩”，可见交通条件之便利。

除樊川以外，长安城东也是官宦园林较为密集的地区，城东有灞、浐二水，及由浐水引出的龙首渠，具备较好的自然环境。更为重要的是，东向是长安城极为重要的对外交通方向，长安对外交通的三大干线——蒲津关道、两京道、武关道，均是东出长安，经长乐、滋水二驿，再分别通往东北、东以及东南三个方向。因而，城东也成为官宦园林选址的佳处，城东的别业大多分布在城门外至浐灞间，距离长安城30里的范围内，与城市保持着紧密的联系（有4所在骊山附近)。刘禹锡有《城东闲游》诗：

> 借问池台主，多居要路津。千金买绝境，永日属闲人。竹径萦纡入，花林委曲巡。斜阳众客散，空锁一园春。

可见这一地区的景况。

终南山区也是园林别业的主要分布区。终南山距离长安城50～60里，既与长安城保持着一定的距离，又可以有适当的联系。终南山区的园林别业除了达官显贵的庄园，如玉真公主山庄、驸马崔惠童的玉山别业等，还有大量的是文人隐居、读书之所在。从空间分布而言，终南山北麓的山谷口是别业较为集中的区域，本文所考的22所终南山别业中，有9所可以明确是在谷口，包括位于高冠谷的长孙家林亭、李洞圭峰溪居、岑参高冠草堂，位于沣谷的苏氏别业，位于豹林谷的令狐峘别业，位于石鳖谷的岑参别业，位于辋谷的王维辋川别业，位于石门谷的阎防石门草堂以及不确定位置的钱起终南别业。终南山山谷之处往往有河流流出，山水景致佳妙，与此同时，终南山横亘长安城南，诸山谷是长安的交通要道，交通较为便利。

综上，园林别业的分布有两个层次：①距离城市30里的范围内，主要是文人士大夫聚会，达官显贵游宴之所；②60里左右的范围内，主要是文人幽居读书之所。这两个层次的共同之处是，别业大多处在交通较为便捷之处（图7)。

4.4 僧尼道冠：修行于山林

唐代的佛教、道教已不拘泥于魏晋时期绝离尘俗、不问世事的风气，而是逐渐从山林走向都市，与国家政治、学术思想、社会生活更紧密地结合起来，与儒家思想一起成为社会的主流文化。

长安作为全国政治、文化的中心，也是宗教文化的中心。长安城内寺庙宫观林立，据（清）徐松《唐两京城坊考》，长安城内共有佛寺 108 所、道观 40 所。长安城周边的郊野、山林也分布着大量的宗教建筑。据《续高僧传》、《宋高僧传》、（宋）宋敏求《长安志》与（元）骆天骧《类编长安志》的记载进行统计，唐代长安城周边（基本是唐代京兆府范围内）共有寺观 55 处[61]。

寺观是僧道修行之地，“梵境幽玄，义归清旷，伽蓝净土，理绝嚣尘”[62]，唐政府也鼓励寺院修建在名胜之地，“如有胜地名山，灵踪古迹，实可留情，为众所知者，即任量事修建”[63]，因而寺观选址一般都在风景清幽之处。同时，长安城外的寺观又与城市生活有着极为紧密的联系。唐人有游赏山寺的习俗，文人读书寺庙者亦甚多，普通百姓也广泛参与到这些寺观的俗讲、法会等活动中，因而其选址亦要与城市有便捷的交通联系。在上文所统计的 55 处寺观中，长安城东 11 处，城南 32 处，城北

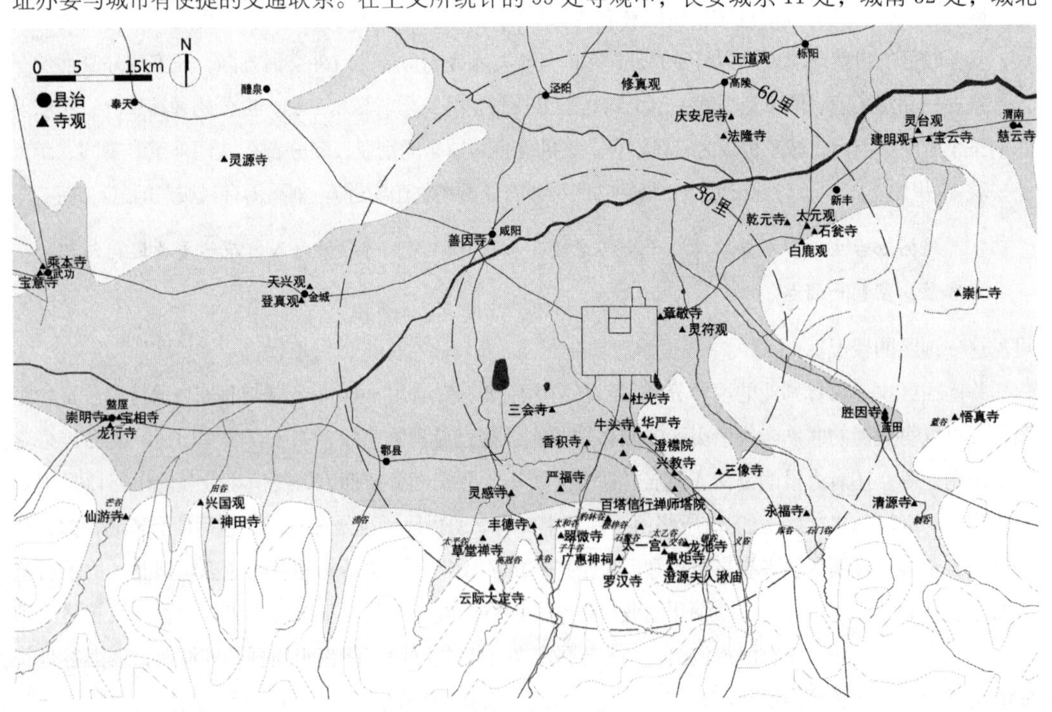

图 8　唐长安周边寺观分布

资料来源：据（宋）宋敏求《长安志》、（元）骆天骧《类编长安志》及史念海《西安历史地图集》之《唐长安城南图》等绘。

12 处，可见，长安城南是除长安城之外又一个宗教文化的中心。城南的 32 处寺观中有 8 处分布在长安城外郭外约 30 里范围内，秦岭北麓的台原上，4 处在各县城附近，20 处分布于终南山区。

在本文所考的位于终南山的 20 所寺观中除云际大定寺位置不确之外，其余 19 所均分布于终南山北麓的谷口中。《宋高僧传》载：唐中宗敕令高僧光仪“领徒任置兰若”，光仪“于（终南山）诸谷口造庵寮兰若，凡数十处，率由道声驰远，谈说动人”。可见，谷口因风景幽美，又交通便利，便于物资供应及对外交流，是建寺之首选，而距离长安约 60 里范围内的高冠谷到石门谷一段是寺观分布最为密集的地区。

综上，长安周边寺观在 30～60 里的范围内最为密集，而终南山中的寺观又尤为集中（图 8）。

4.5 长安地区空间范围：距城 60 里以内

根据以上对皇室贵族、普通市民、官宦文人、僧尼道冠的活动的分析，可以发现，唐长安地区主要包括三个空间层次。①30 里以内：活动类型最多，也最为频繁，皇室贵族、普通百姓、官宦文人、僧尼道冠都有参与，分布着供社会各个阶层共同使用的大型公共风景区，供皇室贵族进行郊祀的坛庙，供达官显贵休憩、游赏的园林别业，与城市关系紧密的寺观等，每到适合出游的季节，热闹非凡。②30～60 里：活动的参与者更为专门化，主要分布着供皇室贵族暂留、游赏等的行宫，供文人学子读书、隐居的别业，以及主要供僧人修行的寺观，有少量超出 60 里，但基本仍保持在百里以内的范围。③百里之外，距离城市较远，普通士庶并不便于到达，而皇室贵族则可获得更多的资源，拥有更强的出行能力，因而主要分布着供皇族暂时居住的行宫以及安奉皇室祖先的帝陵，帝陵与行宫又往往与一个位于区域交通干道上的县城保持着 30 里以内的距离（图 9）。可以看出，各阶层人的活动主要集中在 60 里内，同时，借助交通线路辐射到关中平原的其他部分。

这一活动密集区的分布态势是与当时人的出行能力直接相关的。秦汉隋唐时期关中平原的交通主要依靠陆路，从秦汉至隋唐，陆路交通工具并没有实质性的变革，主要依靠车[64]、马[65]及驴等，在很多情况下也依赖步行。各种交通方式的速度，据《吕氏春秋》：“以车不过百里，以人不过三十里”[66]；据《唐六典》：“马日七十里，步及驴五十里，车三十里”[67]。可以看出，在日常的交通情况下，30 里[68]是步行一日可及、借助工具一日往返的范围；相应的，60 里基本就是借助工具一日可及的范围，快者可及百里。历代的驿馆也多以 30 里、60 里为单位：汉代“驿马三十里一置”[69]，唐代“亭惟三十里”[70]，直至元代仍“每六十里为一驿馆”[71]。故人的活动主要在距城 60 里内，即使沿交通线路向外辐射，也多在距某交通便利的县城 30 里的范围内。

从自然地理来看，距城 60 里的范围是关中平原中部最为开敞的部分。以长安城为中心的三个层次的人工建设，分布在关中水平带状的地理格局中，受地形影响主要沿东西向展开，由北向南形成五个基本与渭河平行的带状功能分区：①北山山系：帝陵区；②渭北黄土台原：主要的农业地区；③渭河阶地平原：长安城及其北部禁苑；④终南山北麓黄土台原：士民游憩区；⑤终南山：行宫、别业、寺观区（图 10）。

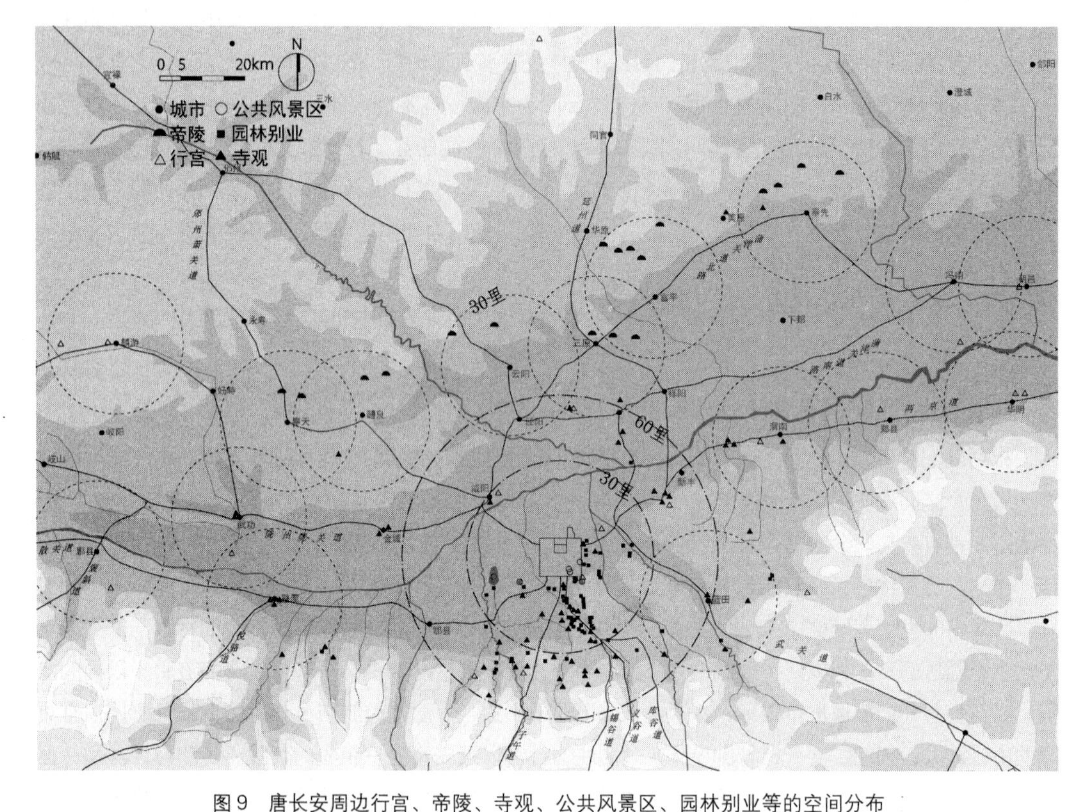

图9 唐长安周边行宫、帝陵、寺观、公共风景区、园林别业等的空间分布

资料来源：据相关考古与文献资料及史念海《西安历史地图集》之《唐时期图》、严耕望《唐代交通图考》之《唐代秦岭山脉东段诸谷道图》等绘制。

从行政建置来看，距城60里是在隋唐历次行政沿革中长时期属于京兆府的核心部分，在包括长安、万年、蓝田、鄠县、泾阳、咸阳、新丰、醴泉、奉天、栎阳、三原等县县境的范围内。在百里之外则往往与在一个位于交通干道上的县城保持紧密联系（图10）。

综上，距离长安城60里以内的范围可以被认为是城市及其周边地区所形成的一个紧密的人居单元，是人居环境视角下的唐长安地区的空间范围。当然，长安地区的边界并不是明确、一成不变的，而是模糊、弹性的。因为人的活动范围并没有“一刀切”的边界，且活动内容会随时代发展而有不同的情态，虽然大致范围相同，但具体的边界不可能完全吻合。

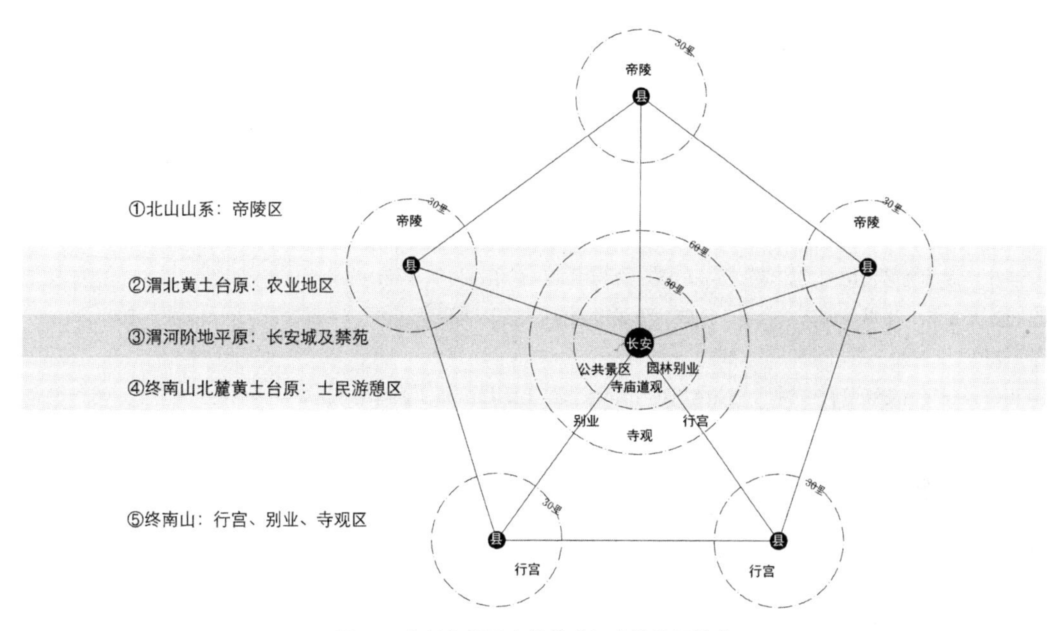

图 10　唐长安地区空间模式与功能分区模式

5　小结：从认识区域到理解区域

人居环境以人为中心，人的活动创造了人居环境，人居环境又反过来影响人的活动，它与人的生活息息相关。历史上的人居环境也并非冰冷的、抽象的客体，而是先民生于斯、长于斯的家园，是经由世代的人类活动创造的不断生长、变化的生命体。对中国古代人居环境的研究，不可能将研究对象当作纯粹的客体进行“认识”，而应当将其作为一个活生生的现实，进行“理解”与“解释”。这也是本文试图通过活动分析的方法所要达到的目的。

当今社会，交通、通信、能源等各领域技术的发展逐步拓展着人类生存活动的范围。人的生活场所不再局限于某个社区或某座城市的边界之内，而是扩展到一个包括城市、乡村、自然在内的区域中，区域空间为经济活动、社会生活、生态治理等各领域的活动提供空间平台。这就要求我们在当代社会生活下加深对区域人居环境的研究，古今生活模式、交通方式等差异巨大，区域的尺度自然也有很大的差别，但其本质上是相通的，均是人类的生活单元，本文所运用的研究方法或可对当代人居环境视野下的区域研究有一定的意义。

致谢

本文受国家自然科学基金（51378279）、中国博士后科学基金面上资助项目（2015M570102）、英国李约瑟研究所劲牌中国科学与文明奖学金（Jing Brand Scholarships in Chinese Science and Civilisation）资助。

注释

① 本文中若无特殊注明则“区域”与“地区”两词同义，视语言习惯与表达需要而使用。

② 分别是全球、区域、城市、社区、建筑。见吴良镛:《人居环境科学导论》，中国建筑工业出版社，2001年。

③《礼记·王制》。

④ 王国维在《古史新证》中说:“吾辈生于今日，幸得纸上之材料外，更得地下之新材料。由此种材料，我辈固得据以补正纸上之材料，亦得证明古书之某部分全为实录，即百家不雅训之言亦无不表示一面之事实。此二重证据法惟在今日始得为之。”见王国维:《古史新证》，清华大学出版社，1994年。

⑤（西晋）左思:《三都赋·序》，见《文选》卷四。

⑥（清）顾祖禹:《读史方舆纪要·直隶方舆纪要序》。

⑦（宋）司马光:《稽古录》卷十五。

⑧（清）顾炎武:《日知录》卷十二《馆舍》。

⑨（唐）贾岛:《望山》，见《全唐诗》卷五七一。

⑩（唐）白居易:《答元八、宗简同游曲江后明日见赠》，见《全唐诗》卷四二八。

⑪（唐）胡曾:《寒食都门作》，见《全唐诗》卷六四七。

⑫ 如《唐六典》卷七《尚书工部》所载:“京城左河、华，右陇坻，前终南，后九嵕（以上为关中平原范围）。南面三门：中曰明德，左曰启夏，右曰安化。东面三门：中曰春明，北曰通化，南曰廷兴。西面三门：中曰金光，北曰开远，南曰延平（以上为长安城范围）。……南直终南山子午谷，北据渭水，东临浐川，西次澧水（以上为关中平原中部范围）。”

⑬ 据《旧唐书·地理志》长安城在隋时属雍州，大业三年（607年）改雍州为京兆郡，唐武德元年（618年）改京兆郡为雍州，开元元年（713年）改雍州为京兆府。

⑭ 妹尾达彦著，李令福译:“唐都长安城的人口数与城内人口分布”，载中国古都学会编:《中国古都研究（十二）》，山西人民出版社，1998年。

⑮ 据《长安志》载:“自兴善寺（靖善坊）以南四坊，东西尽郭，虽时有居者，烟火不接，耕垦种植，阡陌相连。”《唐两京城坊考》亦载:“自威远军（安善坊）向南三坊，俗称围外地，至闲僻。”

⑯ 指北京城市最中心的东城区与西城区，常住人口密度为2.34万人/km²（北京市统计局、国家统计局北京调查总队主编:《北京统计年鉴2011》，中国统计出版社，2011年）。

⑰（清）徐松《唐两京城坊考》卷四引（唐）张鷟《朝野佥载》:“中书舍人郭正一失一高丽婢，于金城坊中空宅搜得之”，《唐两京城坊考》卷三又载:“昇道坊……张庚举进士，居长安升道里，南街尽是墟墓，绝无人住”，“光禄坊内亦有古冢”。

⑱（唐）施肩吾:《长安早春》，见《全唐诗》卷四九四。

⑲ 见《全唐文》卷五百四十九。

⑳《公羊传·桓公九年》。

㉑ 长安城以朱雀大街为界分东、西两部分，街东归万年县辖，街西归长安县辖，以此为界延伸出去，从城南正中的明德门到终南山石鳖谷一线是两县郊区的分界。据（宋）宋敏求《长安志》卷十一，万年县有45乡；据卷十二，长安县有59乡。

㉒《新唐书》卷三十七《地理志》。

㉓ 据妹尾达彦的研究，长安城中军人、僧尼、道冠、宗室、宫人、宦官、举选应试者、外国人等共有约30万人（妹尾达彦著，李令福译：《唐都长安城的人口数与城内人口分布》，载中国古都学会编：《中国古都研究（十二）》，山西人民出版社，1998年）。据王社教的研究，军人约3万人，宫城皇城共居住约8万人，僧尼、道冠约4万人（王社教："论唐都长安的人口数量"，载史念海主编：《汉唐长安与关中平原》，陕西师范大学出版社1999年）。

㉔（唐）杜佑：《通典》卷一七四《风俗》。

㉕《旧唐书》卷四十八《食货志上》：唐宪宗元和十二年（817年）敕提到当时钱重物轻，要求限制诸色人户之贮钱数，其中曾列述京城若干种人户。

㉖（唐）梁肃：《李公墓志铭》，见《全唐文》卷五二〇。

㉗（唐）道宣：《续高僧传》卷二十一。

㉘（宋）宋敏求：《长安志》卷十《西市》条原注。

㉙《全唐文》卷七三六。

㉚《新唐书》卷五十《兵志》。

㉛（宋）司马光：《资治通鉴》卷二一一《唐纪》。

㉜ 据吴宏岐所提供的材料统计，唐代关中行宫共有21座，其中隋建7座、唐建14所（吴宏岐："隋唐帝王行宫的地域分布"，《中国历史地理论丛》，1994年第2期）。据介永强"关中唐代行宫考"，共有19座，其中隋建8座、唐建11座（介永强："关中唐代行宫考"，《中国历史地理论丛》，2000年第3期）。较之介文，吴文遗漏太平宫，《元和郡县志》卷三载："隋太平宫在鄠县东南三十一里，对太平谷，因命之。"唐初，高祖李渊曾到这里避暑，唐太宗也于贞观十八年（644年）四月到过太平宫（《旧唐书·太宗纪》贞观十八年一节）。多出弘义宫（太安宫、大安宫），《雍录》卷第四"大安宫"条："高祖以秦王功高，立宅以居之，……至贞观三年高祖为太上皇，徙而居之，……在宫城外西偏。"可见不管是从功能上还是位置上来看都不算是行宫。此外，吴文分南、北望春宫，介文以望春宫统论之，鉴于南、北望春宫目前仍无定论，故本文也以之为一宫。吴文有曲江宫而介文无，考"曲江宫"之名并不多见，但论及曲江宫殿者多，故本文将之视为行宫之一。

㉝ 本文中所用的单位"里"均指唐大里，1里=531米。唐尺分大、小尺，《唐会要》卷六六"太府寺"条载："诸积柜黍为度量权衡者，调钟律、测晷景、合汤药及冕服制用之外，官私悉用大者。"《唐六典》卷三所记略同。可知通用的是大尺。平冈武夫、陈梦家、傅振伦、杨宽、万国鼎、曾武秀、胡戟、黄盛璋等学者的研究均认为大尺约为29.5厘米。《夏侯阳算经》卷上论步数不等条引《杂令》："诸度地以五尺为一步，三百六十步为一里"，李翱《平赋书》亦记："三百六十步谓之里"。则一里360步，一里为531米。《长安志》卷七"唐京城"条载：唐长安"周六十七里"，《新唐书》卷三十七志第二十七《地理志》载：其"周二万四千一百二十步"，则

可证一里为360步；再结合考古发现，唐长安城周长实测约35.5公里，则每里约为530米。当然，在相关材料中肯定存在以小里计数的，多为因袭唐以前的古籍，可能会造成本研究中的疏漏，尽量通过当代的考古实测数据去弥补。

㉞ 只有玉华宫与万全宫例外，玉华宫的前身是高祖武德七年（624年）所修造的作为前哨阵所的仁智宫，在贞观二十一年（647年）建为避暑行宫后仅五年（永徽二年，651年）即废弃，万全宫也仅使用了六年（678～683年），与其他行宫的使用寿命相比是非常短暂的。由此可见，行宫的分布必定要以长安或一定的县城为中心，便于人的到达。

㉟《全唐文》卷六五一。

㊱（明）都穆《南濠诗话》言太宗诗："皆雄伟不群，规模宏远，真可谓帝王之作，非儒生骚人之所能及。"（明）王世贞《艺苑卮言》中说："明皇藻艳不过文皇，而骨气胜之。"（宋）计有功《唐诗纪事》言文宗诗："帝好五言，自制品格多同肃、代，而古调清俊。"

㊲（宋）计有功：《唐诗纪事》卷九《李适》。

㊳（清）赵殿成：《王右丞笺注》卷七："魏晋以来，人臣于文字间，有属和于天子，曰应诏；于太子，曰应令；于诸王，曰应教。"

㊴"奉和"意谓作诗词与他人相唱和，"奉和圣制"、"奉和御制"皆指与帝作相和。

㊵ 其余或以政治、咏物为题材，空间位置不明确；或空间位置明显远离长安。

㊶ 详见《旧唐书》与《新唐书》之帝王本纪。

㊷（宋）王溥《唐会要》卷七十《量户口定州县等第例·州县分望道·关内道》载："新升（次）赤县京兆府云阳县，元和二年十月升，以崇陵故也，奉先县，开元十七年十一月十日升，以奉陵寝。"《新唐书》卷三十七《地理志》亦载："奉天，次赤。文明元年，析醴泉、始平、好畤、武功、豳州之永寿置，以奉乾陵。"

㊸《旧唐书》卷二十五《礼仪五》：贞观十三年（639年）正月，唐太宗李世民亲谒李渊献陵，礼毕之后"是日曲赦三原县及从官卫士等，……宿卫陵邑中郎将、卫士斋员及三原令以下，各赐爵一级"。《旧唐书》卷四《高宗本纪》：永徽六年（655年）正月，高宗亲谒昭陵，礼毕之后"曲赦醴泉县民，放今年租赋"。（宋）王溥《唐会要》卷二十《亲谒陵》："开元十七年十一月（玄宗）上朝于桥陵，礼毕后下诏'黄长轩台，汉尊陵邑，名教之地，因心为则。宜进奉先县职望班员，一同赤县。所管万三百户，以供陵寝，即为永例'。"

㊹《隋书》卷二十四《食货志》。

㊺《唐律疏议》卷二六《杂律》："昼漏尽，顺天门击鼓四百槌讫，闭门；后更击六百槌，坊门皆闭，禁人行。"

㊻（五代）王仁裕：《开元天宝遗事》卷下。

㊼ 唐代尚有其他节日，据张泽咸《唐代的节日》（见《文史》第37辑，中华书局，1993年），唐代主要的节日尚有诞节、元日、乞巧、除夕、中秋、社日、端午。诞节的活动主要有：颁示全国，休假一至三天；朝廷举行盛大宴会，赏赐官僚实物；各地进贡，与民众的游乐关系不是非常紧密。元日、乞巧、除夕的主要活动在城内或室内。中秋：据朱红等的研究，中秋在唐代并未十分盛行，主要是文人中的风尚。社日主要是乡村百姓重视的节日；端午：唐代龙舟竞渡的资料主要在江南，在都城长安并不盛行。故此七节在本文中不予讨论。

㊽（唐）王定保：《唐摭言》卷三《讌名》。

㊾（宋）王应麟《玉海》卷三十一《圣文》："唐故事，礼部放榜敕下之日为闻喜宴，于曲江。"

㊿（唐）王定保《唐摭言》卷一《述进士下篇》："曲江大会在关试后，亦谓之关宴，宴后，同年各有所之。"

51（唐）李淖《秦中岁时记》载："进士杏园初宴，谓之探花宴，差少俊二人为探花使，遍游名园。"《旧唐书》卷十八下《本纪第十八下·宣宗》亦载："又敕自今进士放榜后杏园任依旧宴集，有司不得晋制。"可见此习俗唐前期较为盛行，后曾暂时废止过，宣宗时又重新恢复。

52 据（唐）王定保《唐摭言》卷三《慈恩寺题名游赏赋咏杂记》："神龙已来，杏园宴后皆于慈恩寺塔下题名，同年中推一善书者纪之。"

53（宋）陈思《宝刻丛编》卷七《陕西永兴军路一·京兆府上》："唐人登科，燕集曲江，题名雁塔，一代之荣。观当时士风，以不得与为深恨。"

54（明）胡震亨：《唐音癸签》卷二十七《谈丛》。

55《旧唐书》卷一〇六《李林甫传》。

56《旧唐书》卷一四七《式方传》。

57 鱼朝恩庄（通化门外）。

58（宋）张舜民：《画墁录》。

59（宋）宋敏求《长安志》："杜县故城在长安县南十五里。"宋时的长安县南缘即唐皇城之南缘，据此推断，下杜城距唐长安外郭距离 5 里左右。

60 严耕望据（清）毛凤枝《南山谷口考》等，认为长安入谷路经鲍陂、引驾回（今引镇）等地（严耕望："唐子午道考——附库、义、锡三谷道"，载严耕望：《唐史研究丛稿》，新亚研究所，1969 年）。辛德勇认为此为后世路线。

61 此两志的记载当然并不完备，另外还有大量失载的寺观以及不知名的山寺、佛堂等，现已不可统计。

62《魏书》卷一一四《释老》。

63（宋）王溥：《唐会要》卷四八《议释教下》。

64（唐）王定保《唐摭言》卷三《春季曲江》："钿车珠鞍，栉比而至。"

65《旧唐书》卷四十五《舆服》："贵贱所行，同鞍马而已。"

66《吕氏春秋》卷十六《先职览·悔过》。

67《唐六典》卷三《户部尚书》。当然这只是一般情况，在紧急情况下，快马日程可近四百里。《容斋续笔》载："长安洛阳相距八百五十里，急事二日余可达。"（唐）李吉甫《元和郡县志》载："幽州至长安两千五百余里，安禄山叛，七日而反闻。"

68 历代里制各不相同，但差别不大，均在 500m 左右。

69《后汉书》卷一一九《舆服志》。

70（唐）高适《陈留郡上源新驿记》，《全唐文》卷三五七。

71《永乐大典》卷一九四一六《站赤》引《丹墀独对站赤》。

参考文献

[1] Golledge, R. G., Stimson, R. J. 1997. *Spatial Behavior: A Geographic Perspective*. New York: the Guilford Press.

[2] 鲍世行、顾孟潮：《城市学与山水城市》，中国建筑工业出版社，1994 年。

[3] 陈寅恪：《元白诗笺证稿》，上海古典文学出版社，1958 年。
[4] 贺业钜："《周官》王畿规划初探"，载建筑理论及历史研究室编：《建筑历史研究（第一辑）》，中国建筑科学研究院建筑情报研究所，1982 年。
[5] 贺业钜：《考工记营国制度研究》，中国建筑工业出版社，1985 年。
[6] 贺业钜："论长安城市规划"，载贺业钜等：《建筑历史研究》，中国建筑工业出版社，1992 年。
[7] 贺业钜：《中国古代城市规划史》，中国建筑工业出版社，1996 年。
[8] 侯仁之："城市历史地理的研究与城市规划"，《地理学报》，1979 年第 4 期。
[9] 黄光宇："中国生态城市规划与建设进展"，《城市环境与城市生态》，2001 年第 3 期。
[10] 介永强："关中唐代行宫考"，《中国历史地理论丛》，2000 年第 3 期。
[11]（美）乔尔·科特金著，王旭等译，《全球城市史》，社会科学文献出版社，2006 年。
[12] 李伯重："论'江南地区'的界定"，《中国社会经济史研究》，1991 年第 1 期。
[13] 李浩：《唐代园林别业考录》，上海古籍出版社，2005 年。
[14] 李泽厚：《美的历程》，文物出版社，1981 年。
[15] 林立平："中唐后城市生活的'俗世化'趋向"，载中国唐史学会编：《中国唐史学会论文集》，三秦出版社，1991 年。
[16] 马得志："唐代长安城考古纪略"，《考古》，1963 年第 11 期。
[17] 马正林：《中国城市历史地理》，山东教育出版社，1998 年。
[18]（美）牟复礼："元末明初时期南京的变迁"，载（美）施坚雅主编，叶光庭等译：《中华帝国晚期的城市》，中华书局，2000 年。
[19] 秦建明、张在明、杨政："陕西发现以汉长安城为中心的西汉南北向超长建筑基线"，《文物》，1995 年第 3 期。
[20]（美）施坚雅："城市与地方体系层级"，载（美）施坚雅著、王旭等译：《中国封建社会晚期城市研究——施坚雅模式》，吉林教育出版社，1991 年。
[21]（美）施坚雅："十九世纪中国的地区城市化"，载（美）施坚雅主编、叶光庭等译：《中华帝国晚期的城市》，中华书局，2000 年。
[22]（美）施坚雅主编，叶光庭等译：《中华帝国晚期的城市》，中华书局，2000 年。
[23] 史念海："我国古代都城建立的地理因素"，《中国古都研究（第二辑）——中国古都学会第二届年会论文集》，1986 年。
[24] 史念海：《西安历史地图集》，西安地图出版社，1996 年。
[25] 史念海主编：《汉唐长安与关中平原》，陕西师范大学出版社，1999 年。
[26] 谭其骧：《中国历史地图集》，中国地图出版社，1982 年。
[27] 王树声："结合大尺度自然环境的城市设计方法初探——以西安历代城市设计与终南山的关系为例"，《西安科技大学学报》，2009 年第 5 期。
[28] 王兴中："中国内陆中心城市日常城市体系及其范围界定——以西安为例"，《人文地理》，1995 年第 1 期。
[29]（美）沃姆斯利 D. J.、刘易斯 G. J. 著，王兴中等译：《行为地理学导论》，陕西人民出版社，1988 年。

[30] 武伯纶:《西安历史述略》，陕西人民出版社，1979 年。
[31] 吴宏岐:“隋唐帝王行宫的地域分布”，《中国历史地理论丛》，1994 年第 2 期。
[32] 吴良镛:《中国古代城市史纲（英文版）》，西德卡塞尔大学，1985 年。
[33] 吴良镛:“桂林的城市模式与保护对象”，《城市规划》，1988 年第 5 期。
[34] 吴良镛:《广义建筑学》，清华大学出版社，1989 年。
[35] 吴良镛:“‘山水城市’与 21 世纪中国城市发展纵横谈——为山水城市讨论会写”，《建筑学报》，1993 年第 6 期。
[36] 吴良镛:《人居环境科学导论》，中国建筑工业出版社，2001 年。
[37] 吴庆洲:“中国古城选址与建设的历史经验与借鉴（上）”，《城市规划》，2000 年第 9 期。
[38] 武廷海:《六朝建康规画》，清华大学出版社，2011 年。
[39] 辛德勇:“隋唐时期长安附近的陆路交通——汉唐长安交通地理研究之二”，《中国历史地理论丛》，1988 年第 4 期。
[40] 严耕望:“唐人习业山林寺院之风尚”，载严耕望:《唐史研究丛稿》，新亚研究所，1969 年。
[41] 严耕望:《严耕望史学论文集》，上海古籍出版社，2009 年。
[42]（美）罗伯特・K. 殷著，周海涛等译:《案例研究：设计与方法》，重庆大学出版社，2010 年。
[43]（美）普雷斯顿・詹姆斯著，李旭旦译:《地理学思想史》，商务印书馆，1982 年。
[44] 张永禄:《唐都长安》，三秦出版社，2010 年。

Editor's Comments

For the preparation of the Third United Nations Conference on Housing and Sustainable Urban Development (Habitat Ⅲ) which is held every 20 years, UN set up the Habitat Ⅲ Preparatory Committee. Dr. Joan Clos, Executive Director of UN-Habitat, was appointed as the Secretary-General for the Habitat Ⅲ Summit Conference. On Dec. 19, 2014, the UN General Assembly accepted the offer by the Government of Ecuador which was supported by the group of 77 and China, to host the Habitat Ⅲ, and decided that the conference will be held in Quito during the week beginning Oct. 17, 2016. Habitat Ⅲ will assess the achievements to date in the world human settlements movement and release the New Urban Agenda, to meet the new and emerging challenges on sustainable urban development. For readers to learn more about the process of the world human settlements movement and the Habitat Ⅲ preparatory work, we compile the report of the Secretary-General for the first session of the Preparatory Committee of the Third United Nations Conference on Housing and Sustainable Urban Development (Habitat Ⅲ) (New York, Sept. 17 and 18, 2014) as follows on the basis of the data collected from the UN-Habitat website (www. unhabitat. org).

编者按　为筹备每20年举行一次的联合国住房和城市可持续发展会议（“人居三”），联合国组建了“人居三”筹备委员会，人居署执行主任霍安·克洛斯博士被任命为秘书长。2014年12月19日，联合国大会接受了由77国集团支持的厄瓜多尔政府申请，决定从2016年10月17日开始的一周内，在厄瓜多尔首都基多举行“人居三”。“人居三”将评估迄今为止世界人居运动所取得的成就，发布面向未来的“新城市议程”，以应对城市中不断出现的挑战，确保城市的可持续发展。为读者进一步了解世界人居运动进程和“人居三”的准备工作，现根据人居署网站（www. unhabitat. org）的有关资料，将“人居三”筹备委员会第一届会议的秘书长报告（2014年9月17日和18日，纽约）整理编译如下。

可持续城市面临的新挑战

——“人居二”大会以来的进展

毛其智　编译

New and Emerging Challenges on Sustainable Urban Development: Progress since the Second United Nations Conference on Human Settlementst (Habitat Ⅱ)

Translated and edited by MAO Qizhi
(School of Architecture, Tsinghua University, Beijing 100084, China)

Abstract The Third United Nations Conference on Housing and Sustainable Urban Development (Habitat Ⅲ), to be convened in 2016, will seek renewed political commitment for sustainable urban development, assessing accomplishments to date, addressing poverty and identifying and tackling new and emerging urban challenges in a global setting. To that end, the Conference will focus on adjusting, innovating and transcending the Habitat Agenda, while building on relevant international development goals, including the outcomes of major United Nations conferences and summits.

The General Assembly has decided that the Conference should result in an innovative, concise, focused, forward-looking and action-oriented outcome document. The outcome document should place major emphasis on how to implement the goals, principles, commitments and plan of action of a "New Urban Agenda". The Habitat Ⅲ con-

编译者简介
毛其智，清华大学建筑学院。

摘　要　拟于2016年召开的联合国住房与可持续城市发展会议（“人居三”）将寻求对可持续城市发展重新做出政治承诺，评估迄今已经取得的成绩，处理贫穷问题，并确定和应对全球范围内各项新的和初现端倪的城市发展挑战。为此，人居会议将重点关注《人居议程》的调整、创新和超越，同时利用相关国际发展目标，包括联合国各次主要会议和首脑会议的成果。

大会决定，人居会议应产生一份富有创造性、简明扼要、重点突出、具有前瞻性和着眼于行动的成果文件。该成果文件应该主要关注如何实施“新城市议程”的各项目标、原则、承诺和行动计划。“人居三”将成为落实2015年后发展议程，以便实现“我们希望的城市未来”的一项主要工具。“人居三”还将与联合国内部的气候变化进程密切关联。

本报告（根据大会第67/216号决议提交）审查了《人居议程》的执行情况。报告总结了现有和不断出现的各项主要的城市挑战，重点介绍了城市化在缓解或解决这些挑战方面所能发挥的重要作用。报告讨论的问题如下。

（1）城市化带来了增长和发展，包括大幅度减少贫穷；提高国民经济的增长率；人类住区之间的连通能力大幅提高，从而推动生产力的提高和机会的创造；城镇成为新的区域格局的一部分，从而推动经济和人口更快增长；城乡之间的相互依赖性提高，从而有助于减少农村社区的脆弱性，促进更公平的发展前景。

（2）然而，城市化仍无法应对诸多现存的和正在出现的挑战，比如城市无计划扩展、交通堵塞、污染、温室气体排放、新出现的城市贫困问题、隔离、不平等加剧及其

ference will be a key vehicle for operationalizing the post-2015 development agenda, towards the realization of the "Urban Future We Want". Habitat Ⅲ will also be closely linked to the climate change process in the United Nations.

The present report, which is submitted pursuant to General Assembly resolution 67/216, reviews the implementation of the Habitat Agenda. It summarizes major existing and emerging urban challenges, and focuses on the major role that urbanization can play in their alleviation or resolution. Among the issues discussed in the report are the following:

(1) Urbanization has brought growth and development, including a dramatic reduction in poverty; increased national economic growth; major progress in human settlements connectivity, which helps boost productivity and the creation of opportunities; the merging of cities and towns into new regional spatial configurations that are conducive to faster economic and demographic growth; and a higher degree of interdependence between rural and urban areas that has helped reduce the vulnerability of rural communities and enhance the prospects of more equitable development.

(2) However, urbanization has been unable to respond to many existing and emerging challenges such as: urban sprawl, congestion, pollution, emission of greenhouse gases, emerging urban poverty, segregation, increasing inequalities and other negative externalities. All of these are associated with a model of urbanization that is not sustainable.

The present report indicates how a renewed political commitment for sustainable urban development can harness the positive role of urbanization in driving growth and sustainability, and address the challenges and reduce the negative externalities.

他负外部性。所有这些挑战都与不可持续的城市化模式相关。

本报告说明了对可持续城市发展重新做出政治承诺以及如何促进城市化在推动经济增长和可持续性方面发挥积极作用，以应对各种挑战并减少负外部性。

1 前言

2000年在纽约召开的千年峰会的成果是通过了《联合国千年宣言》，该宣言第19段正式批准了“没有贫民窟的城市”的目标。对消除贫困和环境可持续性的关注与《人居议程》的重点形成呼应。2001年，大会以协商一致的方式通过了《新千年城市和其他人类住区宣言》[①]，在该宣言中，各国政府重申他们对于按照《联合国千年宣言》精神全面执行《伊斯坦布尔人类住区宣言》和《人居议程》的意愿与承诺。2001年，为了加强对《人居议程》实施工作所提供的国际支持的协调性，人类住区委员会推动世界环境论坛和国际城市贫困论坛合并成为一个全新的城市论坛，即之后诞生的世界城市论坛，该论坛在人居署理事会不举行会议的年度里每两年举行一次会议，旨在推动各城市及其发展伙伴之间交流经验、发展和积累集体认识[②]。迄今为止，世界城市论坛已经举行了七届会议。

2 不断出现的城市挑战

《人居议程》的执行及其目标的实现不仅受到所采取方式的影响，而且也受到当前存在和近年来新出现的各项挑战的影响。

2.1 城市生境的优势地位

现在，城市人口已经占到世界人口的一半以上。自“人居二”会议以来，城市的人口优势地位体现了全球人口状况的重大变化。2008年发生的人口变化使全球城市人口超过农村人口，这种变化不仅仅是人口动态进程中的一个里程碑。它意味着生活方式的转变，对如何改变人类未来的命运产生深远影响。世界上城市化社区占优势地位给人类活动带来了新的内容。

2.2 推动城市化的新因素

1970～1980年代，农村向城市移民是城市化第二个最为重要的决定因素，占到城市增长的30%～40%。自然增长被认为是最重要的因素，约占60%。一个国家或区域的城市化水平越低，农村向城市移民在城市发展中可能起到的作用就越大。相反，在城市化程度已经比较高的国家和区域，自然人口增长是其持续城市化进程中最重要的因素。在过去二三十年里，农村地区被重新归类为城市地区已经成为推动城市化的第二或第三重要因素。

据联合国称，这两个因素（国内和国际移民以及农村住区转为城市）占到城市增长的40%。其余60%归功于自然增长。近20年前，《人居议程》倡导减少农村向城市移民的政策；如今，多边和双边组织都建议采取鼓励移民的政策，使穷人能够从落后地区向发达地区移民。通过这种办法，政府可以通过提高移民效率的方式，帮助减少农村贫困现象[3]。

2.3 城市的形式

在很多发展中国家，城市扩张往往以非正式、非法和没有规划的住区为特征。在很多时候，城市增长与拥堵、侵占城市基础设施的传统道路以及丧失城市特点有着极为密切的联系。随着包括移民在内的人口持续增长（而且没有适当的应对措施和持续解决方案），这一进程很有可能会继续下去。

缺乏设计完善、交通可达的可建设地块，导致城市地价上涨，这意味着大多数城市人口负担不起适当的建设用地，而缺乏经过充分规划的城市扩张往往导致无法提供充分的可建设用地。另外，可建设用地需要有均衡的公共空间，需要有适当的城市规划和设计，以便能够容纳紧凑型的混合用途，并且要有利于综合性经济和社会城市结构，这种适当的城市规划和设计往往是缺乏的。这种情况可能误导土地用途分区，产生隔离和城市无计划发展。

无论是在发展中国家，还是在发达国家，城市都在向周边和农村地区扩张。1990～2000年，城市土地覆盖面积的平均增长速度是城市人口平均增长速度的3～4倍。在这种扩张过程中，有20%～60%是以碎片化的已建设地区为形式的扩张，有大量空间使用不足或闲置[4]。在发展中区域，城市的平均密度在1990～2000年下降了25%，有证据表明，在接下来的10年里，城市的平均密度还会继续以同样的速度下降。在一些亚洲城市，行政边界以外的已建设地区密度在2000～2010年减少了一半[5]。据近期的一项研究预测，到2050年，世界城市土地覆盖面积将会增加五倍（甚至更多），特别是在面临快速城市增长和经历密度不断下降的发展中国家[6]。

引起城市空间扩张的因素包括偏爱郊区生活方式、土地和住房投机、缺乏对准城区的行政控制、规划机制不完善、通勤技术和服务的完善与扩大以及人口流动性增强。就所使用的土地和所消费的能源而言，城市的无计划扩张会带来大量浪费，增加对交通的需求，提高干线基础设施的成本，并且增加温室气体的排放。它助推了私人汽车拥有量、机动车辆旅行数量、旅行距离、人行道长度和燃料消费的增长。在过去 20 年里，已经促使很多城市生态系统发生变化[7]。

很多城市已经分离了它们的土地用途，特别是居住地、工作地和服务地分离，这必然导致流动性和对汽车的依赖性增加。社会隔离现象也在增长，不同社会经济地位、文化背景或族裔出身的人们孤立地生活在封闭的社区里。

2.4 城市的人口变化：人口老龄化和青年人口激增

尽管《人居议程》建议让老年人参与决策，但当时针对这一年龄群体的主要人口结构变化而建议的措施并不充分。在过去 30 年里，这一部分人口一直在以史无前例的速度增长，从 1950 年占全球人口的 8%上升到 2000 年的 10%；据估计，这一比例将在 2050 年之前达到 21%。据估计，2013 年世界老年人数量为 8.41 亿（占全球人口 12%），预计会在 2050 年达到 20 亿人以上。预测还表明，这一年龄群体将越来越多地集中在发展中区域[8]。

虽然人口高增长仍是最不发达国家面临的一个问题，但在世界上很多其他地方，各国正在面临人口增长放缓，甚至人口出现下降的问题[9]。在欧洲和前苏维埃社会主义共和国联盟各国，有 1/2 的城市在过去 20 年里经历了人口负增长。在澳大利亚、日本和新西兰，这一比例高达 25%，而北美的这一比例为 20%。即使在发展中国家，也有近 10%的城市经历了人口萎缩[10]。

在过去几十年里，发展中区域内有很多国家实现了婴儿死亡率的下降，但生殖率依然很高，继而带来的人口趋势是欠发达区域各国的人口相对年轻，15 岁以下儿童占到总人口的 28%，15～25 岁青年人口占总人口的 18%[11]。很多国家甚至遇到 15～24 岁青年人口比例幅度增加的情况，即所谓的“青年激增”。从世界范围来讲，有 11.9 亿人口处在这一年龄段，而在 2014 年，这一人口群体中有 88%是在发展中国家。

青年人口激增可能是福，也可能是祸。如果各国能够对年龄结构转型的力量善加利用，它可能为刺激社会和经济发展带来潜在机遇；如果治理不善、经济表现不好且不平等现象加剧，青年人口激增也可能会增加国内冲突的风险[12]，正如“阿拉伯之春”所表明的那样，青年人口激增可能会“一点就爆”。

这些人口动态对社会、经济和环境发展产生关键性的影响。它们对消费、生产、就业、收入分配、贫穷和社会保护构成压力，并且损害人们对养老金的信任。它们还会增加为确保人们能够普遍获取保健、教育、住房、卫生设施、水、食物和能源服务而进行的投资，特别是针对弱势人口群体[13]。

2.5 负担不起带来的危机

世界最近经历了自大萧条以来最严重的金融危机。资本投机、高风险的金融计划、劳动力市场放松管理、政府减少支出以及为增加消费需求而发放消费信贷和抵押贷款所引起的巨额家庭债务，导致次级房贷市场随着主要金融机构的破产而崩溃。虽然这次危机首先是一种金融和经济现象，对股票市场的价值产生了灾难性后果，但其冲击并不止于此，世界各地的住房部门以及各种国内资产的资产净值也受到影响。危机还引起了全球贸易和生产领域的严重经济萎缩，尤其对最依赖美国市场的国家造成影响[14]。在另一个层面，这次危机还导致公众对政府机构信任的严重丧失[15]。

2.6 土地和住房商品化

某些地方的政府通过运用土地征用机制、土地用途规划权以及非正式的且有时甚至是非法的安排，在土地商品化过程中发挥了重要作用。这些做法推动了严重的土地集中和土地投机，特别是私营公司的此类行为。世界上很多地方的城市增长由房地产开发商和住房金融公司决定。

土地和住房的稳步商品化促进了城市贫困人口的分散和郊区化。补贴型公共或社会住房减少，取而代之的是面向中高收入阶层的开发项目。在很多地方，这一进程的投机性导致房地产泡沫的产生。2007～2008 年发生的房地产崩溃只是一系列此类房地产泡沫中最近和最严重的一次[16]。2008 年房地产崩溃之后，住房与经济和金融之间的联系或许比以往任何时候都更加显而易见且无可争议。房产已经成为一种投机资产，而非一种生产性资产。

2.7 失业：青年和社会不稳

失业率不断上升仍然是全球面临的一项主要挑战。1996 年，全球有 1.61 亿人口失业[17]。这一数字在 2013 年增加到 2.02 亿[18]。从全球来讲，金融、建筑、汽车制造、普通制造、旅游、服务和房地产行业的失业情况特别严重，所有这些行业都与城市地区有极强的联系。

世界各地的失业率差别很大。在大多数发达国家，失业率在 4.5%～10%，虽然有些国家的失业率在 2013 年高达 18%。在大多数发展中国家，失业率在 5%～30%，而有些国家高达 50%[19]。青年失业率平均是成年人失业率的 3～4 倍[20]；但在有些国家，特别是在中东、北美、南欧、中美洲和加勒比部分地区，可能是 6～7 倍。

近期的全球经济危机暴露了青年人口在劳动力市场中的脆弱性。失业可能对城市产生重大影响。如果青年失业，长期不从事经济活动，换句话说，处于所谓的“无业状态”，往往可能导致道德败坏、消沉、孤僻、失去尊严、吸毒，有时也会导致犯罪和暴力。因此，它可能会带来严重的社会危害，并且可能威胁政治稳定。在北非和中东“阿拉伯之春”过程中，青年失业起到了重要的催化剂作用，在其他国家近期发生的社会示威活动中也是如此。

2.8 城市中的不平等现象日益增加

不平等已经成为一项普遍关切。在获取机会、收入、消费、所在地点、信息和技术方面的差异现已成为一种常态，而非例外。在很多国家和环境中，性别不平等继续存在（中学教育率、获取体面就业的机会、政治代表以及艾滋病的性别特点）。在获得教育机会方面存在歧视、就业水平和生活机会存在差别、缺乏参与决策的机会以及针对性取向的偏见都是青年不平等的具体表现[21]。

贫民窟是城市贫困和不平等最明显的体现。在大多数发展中国家，贫民窟仍在继续增加，并加剧了其他形式的不平等。城市空间存在不平等，因为很多城市被无形边界所分割，而且往往是以社会、文化和经济排斥为形式的物理分割。对于世界上大多数人口而言，如今的收入差距比上一代人的差距更大。据估计，世界城市人口中有2/3以上生活在收入不平等现象自1980年代以来有所加剧的城市里。除了拉丁美洲和加勒比区域的大多数国家以外，收入和财富的不平等自1980年代早期以来一直在加剧，包括在发达区域[22]。

收入不平等与社会、法律、文化和环境领域内其他形式的不平等结合起来[23]，加强了很多群体和个人因性别、年龄、族裔、所在地、残疾和其他因素而面临的机会缺失。不平等带来了劣势集中的城市地理学。

2.9 发达国家的新形式城市贫穷、风险和边缘化

在发达国家，有越来越多的城市居民经历或可能面临贫穷或社会排斥。在欧洲联盟，有24%的人口可归于此类。有1/10的人口生活在严重的物质匮乏状态，有17%的人口依靠不到本国平均工资60%的收入生活[24]。总的来讲，这些数字还在不断增长。在很多其他城市，跨代贫穷和经济不利地位的长期存在与所在地点存在密不可分的联系[25]；它还与族裔或种族不平等以及土著人口的历史边缘化联系在一起。但是，除了这些比较传统的贫穷形式，新形式的社会排斥和边缘化也在不断出现：面向某些群体的基础设施匮乏、移民的贫穷问题、面临风险的青年以及脆弱的老年人等[26]。

2.10 不同类型的危机及相关抗议的扩大

自2008年以来，全世界经历了形形色色的一系列危机，从金融和经济危机到环境、社会和政治危机。失业激增、粮食短缺以及随之而来的价格上涨、金融机构的压力、不安全和政治动荡等尖锐问题已经证明，世界各地的城市都在不同程度上受到国际市场的破坏性影响（包括社会和政治影响），这种破坏性影响相比国际市场为其带来的较有益影响可能有过之而无不及。

近期世界各地城市（包括开罗、马德里、伦敦、纽约、伊斯坦布尔、斯德哥尔摩以及巴西的里约热内卢和圣保罗）抗议和暴乱的参与者不仅要求更多的平等和包容，而且还表达了对市民同胞的声援和对那些严重不成比例地享有大量财富和决策能力的人的反对。在整个历史上，城市一直是抗议者的舞台，近期的社会运动也不例外。密集城市空间内的人口集中使大量不满意的抗议者能够聚集起来并表达其关切，突出了城市作为传声结构对社会变革所起的重要作用。

2.11 工作岗位与人之间的日益失配

商品和服务的商业化与商品化进程在城市尤其突出，这一进程使大规模资本关注土地投资、住房投资、提供公共和私人商品。供应制约、补贴减少、市场不完善以及生活成本高减少了中低收入居民可以做出的选择，促使获取财产、服务和商品的机会变得高度集中。因为价格上涨，穷人和中产阶级发现自己难以获得其希望得到的住房，因此被迫搬到很远的城市周边地区，从而进一步增加了其支出，并且限制了其享有城市所提供福利的可能性。如果没有适当的保障措施来确保穷人的住房（在有些地方，甚至连中产阶级的住房也需要得到保障），如果不采取措施提供面向所有人的公共产品并保护普通人，城市就无法实现社会公正和高效。

2.12 城市化、气候变化和城市的复原力

由于世界已变成由城市占主导地位，关于气候变化的国际辩论已随之变得更加紧迫。虽然城市所占人口比例刚刚超过 50%，但它所消耗的世界能源却占到 60%～80%，产生的二氧化碳排放高达 70%。1950～2008 年，虽然全球人口增长了 167%，但因燃烧化石燃料和生产水泥而产生的全球碳排放增长了 437%。与此同时，全球城市化水平从 29%增长到 50%[27]。

这些不断变化的情况加剧了现有的社会、经济和环境问题，没有规划的城市化活动和基础设施不完善使最贫穷人口在面对自然灾害与气候变化时具有脆弱性，而这种脆弱性又使上述已有问题进一步加剧。海平面上升、热带气旋和风暴、内陆洪灾灾害和旱灾正在造成严重损失，给贫民窟居民和最贫穷人口造成的损失尤其严重，特别是在沿海地区。从全球来讲，过去 20 年里的报告灾害次数和流离失所人口数量一直在增加。1994～2003 年的十年，平均报告灾害次数为 307 次，而在2003～2012 年的十年增加到 373 次。与此同时，受影响国家的年平均数目从 104 个增加到 118 个，而平均遇难人数从 53 678 人增加到 106 597 人，报告经济损失从每年平均 550 亿美元增加到 1 560 亿美元。

要认识到城市也必须是气候变化问题解决方案的一部分，这一点至关重要。但到今天为止，我们在全球和国家层面设想的各项措施还没有与之相配套的城市与地方级别措施。规划和管理完善的城市化、交通方式及建筑设计为在制定可持续城市发展方案时顾及建设复原战略提供了重要机会，从而保护增量发展收益，并减少在各类可能灾害面前的脆弱性。

2.13 不可持续的城市化模式的持续存在

虽然城市化有可能使城市更加繁荣，使国家更加发达和富有，但全世界有很多城市本身在面临与城市化相关的空间、人口和环境挑战时显然没有做好准备。总的来说，城市化所依赖的模式在很多方面不可持续。

（1）在环境方面，使用廉价的化石燃料、严重依赖私人机动车辆、无止境延伸的城市周边地带都消耗了大量土地、资源以及（有时）被保护的自然区，这些活动在很大程度上都是以私人利益而非公共利益为导向[28]。

（2）在社会方面，城市发展形式加上创造财富的不平等以及空间不平等，导致城市被分割，往往是以存在封闭社区和贫民窟区为特征。城市越来越难吸引难民和移民，越来越难共享城市所提供的人文、社会、文化和智力资产，包括其文化遗产和建设环境，这导致基于族裔、种族、收入或其他社会特征的空间分割。

（3）在经济方面，由于失业和就业不足现象普遍存在，不同形式的工作岗位不稳定和低薪岗位以及非正规的创收活动，导致很多人遭受额外的经济限制、获取基本服务和生活福利设施的不平等以及生活质量低下。

很多城市的设计不充分和功能不健全，以及没有为推动综合长期可持续城市管理创造适合当地需要的法律和体制结构，令上述种种城市挑战变得更加严峻。实际上，城市化规划和管理不周产生了低密度、土地用途隔离、基础设施供应与居民集中之间失配以及街道网络不完善等后果，从而降低了使用规模经济和聚集作用的潜力。

3 结语：一项新城市议程“人居三”

通过利用可持续城市化的巨大力量，“人居三”为国际社会实现各项全球战略目标提供了一个难得的机会。尽管数十亿人口持续流入我们的城市和乡镇给我们带来了难以应对的挑战，但这一机会仍然可以利用。由于认识到可持续城市化与国家发展之间的明确联系，可持续城市化已被公认是2015年后发展议程进程的一项关键目标。可持续城市化有助于实现可持续发展，使城市及其他人类住区更加公平和包容，只有这样，它们才能促进持续和包容性经济增长、社会发展和环境保护，从而为所有人带去福祉。

可持续城市化需要有确保公平分配城市增长惠益的政策，它还需要有多样化的政策来规划和管理人口的空间分布及其内部移徙。正如联合国报告《世界城市化展望：2014年版》所指出的，旨在限制农村向城市移民的政策无助于阻止城市增长，并且可能带来经济、社会和环境伤害[29]。出于这一原因，需要制定旨在更均衡分配城市增长的政策。此种国家城市政策可能促进中等规模市场的增长，以期避免过度集中于一两个非常大的城市聚集区，减少往往与庞大和迅速增长的城市聚集区相关的负面环境影响。

这些观点和做法是新城市议程的一部分，而新城市议程是以《联合国宪章》各项原则为指导，充分尊重国际法及其各项原则，重申自由、和平与安全的重要性，尊重所有人权。这样的“新城市议程”将会加强公民身份概念，并确保充分认可文化多样性以及文化对可持续发展的贡献。

国际社会将会聚一堂，重新审议《人居议程》，审查其执行情况以及其相关目标和具体指标的实现情况，以期在2016年就“新城市议程”达成一致。“新城市议程”应该继续《人居议程》和《千年发展目标》未完成的事业，并成为2015年后联合国发展议程至关重要的行动计划。为此，必须提高在国家、都市和地方范围内按照收入、性别、年龄、种族、族裔、移民状况、残疾、地理位置以及其他相关特征分类的数据和信息的可用性与获取途径[39]。

鉴于成功的潜力巨大，我们必须相应地采取雄心勃勃的行动。“新城市议程”的实施将涉及正在持续席卷全球社会的整个城市化进程的方方面面，包括世界各地的所有人类住区。我们不仅能够让贫民窟成为历史，解决长期存在的经济萎缩和社会边缘化问题，而且还能够解决城市贫穷和不平等以及新形式的歧视问题。为了使我们能够采用更可持续的城市化模式，国家以及国家以下级别的善治和法治对于实现这些目标极为重要。要想让城市化真正具有包容性和可持续性，参与性机制、综合人类住区规划和管理做法至关重要。

除此之外，“新城市议程”将利用可持续城市化概念和做法。这可能会持续释放一种我们尚未见过的动力，我们将有赖于此来实现可持续发展议程中的许多雄心勃勃的目标。简而言之，通过制定一项务实的“新城市议程”，我们可以制定一套将会得到广泛应用的参数，并且可以释放出一种让世界各国的可持续发展进程发生积极变化的重要力量。如果成功，它既可以推动全球以及城市化和人类住区领域内的可持续发展，又能使我们抓住确保我们的城市和城镇更具有生产力、更幸福和更有凝聚力的重要机遇。

在城市化进程中采取注重人权的全面做法尤其可能使我们在实现适足住房权、土地保有权和基本服务方面取得重要进展。这将有助于实现发展权和包括获取食物及水在内的适足生活水准权、法治、善治、性别平等、增强妇女权能以及对发展公正和民主社会的整体承诺。

我们在近40年前于1976年在加拿大温哥华举行的第一次人居会议上开始了一项目标远大的进程。从那时起，我们在了解什么起作用和什么不起作用方面学到了很多。我们已经了解无计划城市化和错过机会的代价。“人居三”将为我们共同吸取教训和控制强大且利用不足的可持续城市化动力提供机会，以期在今后20年内推动我们的文化、我们的社会和我们的经济不断发展。

注释

① Resolution S-25/2

② Report of the first session of the World Urban Forum, Nairobi, 29 April-3 May 2002, annex IV, para. 2.

③ World Bank 2013. Global Monitoring Report 2013: Rural-Urban Dynamics and the Millennium Development Goals, Washington, D. C. Available at: http://siteresources.worldbank.org/INTPROSPECTS/Resources/334934-1327948020811/8401693-1355753354515/8980448-1366123749799/GMR_2013_Full_Report.pdf.

④ UN-Habitat 2012. *State of the World's Cities 2012/2013: Prosperity of Cities.*

⑤ Ibid.

⑥ Angel, S. 2011. *Making Room for a Planet of Cities*. Policy Focus Report, Lincoln Institute of Land Policy, Cambridge,

Massachusetts, United States. Available at: http://community-wealth.org/_pdfs/articles-publications/outside-us/report-angel-et-al.pdf.

⑦ UNEP 2007. *Global Environmental Outlook, GEO-4: Environment for Development*. Valetta, 2007. Available at: www.unep.org/geo/geo4/report/GEO-4_Report_Full_en.pdf.

⑧ United Nations, Department of Economic and Social Affairs 2013. *World Population Prospects: The 2012 Revision*, VolumeI: Comprehensive Tables (New York, 2013). Available at: http://esa.un.org/wpp/Documentation/pdf/WPP2012_Volume-I_Comprehensive-Tables.pdf.

⑨ United Nations Population Fund, Department of Economic and Social Affairs, UN-Habitat and International Organization for Migration 2013. *Populations Dynamics in the Post-2015 Development Agenda: Report of the Global Thematic Consultation on Population Dynamics*. Available at: www.iom.int/files/live/sites/iom/files/What-We-Do/docs/Outcome-Report-Pop-dynamic-and-post-2015-dev-agenda-14-March-2013.pdf.

⑩ UN-Habitat 2010. *State of the World's Cities 2008/2009: Harmonious Cities*. London and Sterling, Virginia, United States of America.

⑪ United Nations, Department of Economic and Social Affairs 2013. *World Population Prospects: The 2012 Revision: Key Findings and Advance Tables* (New York, 2013). Available at: http://esa.un.org/wpp/documentation/pdf/WPP2012_%20KEY%20FINDINGS.pdf

⑫ Urdal, H. 2004. *The Devil in the Demographics: The Effect of Youth Bulges on Domestic Armed Conflict, 1950-2000*. Social Development Papers, Conflict Prevention and Reconstruction, Paper No. 14, July 2004. World Bank, Washington, D.C. Available at: www-wds.worldbank.org/servlet/WDSContentServer/WDSP/IB/2004/07/28/000012009_20040728162225/Rendered/PDF/29740.pdf.

⑬ United Nations Population Fund, United Nations Department of Economic and Social Affairs, UN-Habitat and International Organization for Migration 2013, op. cit.

⑭ McKibbin, W. J., A. Stoeckel 2000. The Global Financial Crisis: Causes and Consequences. Working Papers in International Economics, No. 2.09, Lowy Institute for International Policy, Melbourne, Australia. Available at: http://melbourneinstitute.com/downloads/conferences/mcKibbin_stoeckel_session_5.pdf.

⑮ Luttrell, D., T. Atkinson, H. Rosenblum 2013. Assessing the Costs and Consequences of the 2007-09 Financial Crisis and Its Aftermath. Federal Bank Reserve of Dallas (DallasFed), Economic Letter Vol. 8, No. 7, September 2013. Available at: www.dallasfed.org/assets/documents/research/eclett/2013/el1307.pdf.

⑯ Kos, D. 2011. De-commodifying Housing. 18 August 2011. Available at: www.dailykos.com/story/2011/08/18/1008351/-De-commodifying-Housing.

⑰ ILO 2007. Global Employment Situation. Global Employment Trends Brief, January 2007. Available at: www.ilo.org/wcmsp5/groups/public/---ed_emp/---emp_elm/---trends/documents/publication/wcms_114295.pdf.

⑱ ILO 2014. *Global Employment Trends 2014: Risk of a Jobless Recovery?* (Geneva, 2014). Available at: www.ilo.org/wcmsp5/groups/public/---dgreports/---dcomm/---publ/documents/publication/wcms_233953.pdf.

⑲ UN-Habitat 2012. *The State of Arab Cities 2012: Challenges of Urban Transition* (Nairobi, 2012). Available at:

www. citiesalliance. org/sites/citiesalliance. org/files/SOAC-2012. pdf.

⑳ ILO 2014，op. cit.

㉑ UNICEF，UN-Women 2013. *Addressing Inequalities：Synthesis Report of Global Public Consultation*，Global Thematic Consultation on the Post-2015 Development Agenda. See also UN-Habitat 2010，*State of Urban Youth Report*. 该报告广泛涉及城市中的公平和两极分化概念，并就解决缺乏公平竞争场所的问题提出了建议。

㉒ World Bank 2008. *2008 World Development Indicators*. Washington，D. C. Available at：http：//data. worldbank. org/sites/default/files/wdi08. pdf.

OECD 2011. *Divided We Stand：Why Inequality Keeps Rising*. OECD Publishing. Available at：http：//dx. doi. org/10. 1787/9789264119536-en.

㉓ Poor urban planning increases inequality in cities by limiting job opportunities，aggravating gender disparities，intensifying crime，limiting the access to public goods and reducing forms of social capital. UN-Habitat，CAF 2014，*Construcción de ciudades más equitativas：políticas públicas para la inclusión en América Latina*，Nairobi. Available at：http：//publicaciones. caf. com/media/39869/construccion _ de _ ciudades _ mas _ equitativas _ web0804. pdf.

㉔ European Commission 2014. Poverty and Social Exclusion. European Commission Directorate General for Employment，Social Affairs and Inclusion，March 2014. Available at：http：//ec. europa. eu/social/main. jsp? catId=751.

㉕ Sharkey，P. 2013. *Stuck in Place：Urban Neighbourhoods and the End of Progress Toward Racial Equality*. University of Chicago Press，Chicago.

㉖ López，M. E. 2010. Addressing New Forms of Poverty and Exclusion in Europe. In *World and European Sustainable Cities，Insights from EU Research*，European Commission，Brussels.

㉗ Boden，T. A.，G. Marland，R . J. Andres 2010. *Global，Regional，and National Fossil-Fuel CO_2 Emissions*，Carbon Dioxide Information Analysis Centre，Oak Ridge National Laboratory，United States Department of Energy，Oak Ridge，Tennessee. Available at：http：//cdiac. ornl. gov/trends/emis/tre _ glob. html.

㉘ UN-Habitat 2012. *State of the World's Cities 2012/2013*.

㉙ United Nations，Department of Economic and Social Affairs 2014. *World Urbanization Prospects：The* 2014 *Revision：Highlights* (New York，2014)，p. 17.

㉚ United Nations 2014. Outcome Document-Open Working Group on Sustainable Development Goals：Introduction to the Proposal of the Open Working Group for Sustainable Development Goals. Sustainable Development Knowledge Platform，July 2014. Available at：http：//sustainabledevelopment. un. org/focussdgs. html.

Editor's Comments

"Aspectre is haunting the world. The name of the spectre is not Marxism but urban sprawl." Suburbanization and urban sprawl once were the so-called American Dream, but now they become a nightmare for the cities worldwide. In the field of urban studies internationally, urban sprawl and related topics, such as peri-urban area, have drawn more and more attentions from urban planning, urban geography, urban economics, etc. Similar concepts include urban fringe, extended metropolitan region, Desakota and urban rural continuum. Although these concepts have their own emphasis respectively, they have some features in common, such as a relatively low population density, scattered settlements, high dependence on transport for commuting, fragmented communities, and lack of spatial governance, as compared with urban standards. In the study of peri-urban areas, with the support of PLUREL, comes the *Peri-Urban Futures: Scenarios and Models for Land Use Change in Europe*, which mainly contains two parts, namely "Concepts" and "Case Studies" . And the following session is about the first chapter in the part of "Concepts" .

This chapter provides the larger-scale overview of the European pictureas a context. Additionally, the scenarios here will be used as the basis for the analysis in following the "Case Studies" parts. There are five parts in this section: first, global and European context of peri-urbanization; second, discussion about concepts and definitions; third, a five-dimensional framework about the dynamics of peri-urban; fourth, scenario analysis based on modeling results about land use dynamics in Europe; last, implications and conclusions.

Since the reform and opening-up, influenced by global capital, regional central cities, bottom-up urbanization, urban-rural dual management system, and other factors, some regions in China with relatively fast pace of economic development and favorable locations have seen the formation and development of a kind of transitional area with mixed urban and rural land use where the social and economic structure changes rapidly. As a result, the study on "peri-urban areas" has been paid constant attention to, and the following session hopes to bring fresh perspectives and outcomes to the research and planning of peri-urban areas in China.

编者按　“一个幽灵在游荡，这个幽灵不是马克思主义，而是城市蔓延。”曾经是美国梦的城市蔓延，正成为全球的城市噩梦。在国际城市研究领域，与城市蔓延相伴而生的半城市化地区一直得到城市规划、城市地理、城市经济、城市社会等领域的关注，相似的概念有城市边缘区（urban fringe）、都市扩展区（extended metropolitan region）、城乡融合区（Desakota）、城乡连续统一体（urban rural continuum）等，虽各有侧重，“但这些地区仍然存在一些共同的特征，例如人口密度比城市低、聚落分散、高度依赖通勤交通、社区碎片化和空间治理缺失”。面对这种情况，在PLUREL项目的支持下，诞生了《半城市化的未来：情景和模型方法分析欧洲土地利用变迁》一书。本书共有两大部分，分别是“概念篇”和“实证案例篇”，本快线内容就是概念篇的第一章（即全书第二章）。

本文对欧洲的情况进行了广泛的概述，为后续章节的实证案例研究提供了研究背景和情景分析的基础。文章分为五个部分：第一，概述半城市化的全球背景和欧洲趋势；第二，讨论半城市化的相关概念；第三，建立五方面的框架，分析半城市化的动力；第四，通过建模，对欧洲未来半城市化地区的土地利用动态进行情景分析；第五，总结和启示。

改革开放以来，受全球资本、区域中心城市、自下而上城镇化等的推动以及城乡二元管理体制等因素的综合作用，我国一些经济发展速度较快、区位等条件较好的地区，发育和形成了一种城乡土地利用混杂交错、社会经济结构急剧变化、似城非城的过渡性地域类型，“半城市化地区”研究得以被不断关注。希望本快线内容能够为中国的半城市化地区的研究和规划带来新鲜的视野与成果。

半城市化的动力

乔·拉韦茨　克里斯提安·费尔纳　托马斯·西克·尼尔森
赵文宁　编译

The Dynamics of Peri-Urbanization

Joe RAVETZ[1], Christian FERTNER[2], Thomas Sick NIELSEN[3]
(1. Centre for Urban Resilience & Energy, Manchester University, M13 9PL, Manchester, UK; 2. Department of Geosciences and Natural Resource Management, University of Copenhagen, 10DK-1165, Copenhagen, Denmark; 3. Department of Transport, Technical University of Denmark, 2800 Kgs, Lyngby, Denmark)

Translated and edited by ZHAO Wenning
(School of Architecture, Tsinghua University, Beijing 100084, China)

1　简介

半城市化地区（有时也称为“城市边缘区”）可能是21世纪主要的城市形态和空间规划挑战。在老牌工业化或后工业化国家，半城市化地区是社会经济转型、空间重构的地区；而在新兴工业化国家和大部分发展中国家，半城市化地区往往是城市化比较混乱、城市不断蔓延的地区。无论如何，半城市化地区都不仅是城乡之间的边缘地带和过渡地区，而且也是一种新的多功能区域。尽管无法简单定义，但这些地区仍然存在一些共同的特征，例如人口密度比城市低、聚落分散、高度依赖通勤交通、社区碎片化和空间治理缺失。很多全球性的挑战都来自于此，尤其是发展中国家正在涌现的特大城市地区，其半城市化腹地可能出现大量的社会和环境问题。

在全球以及欧洲背景下，本文对半城市化现象进行了大致回顾，探讨其物质、社会经济以及政治方面的转型动态，并建立一个框架，用以理解半城市化转变的不同程度。此外，还简要介绍了PLUREL项目针对欧洲的情景设定和基于建模的情景分析结果。

1.1　全球背景

半城市化地区可能是21世纪全球工作生活状态中最常见的一种类型。世界上某些地区明显具有富裕和高消费的特征，而另一些地区则是城乡问题激烈交锋的前线。在此背后是城市本身性质的转变以及城市或郊区物质空间形态

作者简介
乔·拉韦茨，英国曼彻斯特大学；
克里斯提安·费尔纳，丹麦哥本哈根大学；
托马斯·西克·尼尔森，丹麦技术大学。
赵文宁，清华大学建筑学院。

的扩张，其中蕴含着更广泛的经济、社会、文化方面的转变动力。因此，我们需要超越传统的“城市—乡村”划分，关注一个以“半城市化”为核心特征的新区域，这一区域处于持续的变迁和转型之中。半城市化地区是城市结构向乡村景观过渡的地区，因此，从区域角度来看，它是一个重要的地区，必须在更大范围加以审视，在城市地区或者乡村—城市—地区的广泛背景下对其进行考察。半城市化地区不仅仅存在于城乡过渡地带，而且也存在于整个城市地区，或者下文所称的“乡村—城市—区域”(rural-urban-region，RUR)。

全球城市系统的挑战给欧洲半城市化进程蒙上了一层阴影。世界银行2005年的一项研究发现，发展中国家的城市人口密度是工业化国家的三倍（Angel et al.，2005)，并且目前的趋势是这一密度每年下降1.7%，也就是说，如果这一趋势持续到2030年，这些城市的建成区面积将增至三倍，超过60万 km^2，同时人口翻一番。一项全球范围的远程监测研究发现，城市增长主要有四种类型：较低建成率的低增长城市；快速碎片化发展的高增长城市；低人口密度、广泛分散的蔓延式增长城市（主要在北美地区)；土地转化率和人口密度极高的“疯狂增长”（frantic-growth）城市（主要在发展中国家）(Schneider and Woodcock，2008)。其中每种类型对应着不同的空间模式，或粗放、或集约、或分散、或连续。在此基础上还可以增加第五种类型，负增长，也就是常被提及的收缩城市（Bauer et al.，2013)。一般来说，上述定义的范围包括了本文称为“内部半城市化”（inner peri-urban）或城市边缘的地区，这些地区直接与密集的城市地区相邻，或处于其影响范围之内。在此尺度上，“外部半城市化”(outer peri-urban)，也就是那些受城市边缘区影响、处于转型中的乡村地区，则并不包括在内。

一般而言，城市扩张的过程不仅仅是消极的转变，同时也有积极有益的一面，对平均每人占有3.5m^2 空间的全球大部分人口而言更是如此（Hardoy et al.，2001)。但无论如何，这意味着发达国家和发展中国家的城市都应该为大规模的物质空间扩张拟定现实计划、建立治理能力、投资基础设施、控制敏感和危险的地区，尤其是针对那些正处于扩张前线的、快速转变的半城市化地区。

1.2 欧洲的趋势

欧洲是一个高度城市化的地区，目前有超过75%的人口生活在城市地区，预计到2020年这一比例将达到80%（EEA，2006)。密集的城市网络包含大约1 000个人口超过5万的城市，但在欧盟范围内，只有7%的人生活在人口超过500万的大城市，而在美国这一数字是25%（CEC，2008)。近几十年来，欧洲城市化进程最重要的成果是“功能性城市地区”（functional urban regions）的发展（Nordregio，2005)。这一过程既包括把相对边缘的地区融合进城市系统内部，也包括将相邻城市相联结，形成多中心网络乃至大型都市地区。

然而，欧洲的城市化分布极其不均衡。“蓝香蕉”的比喻（Brunet，1989）阐明了经济和人口发展在西欧部分核心地区的集聚，而在此之外的地区，例如中东欧国家和欧洲边缘国家，在经济上都难以与之相提并论。自从欧洲空间发展战略（ESDP，1999）制定以来，“地域融合”（territorial cohesion）成为平衡这一趋势的核心概念，强调促进整个大陆的协调发展。然而，地域融合的挑战并不局限于宏观尺度，在国家、地区，甚至城市内部，都存在这个问题。

城市周边地区历来都承受很大的发展压力，这与不断增长的人均城市土地消耗密切相关。从1950年代到1990年左右，城市地区面积扩张了78%，而人口总量仅仅增加了33%（EEA，2006）。这一趋势始终持续：2000年，欧盟25国的人口增加了2%，同时城市地区面积增加了超过5%，这主要是家庭规模减小、数量增加的结果（Jansson et al.，2009）。欧洲近几十年来的人口低水平增长，使其城市扩张比全球其他地区更为缓慢。但是，其城市扩张和人口增长的相对比例，与美国和中国等全球其他地区是具有可比性的，这一比例导致了持续的分散化和城市蔓延的趋势。目前，低密度的城市蔓延、不连续和分散的城市发展，已经成为整个欧洲的普遍现象（EEA，2006）。

2 半城市化的本质

2.1 相关概念

"半城市化"是比较宽泛的定义，通常被用来描述城市边缘新的城市化地区，尤其是在发展中国家，被称为"半城市化界面"（Adell，1999；McGregor et al.，2006）。从欧洲视角来看，半城市化地区通常被理解为在城市影响下、同时具有乡村形态的混合区域（Caruso，2001）。欧洲委员会（CEMAT，2007）将半城市化地区定义为正在从严格的农村向完全意义的城市转型的区域，通常与城市发展的巨大压力有关（Bertrand，2007）。半城市化地区远非一种短暂景象，恰恰相反，它可以成为一种新型永久景观。这一进程不仅是单纯在形态上向城市特征的转化，并且以城市活动在乡村地区消耗的资源为特征，例如城市人的业余农场或第二套住房（Briquel and Collicard，2005；Caruso，2001）。虽然这些居民并不在严格意义上的城市地区活动，但由于他们的生活方式和社交活动都集中在城市，因而也可以被认为是城市人口。这些发生在城市核心地区之外的城市化转型，被概括为半城市化。

半城市化既不是城市，也不是乡村，而是一种介于二者之间的形态。在欧洲，随着19世纪民族国家的形成、工业化和经济自由化，历史上的城乡二元划分方法开始变得模糊（Bengs and Schmidt-Thomé，2006）。随着早期郊区铁路等大运量郊区通勤系统的引进，以及越来越多的人可以负担得起小汽车，城市周边的乡村地区成为城市居民潜在的居住区、休闲区，有时甚至是工作区。这种发展带来了城市的扩张——不仅是低密度住宅的空间蔓延，同时也在城市周边建立起一个受城市功能联系和影响的地区，也称为城市场域（urban field）（Friedmann and Miller，1965）。在城市场域中，多种场所得到发展，其特征混合了城市和农村的特点。

城乡边界的模糊激发了城乡连续统一体（urban-rural continuum）的研究，布莱恩特等（Bryant et al.，1982）通过一个模型来对其进行阐释：城乡区域从城市中心开始，向外依次是城市内外边缘、城市外围地区、乡村腹地。然而，由于现实中城市及周边地区的复杂模式，以及不同的地理、历史和政体因素带来的不同空间结构，使得这个模型很难完全符合每个城市的特征。这表明，城乡连续统一体实际上包含了城乡空间中城市化的不同方面（或者不同体量），可能带来多种复杂的空间模式

(Robinson，1990)。近期研究中出现“城乡结合部”（urban-rural interface）这一表述，就是强调该地区的混合特征而不是简单的梯度特征。

有一些不同的概念来解释形成这种复杂特征的原因。一个比较流行的概念是“远郊城市化”（ex-urbanisation)，起源于由斯佩克特斯奇（Spectorsky，1955）提出的远郊区，他描述了纽约周围富裕生活圈的发展：城市里的专业人士在此居住，却到城中心去工作。纳尔逊和桑切斯（Nelson and Sanchez，1999）指出远郊城市化与郊区化没有区别，但远郊城市化是“美国城市持续郊区化的最后化身”。远郊城市化在不同的地方有不同的表现，例如在西班牙南部，那里为北欧的退休人员专门建造了住宅（Zasada et al.，2010)。

另一个被广泛应用于描述城乡动态的概念是“逆城市化”。它呈现了一个与城市化相反的趋势，越来越多的人从城市移居到乡村；1960～1970 年代这一现象出现在美国和西欧（Robinson，1990)。服务行业和工业搬迁到乡村地区，除此之外，业余农场、第二套住房和退休人员的迁移在这个过程中扮演了重要的角色。钱皮恩等（Champion et al.，1989）强调这不是一个单向的运动，而是由于复杂流动模式带来的去集聚化趋势。

半城市化还包括了其他的转变，并不一定依赖于人的迁移。其中包括新旧乡村居民由于通勤、娱乐或其他活动变化所带来的流动，这种流动来自于乡村在城市系统中的进一步融合。此外，与人类系统的相互作用和联系，决定了半城市化地区的土地利用关系。由此，PLUREL 项目的主要挑战之一，就是如何建立一种研究方法来理解多元化动力和复杂特征之间的互动关系。

2.2 作为研究基础的半城市化定义

PLUREL 项目采用“乡村—城市—区域”（RUR）作为主要分析单位，它包括一系列地域类型，如图 1 所示（Bryant et al.，1982；Champion，1999；Loibl and Toetzer，2003；Gallent et al.，2006；Leontidou and Couch，2007)。以下定义了其中六种基本空间类型。

（1）城市中心：包括城市中心商业区，具有其他市民活动和文化功能的场所以及公共空间。

（2）内城地区：一般指高密度已开发区域（建成区），包括住宅用地、商业用地和工业用地，以及一些公共开放空间和绿地。

（3）郊区：一般指低密度的连续建成区域，与内城相连，房屋间距一般不超过 200m，有本地商业服务、公园和花园。

（4）城市边缘区：在建成区边缘的地区，由低密度居住区、交通枢纽附近的城市中心区，以及城市森林、农场、高尔夫球场和自然保护区等大规模绿色开敞空间组成。

（5）城市外围地区：该区域环绕着主要建成区，人口密度较低，但是仍然属于功能性城市地区，包括小规模居住区、工业区和其他一些包含农业功能的城市用地。

（6）乡村腹地：半城市化地区周围的乡村地区，但仍然包含在乡村—城市—区域之内，处于实际通勤交通可达范围之内，因此该地区的乡村特征会受到具有城市收入和生活方式的居民的影响。

因此，半城市化地区同时包含上述分类中的城市边缘区和城市外围地区，在 PLUREL 项目中被定义为“非连续的建成区域，其中每个聚居点的人口规模低于 2 万，且平均人口密度不低于 40 人/ km^2（以 1km 间隔的网格单元计算均值）”。

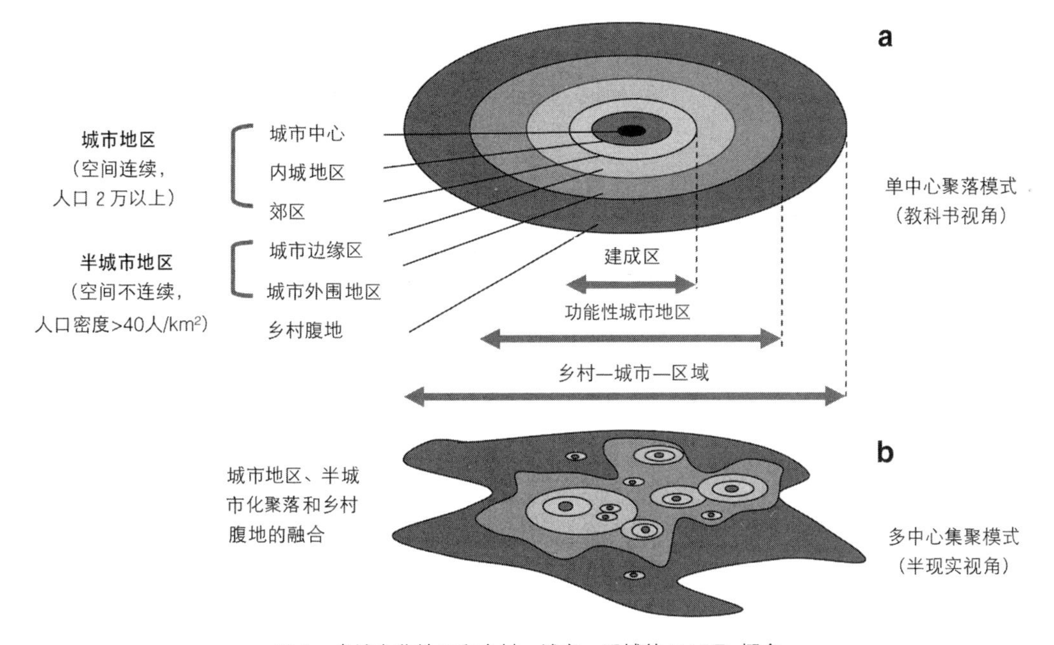

图 1　半城市化地区和乡村—城市—区域的 PLUREL 概念

图 1 呈现了这个方案的两种解释。其中图 1a 是从教科书角度出发、简单的单中心聚落模式；图 1b 更为现实一些，呈现了不同规模、不同模式聚落的多中心集聚，周边乡村腹地具有复杂的边界。在多中心的视角下，半城市区域不仅仅是围绕着城市，而是本身就成为一种地域类型，并且这个区域内的实际情况往往比较复杂，处于快速变化中。功能性城市地区互相重叠、融合，形成了城市集聚区，现存聚落的形式和功能发生改变，很多地区存在着基础设施、住宅、工业和开敞空间的结合，同时又处于转型过程中——这类地区对任何一种定义来讲都是一个挑战。

2.3　半城市化地区与城市连绵区

乡村—城市—区域是人类聚落增长和变革的广阔背景。这一过程由独立城市向其乡村腹地的扩张开始，将村庄吸收到城市肌理之中。某些情况下，如果这些城市彼此之间距离比较近，那么就会发生区域性的集聚过程。如果集聚过程的规模放大，那么结果可能就形成了“扩张的大都市区”（extended metropolitan region）或人口超过 1 亿以上的“城市连绵区”（megalopolis），其中包含着很多不同类型的半城市化地区、乡村地区，或整体的乡村—城市—区域。

芒福德（Mumford，1938）将城市连绵区（megalopolis，也称为大城市“megacity”、都市带“megapolis”或特大城市地区“mega-city-region”）定义为相邻都市区的集聚。戈特曼（Gottmann，1961）用这一名称来描述美国东北海岸地区的持续城市化。类似的想法后来被用于“人类聚居学”（Ekistics），同时提出了一系列的规模等级：400 万人口的“大城市”（metropolis），2 500 万人口的“小型城市连绵区”（small megalopolis），以及 1.5 亿人口的“城市连绵区”（megalopolis）（Doxiades，1968）。有趣的是，全世界最大规模的案例地区（珠三角地区、长三角地区和恒河平原）刚好分别处于上述范围之中（Lacqiuan，2005）。

上述案例地区中半城市化地区和乡村腹地的作用可能与欧盟的典型情况有所不同。亚洲的城市连绵区，主要聚焦于从农业向全球化经济发展模式的快速转型（Jones and Douglass，2008；Ginsburg and Koppel，2004）。而在北美，焦点则是作为一种新型中央商务区的“边缘城市”（edge city），以及充满了企业机遇的乡村地区（Garreau，1991；Daniels，1998）。这种情况下，半城市化地区和乡村腹地并不是静态的存在，而是城市地区之间相互作用的地区。

3 半城市化的动力

为了探究半城市化变革的动力和进程，我们必须从多个方面进行考察，既要关注物质空间规模，同时也要理解系统的复杂性。这不仅仅是个学术问题，对政策制定者来讲也是一个实际问题，他们需要理解半城市化现象，进而对此开展工作。PLUREL 项目通过大量的文献综述，建立了一个五方面的框架，识别不同方面的主要进程，用以解释半城市化是如何发生的。

第一，在某些地方，城市扩张是人口数量、经济和空间需求增长的直接结果；第二，随着城市的进一步扩张，发生区域集聚，经济规模也随之改变，形成一种新型半城市化地区；第三，某些地区的发展现象背后，是多种深层次政治和文化因素的影响塑造了半城市化地区；第四，在整个城市系统经历快速转型的地区，半城市化伴随着彻底的转变和重构；第五，考虑到针对这些转型现象的政策反馈往往是混杂的，因此其政策反馈本身也是一种“动力”。在实践中，现实情况很少是清晰而单一的，往往是各个方面的动力彼此重合、相互联系。

下面分别陈述这五个方面的主要特征。

3.1 城市扩张的直接因素

简单来讲，半城市化转型是城市扩张的直接结果，是半城市化地区向外部郊区的延伸。人口和经济增长带来对居住和商业用地的需求，居住选址一方面由工作和服务地点的交通可达性决定，另一方面则由环境吸引力和土地价值决定。城市扩张通常存在物质和政策制约，这两者相互作用，进而提出了进一步的问题，例如，是什么驱动着土地和建筑物的需求增长，并为其开发提供支持（图 2）？

下面列出了其中一些驱动因素。

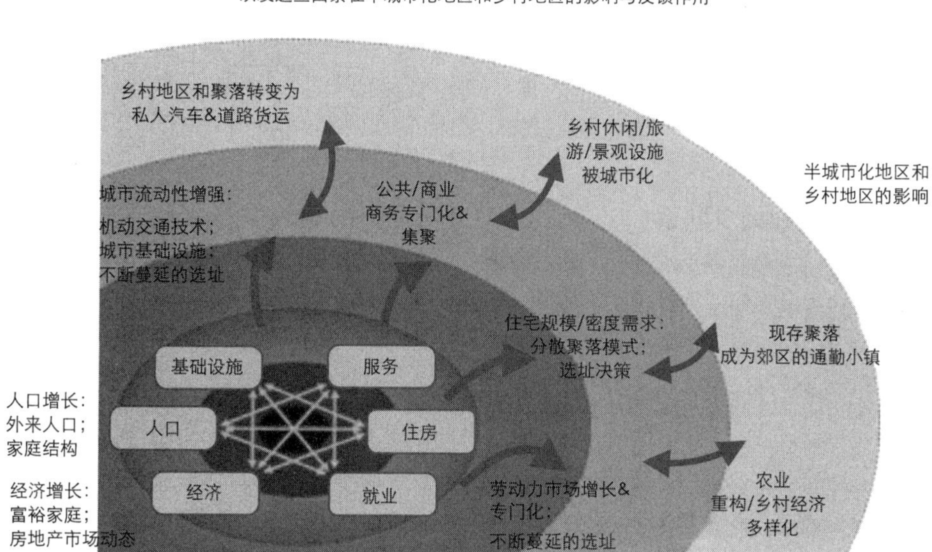

图 2　半城市化的动力：(a) 城市扩张

人口统计学和社会学方面的动力由出生率、死亡率以及外来移民带来的人口变化所驱动。尽管出生率和死亡率变化相对缓慢，但在几代过后，仍然会呈现出很不同的人口变化。国际性和跨区域的移民就更加不稳定，并且受到政治因素和全球经济变化的影响（Bell et al.，2010）。人口老龄化带来了平均家庭规模的持续减小，这同样也会影响居住需求。城市—郊区之间的人口流动还受到空间政策、城市或郊区在工作生活质量上的相对吸引力，以及交通和通信技术的影响（Loibl and Bell，2011）。

经济和就业增长推动着城市化。储蓄与基建投资支撑着建筑群的扩张和土地用途的转变，其中既有生产带来的供应端推力，也有消费带来的需求端拉力。经济结构和就业模式同样也影响了半城市化的趋势，例如服务部门中的居家工作变得更为流行。商业技术不仅影响着就业分布，还对供应物流、生产分布、服务和消费都产生影响（Korcelli et al.，2011）。

自然地理特征等环境方面的因素，例如河流、海岸、湿地或者山脉，也塑造了城市发展的形态，除此之外，还有很多更为复杂的动态因素。当地城市的气候因素，例如城市热岛效应，可能会使城市环境在夏季不太舒适，而更大范围的气候变化则会对海平面或者洪水产生影响。因此，一些城市环境可能会变得危险，导致人口向外流动。此外，大范围的城市硬质表面增长会影响当地的水文系统，迫使城市要实现更好的水资源和洪水管理；进而促使半城市化地区要在沿河地区保持开敞的洪泛区；此外，这对半城市化地区用于物质生产和其他形式能源再生的土地也可能产生压力（Zasada and Berges，2011）。

城市构筑物和基础设施是城市物质系统的自身组成部分。人均生活和工作面积以及对应的土地利用强度是主要的决定因素。此外，住房投资模式、住房形式、社区服务、居住密度和居住形态，这些因素都和半城市化发展模式息息相关。由于基础设施能够促进或抑制城市/郊区移民、逆城市化或再城市化，因此交通和通信也是关键的因素。交通设施不仅直接带动城市扩张，还会促使城市从基于公共交通的放射状布局，向基于小汽车和高速路的网络化布局转变（Ristimaki，2011）。

3.2 区域集聚和城乡联系

上述城市扩张不是一个简单的单向进程，同时也会给周边半城市化地区和郊区带来改变。在重塑空间关系方面，不仅产生本地尺度上的影响，更会带来跨城市和区域尺度上的反馈作用。随着时间的流逝，这些反馈循环会给半城市化地区带来重大的改变。

这些反馈作用带来了变化的动力，进而带来跨城市的“区域集聚”效应。郊区环绕的独立城市，被更大区域内彼此相连的多中心城市系统所取代（Hall and Pain，2006）。随着城市和半城市化影响区的扩张，在经济金融、劳动力市场、消费市场和居住地选择上都会产生集聚效应。郊区的经济结构调整过程、土地市场变革和农业现代化，使得这种集聚更加迅速。为了获得更大的消费群体和劳动力市场，新的商务园区、购物商场和空港区有着明确的刺激诱因去选址；为了更便捷地服务更多的人，其选址不仅在大城市内部，还可能在大城市之间。

结果就是，之前作为隔离的半城市化地区，现在可能成为城市之间的联结空间，形成连续的、功能性的低密度区域，满足大多数郊区居民和城市通勤者的生活、工作和购物需求（Soja，2000）。

在现实生活中，这种城际或者区域尺度的集聚带来的并不是一种同质化的空间，而更像是由许多土地利用类型共同塑造的多样化地区（图3）。

（1）城市到半城市化地区：在居住空间、商业空间和基础设施方面，城市对郊区和半城市化地区提出要求并产生压力。反过来，半城市化地区也需要城市的市场、服务和创新机遇。

（2）半城市化地区到乡村：对乡村的联系在于人们对于自然的向往，以及食物、水、矿物或者旅游等功能经济方面的需求。此外，还有一些需求更加接近社会文化方面，例如审美体验、休闲娱乐和文化认同。反过来，乡村地区也需要半城市化地区提供就业联系、投资以及服务渠道。

（3）半城市化地区聚落之间：居住区内部以及半城市化地区范围内的经济与社会发展潜力。

协调管理上述这些联系是“乡村—城市—区域地域融合协调发展”的核心政策议题（Ravetz，2011a）。这是一个广义的可持续发展议程，旨在定义不同地区之间经济、社会或环境方面的功能和服务联系，以货币或其他形式来定义它们的价值；进而建立一套基于空间的政策，获得服务与价值之间的最佳平衡。这意味着，可以通过建立这样的关系，来改善混乱的城市扩张和无规划的集聚现象，从而提高乡村—城市—区域的“地域融合”（CEC，2008）。

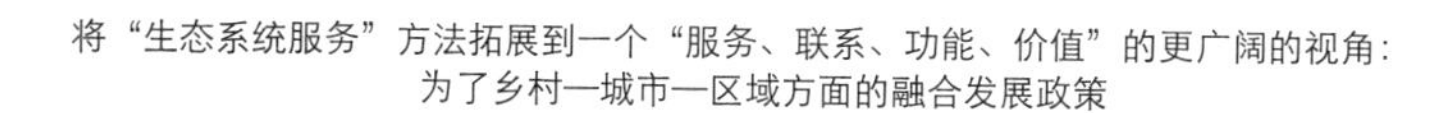

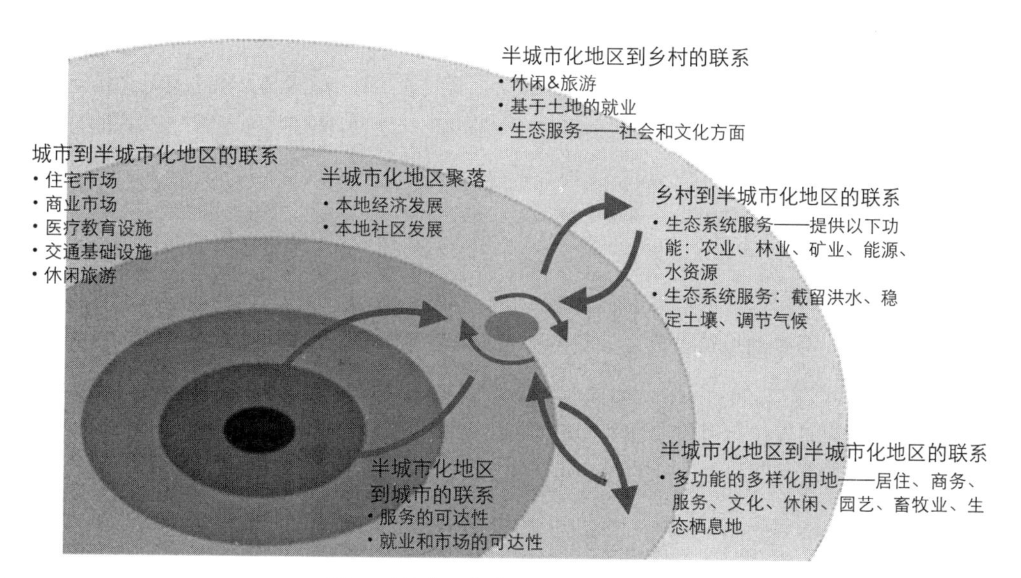

图3 半城市化的动力：(b) 集聚和联系

资料来源：拉韦茨（Ravetz，2011a）。

3.3 全球—地方联结及其动力

在扩张/集聚的物质空间进程背后，是强大的社会、经济和政治力量在发挥作用。一方面，全球化对商业和金融结构施加经济影响，对城市等级体系施加政治影响，对媒体和信息通信技术（ICT）施加文化影响。另一方面，同样也存在相反趋势的地方化，以新方式再造群体和地方的文化认同。包括私有化、特许经营和成本测算在内的自由化进程，对城市管理和公共服务产生了深远的影响。同时，消费文化也通过休闲、旅游等选址决策，影响了对半城市化地区的定位和认知。上述分析都来自于非常具体的问题：半城市化地区的景观究竟是为谁服务，又应该由谁来决定？在投资和改造中，谁应获取利益，谁应承担开支？这是谁的土地，为什么（Shoard，1983）？

半城市化地区有着广阔的可能用途：旅游、豪宅、商业网点、农业、自然保护、洪泛区、能源生产与分配。经济、生态、历史和居住因素互相博弈，更富裕的半城市化地区居民为了维持自身的生活质量，往往试图限制那些可能对环境产生负面影响的新开发活动。

结构主义视角能够超越物质层面的土地利用，看到其背后的权力、财富和意识形态动力。城市扩张可以看成资本主义制度“双重循环”的途径之一：对土地与建筑物的投资，是对生产和消费投资的替代品（Harvey，1985、1987）。换言之，半城市化地区首先是一个金融商品，它对于全球资本积累驱动的意识形态系统、基础设施系统以及建筑业和房地产投机都十分必要（Maciocco，2008）。我们还可以把半城市化地区看成一个具有依赖性的殖民化地区：发电场和废物填埋场旁边就是工人的低收入住宅和服务区，或是“远郊社区”中的公共住宅（Davis，2005）。另一种有关半城市化地区的论述把它当作一种前沿的资本主义：由商业园区或者科技园区投资者们打造，呈现出拥有绿地、快速路通往机场的面貌。最受欢迎的部分被建构为一个新兴企业的文化认同和投资地区，吸引着全球的投资者和企业家以及当地的理想者和自由思考者（Scott，2000）。同时也存在各种非正式或非法活动的可能性，例如农民们在报废车辆中交易，未经许可的垃圾无序倾倒，或者森林里的另类自由节庆活动（Farley and Roberts，2011）。

“城市群岛”（urban archipelago）概念从另一个角度理解半城市化地区：一系列割裂富人与穷人的孤岛不断增长，形成所谓的城市“分裂”（splintering）当中的一个阶段（Borsdorf and Salet，2007；Graham and Marvin，2001）。相比之下，“空间生态学”视角看到的则是一个有着多类型联系的半城市化地区（Ravetz，2011b），各种不同的土地利用关系由结构性驱动力所塑造，并叠加在“真实场所”（real places）的多样化地貌之上（Clay，1994）（图4）。

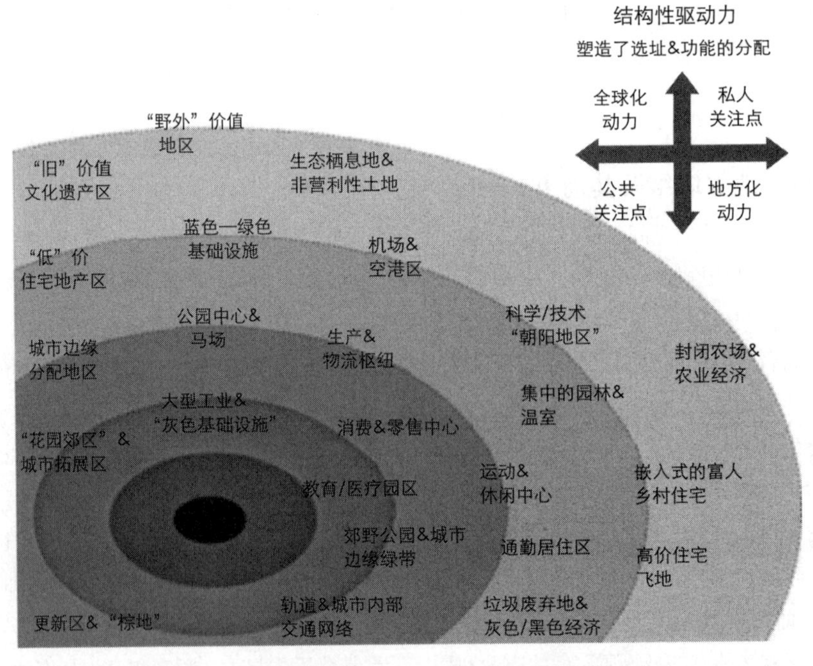

图4 半城市化的动力：(c) 全球—地方联结及其动力

资料来源：根据克莱（Clay，1994）观点调整。

图4里的一条主线是全球化与地方化的博弈。城市在地缘政治层级制度中成为中心，形成一个“全球城市系统”（Knox and Taylor，1995）。当通勤者们寻求“花园尽头的田野”、市民们参与本地新兴企业的时候，同样也会产生来自地方的反馈作用，例如本地人“邻避”（NIMBY）式的回应，导致土地用途的多元化。图示里的另一条主线则关注公众与私有部门在政治经济领域的博弈，以及公众政策和市场过程之间的张力。在管理碎片化、跨边界协调十分困难的半城市化地区，各种用地类型争夺着空间、路径和投资。

3.4 复杂系统、转型和韧性

上述每个因素——城市扩张、区域集聚和结构性影响——都可能会产生协同作用，并在彼此之间形成很多反馈循环，放大变革的过程。其结果并不一定是平滑过渡和可预测的，也可能是快速的转型、突然的变化，或者有时甚至是灾难性的失败。转型是全系统的变革，可能涉及生态系统、社会结构、政治系统、空间模式、技术和基础设施系统（Geels，2005）。类似的转型往往同时发生在城市的社会认知和发展定位等各个方面——这是很多放弃工业、经济或政治方面传统功能的城市普遍面临的问题。地区从作为支持性角色的通勤郊区，发展为功能全面的低密度城市系统——一个“后都市”（post-metropolis）（Soja，2000）或“城市场景”（metro-scape）（Kraffczyk，2004；Giannini，1994），这不仅仅是物质空间和功能上的转型，同时也是整体角色和定位方面的转型。

（1）乡村地区转型：从主要农业生产转向更加多元化的多功能景观和聚落模式；

（2）半城市化地区转型：在全球生产和消费系统中进行重构；

（3）城市地区转型：重构为具有不同模式绿色/灰色基础设施的网络化经济。

从私人场所到整个城市系统，以上每一种转型都可能在微观、中观或宏观层面上起作用（De Roo and Silva，2010），并从系统影响的角度产生一些反馈。有时候可能会出现消极反应和抵抗作用；有时候则是通过积极反应建立应对冲击的韧性，或者是为新环境下的新定位激发出新的创意。

复杂系统和转型理论吸收了关于“复杂适应系统”的生态学思想。这一思想展现了多重关联系统在不同尺度上的、进化的、“非线性的”和自组织的行为（Waltner-Toews et al.，2009）。线性系统中输入条件会有直接结果，但运行一个复杂适应系统则是与运行线性系统完全不同的任务。关于其复杂性和演变的类似观点，在由无数层级的复杂性自组织所组成的“分形城市”中也有所阐释（Allen et al.，1986；Batty and Longley，1994）。这些复杂城市的基础是个人、家庭、企业和其他单元的自组织模式——不仅仅是经济上的，同时也是社会、文化和政治上的（Portugali，2000）。总的来讲，一个人类的复杂适应系统（与生物系统相比）的目的在于为集体性知识和社会性学习创造空间，关注共享智能，从而使得战略思考和创新思维成为可能（Ravetz，2011b）。

3.5 空间治理和政策回应

这个框架的最后一部分关注政策回应、空间规划和治理体系。这既是出于解决问题的目的，同时也可能成为待解决的问题的一部分。在政策回应的背后，往往是将“问题”转化为“机遇”的尝试。建立韧性、适应能力、共享智能等对转型的系统性回应，进而成为政策目标，也再次成为需要处理的系统的一部分。例如英国的绿带政策，它被看作是通过城市政策，成功地实现了控制城市蔓延的目标；但同时也改变了土地和房地产市场，因而带来了其他的问题。

考虑到空间治理的整体范围和效果，直接影响城市动态的主要因素如下。

（1）土地利用强度的高/低，例如单位住宅或商务设施的土地需求量。这一因素可能需要进一步的经济强度（价格或生产力）或社会强度（福利设施）方面的分析。土地利用强度一般被假定为随经济 GDP 同步增长。在情景建模中（下一节），土地利用强度被假定为与经济增长和资本投资相关。

（2）空间治理的强/弱。这可能在“出于公共利益的积极空间协调和治理”与“为了短期企业和私人利益的专门性局部治理”二者之间变化。

表 1 通过相关分析呈现了不同治理模式下，人口增长和土地利用增长对城市发展的影响。其中，第二类的“局部空间治理”（partial governance）类型被用来描述那些起补充作用、对部分社会群体作用更强/更弱的局部治理措施。

表 1　增长、扩张和治理影响的结合

	强空间治理	局部空间治理	弱空间治理
城市增长 + 扩张（人口增长 + 人均空间扩张）	高增长、多中心的“社会城市区域”模型（低密度）	经过规划的带有飞地的集聚模式	高增长城市的蔓延（低密度）
城市增长（人口增长）	多中心的“社会城市区域模型”（高密度）	经过规划的高密度飞地	城市蔓延（高密度）
城市扩张（人均空间扩张）	多中心的“社会城市区域模型”（低密度）	经过规划的低密度飞地	城市蔓延（低密度）
城市稳定	紧凑城市和城市封闭	在空间范围内城市重构	暂时的低增长或停滞
城市收缩	规划转型，关注绿色基础设施	经过选择的地区/飞地增长，周围其他地区衰退	废弃地和闲置建筑物的混乱衰退

这方面同时还涉及政策回应的首要目标，通常被假定为可持续发展。从原则上来讲，可持续发展包括经济、社会和环境方面的目标，需要地方和全球、短期和长期共同结合来实现。在这种情况下，必须从半城市化地区复杂混乱的现实出发：一种方法是考察欧洲的“地域融合”政策以及地方性/区域性/国家性城乡规划的含义（Duhr et al.，2009）；另一种方法是探究那些彼此博弈的城/乡、发展/保护议题之间的“可持续性张力”（Ravetz，2000；CURE，2003）。

4 情景分析：欧洲的土地利用动态

上述讨论表明，半城市化和土地利用转变的动力是复杂且多层面的，对其进行准确描述超出了任何技术分析的范畴。解决这个问题的一个办法，是用情景分析的方法探究其可能的进程。

首先要说明的一点是，情景并不是“展望”或“预测”，而是通过提出一组“如果—那么”的问题，对不同假设条件下的预测结果进行比较。情景假设条件设定了初始参数和决策规则，将其输入模型后，得到不同情境的建模结果，并进行情景分析。

情景分析并不是新的工具——它们一直被用来测试如何处理各种突发的意外紧急情况。军事演习、地震演习、经济模型和对外政策分析都会利用某种形式的情景分析——准备一个“如果—那么”的情况，用来测试万一冲击发生的话，接下来会发生什么。情景分析有助于帮助政府对那些专家认为是可能性最低，但同时也是最具毁灭性的意外情况做出准备，因此，PLUREL 项目中使用了一些“冲击性的情景”（shock scenarios）（见下文）。

4.1 情景假设与建模

PLUREL 项目为半城市化研究建立了一个情景假设框架。考虑到该项目是在“气候变化和生态系统”计划下得到资助的，联合国政府间气候变化专门委员会（IPCC，2000）关于排放情景的特别报告（SRES）是它的一个原始资料来源。我们调整 IPCC 在全球语境下的情景，以适应欧盟空间，并关注半城市化地区问题；然后建立一系列的“冲击”；再将各种情景转化为经济、人口和土地利用方面的建模参数；最终，获得欧盟范围的建模结果，其中包括明确的空间地图。

情景假设框架如图 5 所示，两个方向的概念轴线相交，形成了四种主要的情景类型，下面进一步阐释每种情景的具体情况。

（1）A1-“高技术”（hyper-tech）情景（全球化和私人化的动力）

这种情景描绘了这样的一个未来世界：经济高速发展，人口在 21 世纪中期达到峰值，高技术得到快速传播。在研究和发展方面有大量的投资，各个国家在全球研究市场中共享知识和资源。能源再生技术和核裂变方面的新发展促进了能源供应，能源价格因而下降。这种情况下的“冲击”主要在于对高度发展的信息通信技术的担忧，因为这可能将居住和工作转变为前所未见的形式。

对于欧洲的半城市化地区，这一情景将导致更小的“多中心”城镇更为流行。新的交通技术将带来更快速的出行以及城镇周围通勤距离的扩张。新形式的信息通信技术将使得喜欢乡村生活的人可以在家或在邻里中心完成工作，这将带来乡村地区广泛的半城市化和“都市化”。

（2）A2-“极限水”（extreme water）情景（地方性和私人化的动力）

这种情景想象了一个有赖于保留居民和地方特色而更为多元化的世界。经济发展主要是区域导向的，与其他情景相比，这种情景下的人均经济增长与技术变革会更加碎片化和缓慢，其“冲击”主要是“极限水”，即海平面的快速上涨以及一些地区洪涝而另一些地区干旱的情况。

半城市化地区将受到强烈的影响；类似伦敦或者荷兰兰斯塔德等富裕而脆弱的城市地区将花费大量资金用于抵御洪水和应对策略。气候变化带来的外来移民将导致人口进一步增长，给城市基础设施服务带来更大的压力。

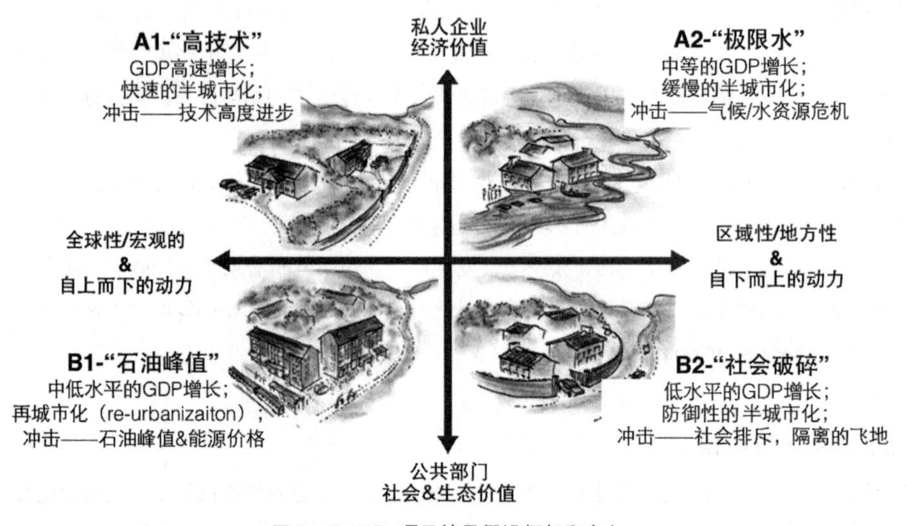

图5　PLUREL项目情景假设框架和意向

（3）B1-“石油峰值”（peak oil）情景（全球化和群体性的动力）

伴随着全球性的可持续发展尝试，这种情景直接正视一种具有环境和社会意识的未来。随着在资源效率、社会平等和环境保护方面的大量投资，经济发展将更加均衡。这种情景下的“冲击”主要伴随着“石油峰值”节点的到达，也就是说，随着生产水平最大化，全球石油资源的可利用性将开始衰退，这会带来能源价格的快速上涨以及随之而来的严重的社会经济影响。

对于半城市化地区，由于交通成本限制了通勤距离，因此上涨的能源价格可能对居民选址产生巨大影响。虽然电子化办公会受到鼓励，但大部分人还是会尝试回归较大的城镇，由此，很多更加偏远的乡村地区将会发生预期中的衰退。

（4）B2-“社会破碎”（social fragmentation）情景（地方性和群体性的动力）

出于年龄、种族和国际性的不信任因素，这一情景着眼于社会破碎的视角。投票意愿更为强烈的大龄人口将更加割裂于年轻一代，而适龄工作人口将不愿传递他们的资源，带来不断增长的代际矛盾。由于年轻的移民倾向于占有城市中心，而年长的“原住民”更喜欢城市郊区和外围飞地，城市将在社会方面更加破碎化，因此半城市化地区也将成为“半社会”（peri-social）地区。新的开发活动将减缓，但大量的城市建成区将发生功能转变。

这里仅仅展示了近乎无数种可能性中的四种情景。有趣的是，每一种情景都提出了非常不同的空间发展路径，并且带来了不同的建模研究焦点。例如，建模的初始技术参数之一就是引力作用，比如城市地区吸引力的范围；这里每种情景都提出了引力作用的变化，A1 情景提出了网络影响，A2 提出了灾难管理；B1 是一种能源/气候的政策焦点，B2 则是地方性的相斥作用代替吸引作用。

基于经济增长及就业、人口增长和变化，根据上述情景假设设定影响土地利用变化的一些初始条件，如表 2 所示。

表 2 情境假设小结

	A1 “高技术”	A2 “极限水”	B1 “石油峰值”	B2 “社会破碎”
人口增长	中—高	中	低	中
农业生产力	中	中	低	中
死亡率	低	中	高	中
国际移民	中	中	低	中
GDP 增长	高	中—高	中—低	低
城市人口增长	低	高	中	中
半城市化/乡村地区人口增长	高	低	非常低	中
“冲击”条件	高度的技术发展	极端的水资源状况	石油峰值	社会破碎，社会排斥

根据上述经济增长和劳动力重构方面的不同假设，利用宏观经济模型 NEMESIS 为欧盟 27 国分别建模；结合住房和土地利用需求因素的分析，缩小尺度，将结果分解到区域层面（NUTS-x[①]）。利用了 IIASA 模型进行国家和区域层面上的人口预测（Samir et al.，2008）。对城市交通/土地利用相互作用的建模则使用了区域城市增长模型（Rickebusch and Rounsevell，2009），在案例研究区域还应用了 MOLAND 模型（Barredo et al.，2003）。模型输入条件和输出结果需要结合一系列更广泛的动力因素和假设条件来进行考察，包括技术变革、基础设施投资、社会政治和文化因素等。

建模的核心结果是，各种情景下 2000～2025 年建成环境增长的模拟计算和分配，主要表现为人工表面的增长，包括城市地区的居住用地、工业和商业用地、交通基础设施、休闲和非绿化的公共空间。这一分类方法以及 2000 年的基础数据都来自于由欧洲环境局管理的 CORINE 地表覆盖数据库（EEA，2000）；增长情况则是基于各情景假设以及上述分解到 NUTS-x 层面的经济增长和人口变化预测。

4.2 欧洲范围的整体发展趋势

正如本文第一部分所述，欧洲的人口增长和城市扩张之间存在一定的差距。战后以来，欧洲城市在面积上增长了40%～300%，但人口增长相对较低（EEA，2006）。根据上述四种情景，二者之间的差距到2025年将进一步扩大，这意味着人均城市土地消耗量将继续不断增加。

然而，在泛欧洲的尺度上，上述各个情景之间也存在一些差异，反映了每种情景初始假设条件的不同影响。表3总结了每种情景的主要预测指标。

表3 2005～2025年各情境下欧盟27国[a]年均增长率预测（%）

	A1	A2	B1	B2
人口	0.16	0.14	0.13	0.15
GDP/人均[b]	2.22	1.92	1.53	1.43
人工表面	1.86	1.55	1.10	1.09

注：a. 不包括保加利亚。

b. 2005～2025年数据，以2000年为价格基准。

GDP增长的预测结果展示了一幅众所周知的场景。新的欧盟成员国的年均增长率远高于欧盟的其他国家，带来国家层面的相对收敛。在人口增长方面，再度展现了一个东西方向的分界，东欧和一些边缘地区将出现人口流失，西欧地区人口增长率最高，尤其是英国、荷兰部分地区、比利时、法国和西班牙。A1情景下的人口增长稍多一些；但区域总体趋势是一致的。

PLUREL项目中开发了一个新的区域类型，将欧盟27国的国土划分为100m×100m间隔的单元格，结合人口和土地利用数据，将其分为城市、半城市化和乡村地区（详见第2.2节）。表4阐明了欧洲人工表面变化的预测结果，并分解到了上述三个次区域类型。

建模结果表明，全部的四种情景下，欧洲范围内人工表面都将持续增长。半城市化地区的增长率最高，而已经显著城市化的地区的变化相对较小。此外，很多乡村地区也将发生大量增长。

表4 2005～2025年欧盟27国[a]城市、半城市化和乡村地区的人工表面增长预测

次区域	2000年人工表面面积[b]		各情境下的年均增长率（%）			
	面积（km^2）	占总面积的比例（%）	A1	A2	B1	B2
城市地区	48 765	79.1	0.65	0.61	0.50	0.48
半城市化地区	47 532	8.3	2.46	2.06	1.44	1.44
乡村地区	72 182	2.5	2.13	1.75	1.24	1.24
总计	168 478	4.7	1.86	1.55	1.10	1.09

注：a. 不包括保加利亚。

b. 其余未被分类的区域包括水体、岩石或冰川表面等无人区。

4.3 不同情景下的土地利用动态

表 4 已经给出了关于半城市化地区未来可能动态的初步印象，主要是大量的城市扩张，表现为人工表面的增长。然而，这些增长在欧洲各地的空间分布并不均衡。

(1) 自然表面的流失

图 6 呈现了到 2025 年，欧洲地区自然表面流失的预测结果。在“高技术”和“极限水”情景中，自然表面向人工表面的转变是最剧烈的。空间分布上，位于伦敦、汉堡、慕尼黑、米兰和巴黎之间(所谓的“五角地区”）的欧洲经济中心地区自然表面流失最为严重。

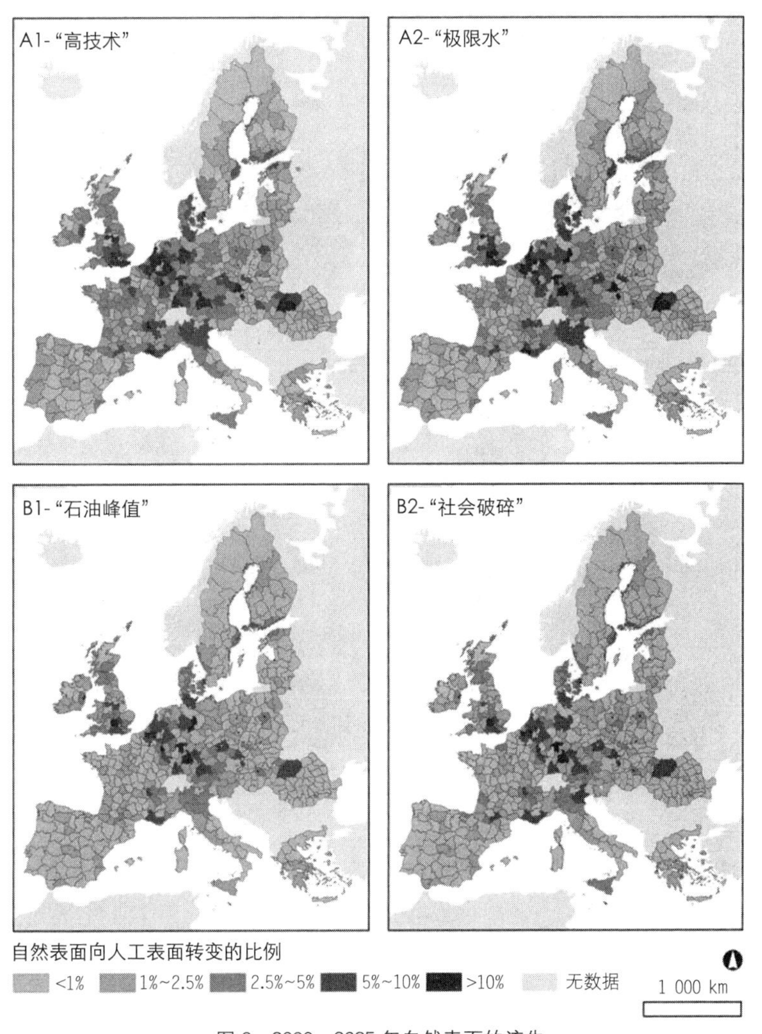

图 6 2000～2025 年自然表面的流失

（2）城市增长的类型

图7对人口变化和人工表面的变化进行了比较。“石油峰值”和“社会破碎”情景中，人口增长高于人工表面增长的地区更多，这意味着比其他两个情景更为紧凑的城市增长。人均人工表面消耗最有可能下降的地区是西欧，这主要是因为人口的大量增长。北欧部分地区、波兰、德国、西班牙和葡萄牙的人工表面将大量增长，同时人口有所下降。

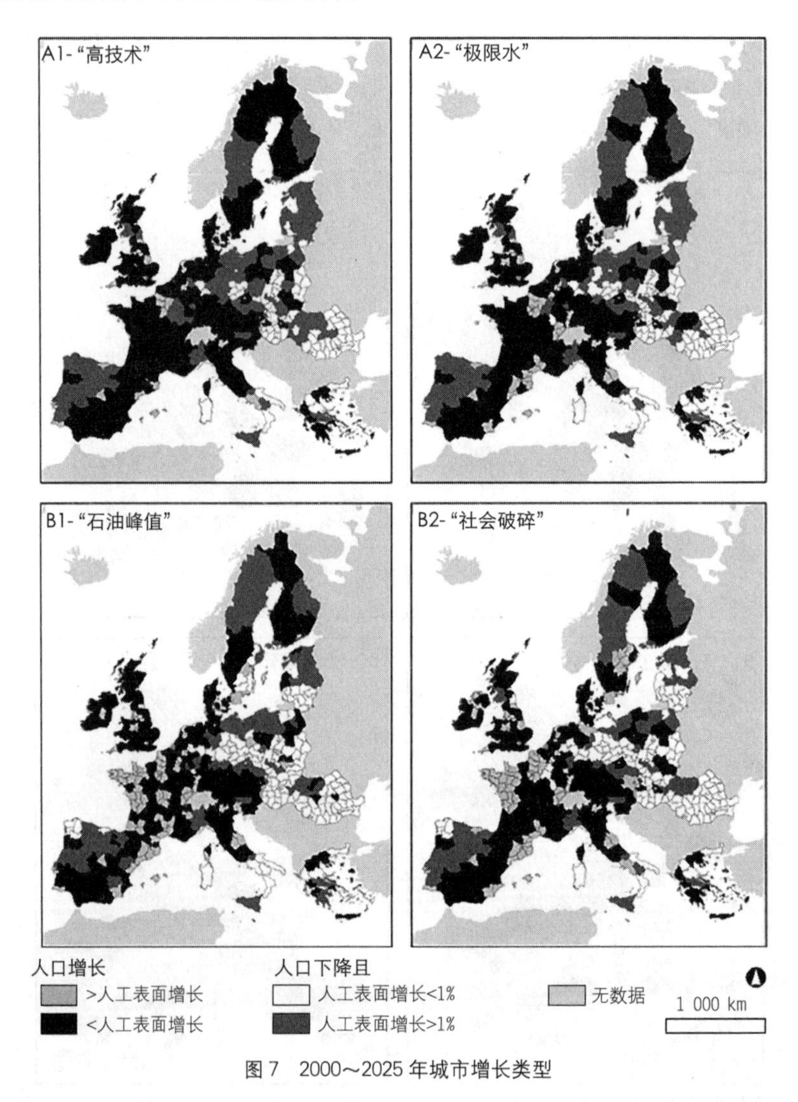

图7 2000～2025年城市增长类型

（3）半城市化地区人工表面的比例

图8呈现了半城市化地区的人工表面占全部人工表面面积比例的变化。比例上升代表着半城市化

地区人工表面增长的速度快于城市和乡村地区，也就是与 2005 年相比，半城市化地区在 2025 年将有更多的人工表面。在“石油峰值”和“社会破碎”情景下，半城市化地区的人工表面比例是最为稳定的；而在另两种情景中，整个大陆范围内，半城市化地区人工表面的比例都将普遍上升。在四种情景中，英国、“五角地区”的部分区域以及波兰北部都将经历转型，产生更多的半城市化地区。

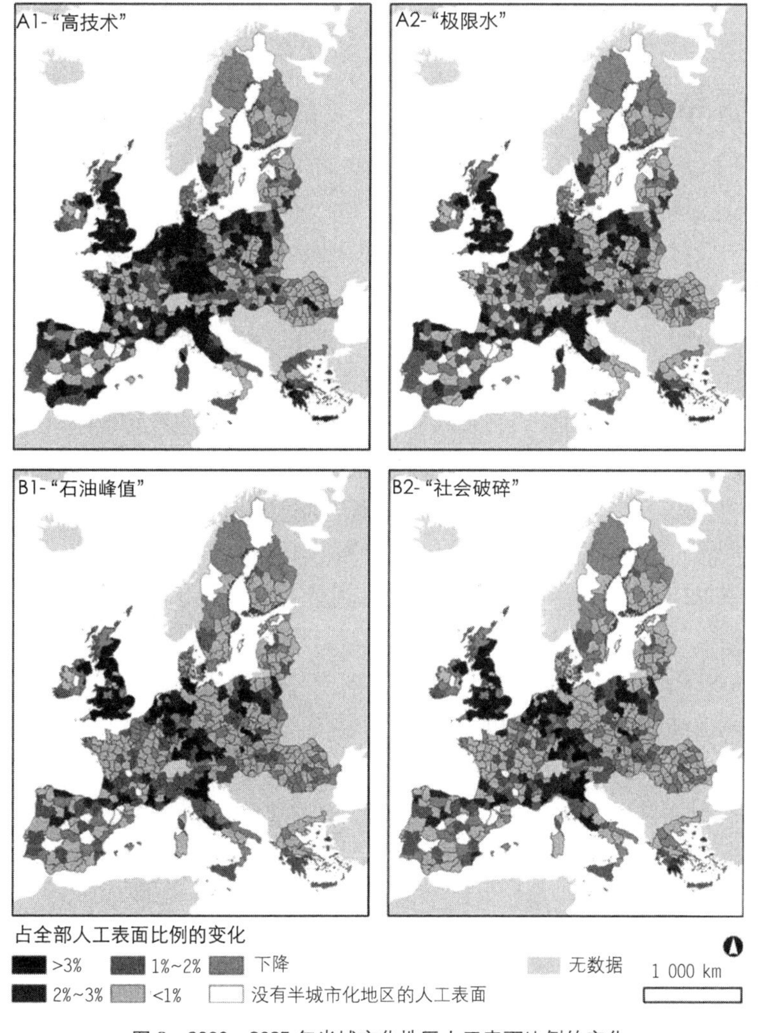

图 8　2000～2025 年半城市化地区人工表面比例的变化

注：上面的地图以百分比的形式表明了半城市化地区的人工表面占全部人工表面面积之比的变化。在大部分区域，半城市化发起的人工表面所占比例都有所上升。

（4）对情景选择的灵敏度

在半城市化地区自然表面流失、人工表面增加方面，各个情景下的图示都展现了相似的分配结果，但是从整个欧洲范围来看，对情景选择的灵敏度仍然存在一些差异。不同情景之间的差异表明，爱尔兰和波罗的海周边地区（瑞典、芬兰以及波罗的海国家）应该是对情景选择最为灵敏的地区。此外，西欧、东欧和伊比利亚半岛之间存在着普遍差异，后者似乎对情景选择的灵敏度更弱。

5 启示和总结

本文表明，半城市化是一种不同动力因素在不同尺度上作用的综合结果。从定义上来看，它是某种中间状态，无法对其进行准确的描绘。它往往被定义为一个转型区域，或是从乡村到城市的过渡，是城市发展和蔓延的直接结果。然而，对半城市化的动态变化也有一些其他层面上的理解，例如区域集聚的过程，全球化和资本集聚的结构性影响，转型及其复杂效应，以及政策和治理的反馈和协同作用。总的来说，这种由城市驱动的转型，发生在城市外围地区和核心地带之间的过渡区域，可以被总结成“半城市化”。

PLUREL 项目设定了四种情景，并将各个情景的驱动因素和冲击条件转化到泛欧洲的建模计划当中，通过对建模结果的情景分析，主要表明了以下几点：

（1）在所有情景下，“五角地区”的自然区域都将更为边缘化；

（2）在所有情景下，人工表面在半城市化地区的增长最为迅速；

（3）在 B1 和 B2 情景下，由于更有力的治理和规划措施，在很多区域，半城市化地区的人工表面比例将保持稳定；

（4）半城市化地区人工表面增长最迅猛的地区是已经高度城市化的区域，包括西欧（“五角地区”）、英国、高山地区以及波兰北部和西班牙北部地区。

需要明确的一点是，半城市化在很多方面都是一个充满挑战性和局部性的议题。其中存在大量物质空间和人类活动进程以及两者的互动，现实情况受到内部独立性、不确定性和复杂性的共同驱动。

本文对欧洲的情况进行了广泛的概述，为全书后续章节的实证案例研究提供了研究背景和情景分析的框架，将成为案例研究对城乡发展问题进行分析的基础。

注释

① NUTS（Nomenclature of Units for Territorial Statistics），是一种统计意义上的国家分级地理编码标准。为了建模并分析整个欧洲的乡村—城市—区域，我们使用 NUTS-x 单元，是一种 NUTS-2（区域性）和 NUTS-3（次区域性）单元的结合。我们的分析共包括 510 个 NUTS-x 单元，每个单元的平均人口为 90 万。

参考文献

[1] Adell, G. 1999. Theories and Models of the Peri-urban Interface. A Changing Conceptual Land-scape, Strategic Environmental Planning and Management for the Peri-urban Interface. Research project. Development Planning Unit, University College, London.

[2] Allen, P., Engelen, G., Sanglier, M. 1986. Towards a General Dynamic Model of the Spatial Evolution of Urban Systems. In Hutchinson, B., Batty, M. (eds.), *Advances in Urban Systems Modelling*. Amsterdam: North-Holland/Elsevier.

[3] Angel, S., Sheppard, S. C., Civco, D. L. 2005. *The Dynamics of Global Urban Expansion*. World Bank: Transport, Urban Development Department, Washington, DC.

[4] Barredo, J. I., Kasanko, M., Lavalle, C. et al. 2003. Sustainable Urban and Regional Planning. The MOLAND activities on urban scenario modelling and forecast, European Commission-Joint Research Centre. http://publications. jrc. ec. europa. eu. Accessed 14 Mar 2012.

[5] Batty, M., Longley, P. A. 1994. *Fractal Cities: A Geometry of Form and Function*. San Diego, California: Academic Press.

[6] Bauer, A., Rohl, D., Haase, D. et al. 2013. Leipzig-Halle: Ecosystem Services in a Stagnating Urban Region in Eastern Germany. In Nilsson, K., Pauleit, S., Bell, S. et al. (eds.), *Peri-urban Futures: Scenarios and Models for Land Use Change in Europe*. Springer -Verlag Berlin Heidelberg.

[7] Beck, U. 1995. *Ecological Politics in an Age of Risk*. Bristol: Polity Press.

[8] Bell, S., Alves, S., Silveirinha de, O. E. et al. 2010. Migration and Land Use Change in Europe: A Review. Online article. http://www. livingreviews. org/lrlr-2010-2. Accessed 14 Mar 2012.

[9] Bengs, C., Schmidt-Thomé, K. 2006. ESPON 1. 1. 2: Urban-rural Relations in Europe. Final report. ESPON, Luxembourg. Online access. http://www. researchgate. net/publication/27378080 _ Urban-rural _ relations _ in _ Europe. Accessed 14 Mar 2012.

[10] Bertrand, N. 2007. Introduction: ESDP Ideals and the Inheritance of Rural Planning Failures. In Bertrand, N., Kreibich, V. (eds.), *Europe's City-regions Competitiveness: Growth Regulation and Peri-urban Land Management*. Assen: Van Gorcum.

[11] Borsdorf, A., Salet, W. 2007. Spatial Reconfiguration and Problems of Governance in Urban Regions of Europe: An Introduction to the Belgeo Issue on Advanced Service Sectors in European Urban Regions. Belgeo. Online access. http://www. uibk. ac. at/geographie/personal/borsdorf/pdfs/borsdorf _ salet. pdf.

[12] Briquel, V., Collicard, J. 2005. Diversity in the Rural Hinterlands of European cities. In Hoggart, K. (ed.), *The City's Hinterland -Dynamism and Divergence in Europe's Peri-urban Territories*. Aldershot: Ashgate.

[13] Brunet, R. 1989. Les villeseuropeénnes: Rapport pour la DATAR, Délégation à l' Aménagement du Territoire et à l' Action Régionale, Paris.

[14] Bryant, C. R., Russwurm, L. H., McLellan, A. G. 1982. *The City's Countryside: Land and Its Management in the Rural-urban Fringe*. New York: Longman.

[15] Caruso, G. 2001. Peri-urbanisation–The Situation in Europe: A Bibliographical Note and Survey of Studies in the

Netherlands, Belgium, Great Britain, Germany, Italy and the Nordic countries. Report prepared for DATAR, France.

[16] CEC (Commission of the European Communities) 2008. Green Paper on Territorial Cohesion: Turning Territorial Diversity into Strength. *SEC* (2008) 2550, Brussels.

[17] CEMAT 2007. Spatial Development Glossary. Council of Europe, Strasbourg.

[18] Champion, A. 1999. Urbanization and Counter-urbanization. In Pacione, M. (ed.), *Applied Geography: Principle and Practice*. London: Routledge.

[19] Champion, A. G., Fielding, A. J., Keeble, D. 1989. Counter Urbanization in Europe. *Geographical Journal*, Vol. 155, No. 1.

[20] Clay, G. 1994. *Real Places: An Unconventional Guide to America's Generic Landscape*. Illinois: University of Chicago Press.

[21] CURE (Centre for Urban and Regional Ecology) 2003. Sustainable Development in the Countryside around Towns. Report TX 171. Countryside Agency, Cheltenham.

[22] Daniels, T. 1998. *When City and Country Collide: Managing Growth in the Metropolitan Fringe*. New York: Island Press.

[23] Davis, M. 2005. *Planet of Slums*. London: Verso.

[24] De Roo, G., Silva, E. A. 2010. *A Planner's Encounter with Complexity*. Aldershot: Ashgate.

[25] Doxiades, C. 1968. *Ekistics: An Introduction to the Science of Human Settlements*. New York: Oxford University Press.

[26] Duhr, S., Colomb, C., Nadin, V. 2009. *European Spatial Planning and Territorial Cooperation*. Oxford: Routledge.

[27] EEA 2000. CORINE Land Cover Technical Guide-Addendum 2000. Technical Report No. 40, European Environment Agency, Copenhagen.

[28] EEA 2006. Urban Sprawl in Europe: The Ignored Challenge. European Environment Agency, Copenhagen.

[29] ESDP 1999. European Spatial Development Perspective: Towards Balanced and Sustainable Development of the Territory of the European Union, Informal Council of Ministers Responsible for Spatial Planning. European Commission, Luxembourg.

[30] Farley, P., Roberts, M. S. 2011. *Edge Lands: Journeys into England's True Wilderness*. London: Jonathan Cape.

[31] Friedmann, J., Miller, J. 1965. The Urban Field. *Journal of the American Institute of Planners*, Vol. 31, No. 4.

[32] Gallent, N., Andersson, J., Bianconi, M. 2006. *Planning on the Edge: The Context for Planning at the Rural-urban Fringe*. Abingdon: Routledge.

[33] Garreau, J. 1991. *Edge City: Life on the New Frontier*. New York: Doubleday.

[34] Geels, F. W. 2005. *Technological Transitions and System Innovation: A Co-evolutionary and Socio-Technical Analysis*. Cheltenham, UK: Edward Elgar.

[35] Giannini, E. 1994. Metroscape. (Master of Architecture, Dissertation.) Royal Melbourne Institute of Technology, Melbourne.

[36] Ginsburg, N. S., Koppel, B. 2004. *The Extended Metropolis: Settlement Transition in Asia*. Honolulu: University of

Hawaii Press.

[37] Gottmann, J. 1961. *Megalopolis: The Urbanized Northeastern Seaboard of the United States*. New York: Sage Publications.

[38] Graham, S., Marvin, S. 2001. *Splintering Urbanism: Networked Infrastructures, Technological Mobilities and the Urban Condition*. London: Routledge.

[39] Hall, P., Pain, K. 2006. *The Polycentric Metropolis: Learning from Mega-city Regions in Europe*. London: Earthscan.

[40] Hardoy, J., Mitlin, D., Satterthwaite, D. 2001. *Environmental Problems in an Urbanizing World*. London: Earthscan.

[41] Harvey, D. 1985. *The Urbanization of Capital*. Oxford: Blackwell.

[42] Harvey, D. 1987. The Urban Process under Capitalism. *International Journal of Urban and Regional Research*, Vol. 2, No. 1.

[43] IPCC Working Group Ⅲ 2000. IPCC Special Report on Emissions Scenarios, SRES. UN Environment Programme, New York.

[44] Jansson, T., Bakker, M., Hasler, B. et al. 2009. The SIAT Model Chain. SENSOR report series 2009/2. Leibniz-Centre for Agricultural Landscape Research (ZALF), M€uncheberg. http://tran. zalf. de/ home _ ip-sensor. Accessed 14 Mar 2012.

[45] Jones, G. W., Douglass, M. 2008. *Mega-urban Regions in Pacific Asia: Urban Dynamics in a Global Era*. Singapore: NUS Press.

[46] Knox, P. L., Taylor, P. J. 1995. *World Cities in a World-System*. New York: Cambridge University Press.

[47] Korcelli, P., Kozubek, E., Piorr, A. 2011. Economy and Employment. In Piorr, A., Ravetz, J., Tosics, I. (eds.), *Rural-urban Regions and Peri-Urbanisation in Europe*. Copenhagen: Academic Books Life Sciences.

[48] Kraffczyk, D. 2004. The MetroScape: A Geography of the Contemporary City. (Dissertation.) Harvard University, Cambridge, MA.

[49] Lacqiuan, A. 2005. *Beyond Metropolis: The Planning and Governance of Asia's Mega-Urban Regions*. Washington, DC: Woodrow Wilson Center Press.

[50] Leontidou, L., Couch, C. 2007. Urban Sprawl and Hybrid City-scapes in Europe: Comparisons, Theory Construction and Conclusions. In Couch, C., Leontidou, L., Petschel-Held, G. (eds.), *Urban Sprawl in Europe: Landscapes, Land-Use Change and Policy*. Oxford: Blackwell.

[51] Loibl, W., Bell, S. 2011. Population and Migration. In Piorr, A., Ravetz, J., Tosics, I. (eds.), *Peri-urbanisation in Europe*. Copenhagen: Academic Books Life Sciences.

[52] Loibl, W., Toetzer, T. 2003. Modelling Growth and Densification Processes in Sub-urban Regions-Simulation of Landscape Transition with Spatial Agents. *Environmental Modelling & Software*, Vol. 18, No. 6.

[53] Maciocco, G. 2008. *The Territorial Future of the City*. Berlin: Springer.

[54] McGregor, D., Simon, D., Thompson, D. 2006. *The Peri-urban Interface: Approaches to Sustainable Natural and Human Resource Use*. London: Earthscan.

[55] Mumford, L. 1938. *The Culture of Cities*. London: Secker and Warburg.

[56] Nelson, A. C., Sanchez, T. W. 1999. Debunking the Exurban Myth: A Comparison of Suburban Households. *Housing Policy Debate*, Vol. 10, No. 3.

[57] Nordregio 2005. ESPON 1. 1. 1. Potentials for Polycentric Development in Europe. Final Report. ESPON, Luxembourg. www. espon. eu. Accessed 14 Mar 2012.

[58] Portugali, J. 2000. *Self-Organization and the City*. Berlin: Springer-Verlag.

[59] Ravetz, J. 2000. *City-Region 2020: Integrated Planning for a Sustainable Environment*. London: Earthscan.

[60] Ravetz, J. 2011a. Integrated Development for Peri-urban Territorial Cohesion. In Piorr, A., Ravetz, J., Tosics, I. (eds.), *Peri-urbanisation in Europe*. Copenhagen: Academic Books Life Sciences.

[61] Ravetz, J. 2011b. Peri-urban Ecology: Green Infrastructure in the 21st Century Metro-scape. In Douglas, I. (ed.), *Handbook of Urban Ecology*. Oxford: Routledge.

[62] Rickebusch, S., Rounsevell, M. 2009. Where Will Europeans Live in the Future? PLUREL newsletter No. 6, pp 1-3. www. plurel. net. Accessed 14 Mar 2012.

[63] Ristimaki, M. 2011. Mobility and Transport. In Piorr, A., Ravetz, J., Tosics, I. (eds.), *Peri-urbanisation in Europe*. Copenhagen: Academic Books Life Sciences.

[64] Robinson, G. M. 1990. *Conflict and Change in the Countryside: Rural Society, Economy and Planning in the Developed World*. London: Belhaven Press.

[65] Samir, K. C., Skirbekk, V., Mishra, T. 2008. Demographic Projections for NUTS2 Regions in EU Countries Based on National Probabilistic Population Projection. PLUREL deliverable report 1. 2. 3. www. plurel. net. Accessed 14 Mar 2012.

[66] Schneider, A., Woodcock, C. 2008. Compact, Dispersed, Fragmented, Extensive? A Comparison of Urban Expansion in Twenty-Five Global Cities Using Remotely Sensed, Data Pattern Metrics and Census Information. *Urban Study*, Vol. 45, No. 6.

[67] Scott, A. J. 2000. *The Cultural Economy of Cities: Essays on the Geography of Image-producing Industries*. New York: Sage.

[68] Shoard, M. 1983. *This Land is Our Land*. London: Paladin.

[69] Soja, E. 2000. *Post Metropolis: Critical Studies of Cities and Regions*. Oxford: Blackwell.

[70] Spectorsky, A. C. 1955. *The Exurbanites*. Philadelphia: Lippincott.

[71] Waltner-Toews, D., Kay, J. J., Lister, N-M. (eds.) 2009. *The Ecosystem Approach: Complexity, Uncertainty, and Managing for Sustainability*. New York: Columbia University Press.

[72] Zasada, I., Berges, R. 2011. Environment and Landscape. In Piorr, A., Ravetz, J. Tosics, I. (eds.), *Peri-urbanisation in Europe*. Copenhagen: Academic Books Life Sciences.

[73] Zasada, I., Alves, S., M€uller, F. C. et al. 2010. International Retirement Migration in the Alicante Region, Spain: Process, Spatial Pattern and Environmental Impacts. *Journal of Environmental Planning and Management*, Vol. 53, No. 1.

Editor's Comments

Garrett Hardin, the world famous ecological economist and an emeritus professor of the University of California Santa Barbra, has written a large number of works related to the fields of ecology, biology, and ethics. One of his works, The Tragedy of the Commons, was published in the *Sciences* in 1968. This article explains a certain state of resource allocation where the use of public products is inefficient or even useless due to the non-competitiveness and exclusiveness of their use. The context of this article is: the United Kingdom used to have a land-use policy–the feudal lord could demarcate a piece of untilled land from his manor and make it public to the herdsmen as their ranch (which was called "the commons"). This was supposed to be beneficial to the public, but because it was free, every herdsman attempted to have as many sheep as they could in the commons. As the number of the sheep increased uncontrolledly, the grass on the land was eaten up due to the "overload", and the sheep were all starved to death. This is the tragedy story of the commons. Back to the United Kingdom in the 15-16th century, grass, forest, and swamp were all public land, and although farmland belonged to its owner, it would be reopened as public ranch with fences surrounding it being removed as long as the harvest was finished. Due to the development of foreign trade of the United Kingdom, its sheep industry had developed rapidly, and a large number of sheep entered the public ranch. Shortly afterwards, this kind of land started to degrade and "the tragedy of the commons" happened. Under this circumstance, some noblemen began to acquire land through violent or legally means and enclose the public land with fences for their own use. This was the notorious "enclosure movement". The movement deprived farmers and herdsmen of the land on which they made a living, which was thus called the bloody "people eaten by sheep" event in the history book. However, after the "enclosure movement", people in the United Kingdom were surprised to find out that the ranch became better and the overall profit increased. Because of the establishment of the property right, public land was transferred into private territory; at the same time, the owner was able to manage the land more efficiently and also attempted to maintain the

编者按 加勒特·哈丁，世界著名生态经济学家，加利福尼亚大学圣巴巴拉分校的人类生态学荣誉退休教授，撰写了大量生态学、生物学和伦理学方面的著作。1968年在《科学》杂志上发表了“公地的悲剧”。这篇文章被用来解释由于公共产品的使用具有非竞争性和非排他性，往往使得它在使用过程中落入低效甚至无效的资源配置状态。这篇文章的背景是：英国曾经有一种土地制度——封建主在自己的领地中划出一片尚未耕种的土地作为牧场（称为“公地”），无偿向牧民开放。这本来是一件造福于民的事，但由于是无偿放牧，每个牧民都养尽可能多的牛羊。随着牛羊数量无节制地增加，公地牧场最终因“超载”而成为不毛之地，牧民的牛羊最终全部饿死。这就是公地悲剧的故事。15～16世纪的英国，草地、森林、沼泽等都属于公共用地，耕地虽然有主人，但是庄稼收割完以后，也要把栅栏拆除，敞开作为公共牧场。由于英国对外贸易的发展，养羊业飞速发展，于是大量羊群进入公共草场。不久，这类土地开始退化，“公地的悲剧”出现了。于是一些贵族通过暴力手段非法获得土地，开始用围栏将公共用地圈起来据为己有，这就是臭名昭著的“圈地运动”。“圈地运动”使大批的农民和牧民失去了维持生计的土地，历史书中称之为血淋淋的“羊吃人”事件。但在“圈地运动”的阵痛之后，英国人惊奇地发现，草场变好了，英国人作为整体的收益提高了。由于土地产权的确立，土地由公地变为私人领地的同时，拥有者对土地的管理更高效了，为了长远利益，土地所有者也会尽力保持草场的质量。同时，土地兼并后以户为单位的生产单元演化为大规模流水线生产，劳动效率大为提高。英国正是从“圈地运动”开始，逐渐发展为日不落帝国。加勒特·哈丁的著作《生活在极限之内：生态学、经济学和人口禁忌》由上海世纪出版集团出版。

quality of the ranch for the long-term profit. Meanwhile, after the land was merged, the household-based production unit was replaced by the large scale assembly line, which greatly improved the labor efficiency. It is just since the "enclosure movement" that the United Kingdom embarked its journey to become an empire on which "the sun never set". *Living Within Limits*, one of Garrett Hardin's books, was published by Shanghai Century Press.

公地的悲剧

加勒特·哈丁

顾　江　译

The Tragedy of the Commons

Garrett HARDIN
(University of California Santa Barbra)

Translated by GU Jiang
(Central China Normal University, Wuhan city, Hubei 430079, China)

作者简介

加勒特·哈丁，加利福尼亚大学圣巴巴拉分校。

顾江，华中师范大学城市与环境科学学院。

威斯讷和约克（Wiesner and York，1964）在一篇关于核战争前景的发人深省的文章结尾时说："军备竞赛的双方都将……面对持续增强的军事力量和持续减弱的国家安全。深思之下，我们的专业判断认为这样的困局没有技术性的解决办法。如果大国继续在科学技术领域找寻解决办法，结果只会使局势更加恶化。"

希望各位不要仅仅关注该文章的主题（核武世界的国家安全），而是要留意作者的结论，即"困局没有技术性的解决办法"。然而，大部分专业和半通俗科学期刊的评论，都假设所讨论的问题是"有技术性的解决办法"的。技术性解决办法可以定义为"只要改进自然科学的技术，无需或只是稍微改变人的道德观或价值观即可解决问题"。

我们现在一般都欢迎技术性的解决办法（以前并非如此），因为预言往往失准，要有莫大勇气才能断言"没有可预期的技术性解决办法"。威斯讷和约克表现出勇气，在《科学》期刊发表文章，坚持问题不能在自然科学找到解决办法。他们谨慎地为声明加上以下的批注："深思之下，我们的专业意见是……。"本文所关注的，不是他们是否正确，而是一个重要的观点：有一类关乎人的问题可以称为“没有技术性解决办法的问题”。

其实很容易来证明这类问题是普遍的，我们可以回想“井字棋游戏”，想一想：“我如何赢井字棋游戏?”假设（依照博弈论的惯例）我的对手是个中能手，大家都知道我不可能赢。换句话说，问题没有“技术性解决办法”。要赢，我只能把“赢”的意义根本改掉。我可以打对方的头，可以作弊。每一种我要“赢”的方法，都是某种意义上放弃了我们游戏的本质。（当然，我也可以公开放弃——不玩。大多数成年人都这样。）

“没有技术性解决办法的问题”当然也有其他的案例。我认为——大家惯常认知的“人口（过多）问题”就是这样的命题。公平地说，大多数人都试图寻找一种方式，要找出方法避免人口过多的恶因，但同时又不愿放弃他们正在享受的特权。他们以为海洋养殖或发明小麦新品种会解决人口增加所带来的粮食需求增长问题——这是基于技术解决的视角。而我，在这篇文章中会尝试证明他们并不能找到解决办法。人口问题正如要赢井字棋游戏，不能技术性解决。

1 人口应该增长到什么程度?

如马尔萨斯（Malthus）所言，人口正自然趋向于以“几何级数”增加，或是我们现在的说法，是函数增加。在一个有限的世界，这意味着人均占有量必然减少。那么，我们的世界是否有限?

一个中肯的抗辩说法：世界是无限的，或是我们不知道世界不是无限的。但是，从实际角度来看，基于以后几代人可见的科技水平可以明白，如果我们不是实时假设地球上人类可利用的世界是有限的，人类的悲惨境遇将大大增加。“太空”不是逃生门（Hardin，1959）。

有限的世界只能养活有限的人口；因此到了最后，人口增长必然是零。（零增长的永恒大幅度上下波动是微不足道的变动，在此不讨论。）当条件符合，人类的情况会是怎样（Fremlin，1964）? 明确地说，边沁（Bentham）的目标——“最大多数的最多利益”能否实现?

不可能——理由有二，单是一个已足够。第一个理由是理论性的。数学上，两个（或两个以上）函数是不可能同时最大化。诺伊曼和摩根斯坦（von Neumann and Morgenstern，1947）已经清楚地说明，其中的绝对原理是起码可以追溯到达朗贝尔（D'Alembert）的偏微分方程式。第二个理由是直接源于生物事实。任何生物要生存，必须有一个能源来源（例如食物）。该能源用于两个目的：维生和工作。人要维持生命，每天需要 1 600 千卡路里（维生卡路里）。维生以外所做的一切可以定义为工作，由额外摄取的“工作卡路里”支持。工作卡路里不是只用于我们日常谈到的工作，所有享乐形式都需要：游泳、赛车、音乐、吟诗。如果我们的目标是人口最大化，我们需要每个人的工作卡路里趋近于零。那将意味着没有可口美食，没有度假，没有运动，没有音乐，没有文学，没有艺术……我以为无须争议或实证，大家都同意人口最大化不会使利益最大化。基于以上的原因，边沁的目标是不可能完成的任务。

我在达成以上的结论时使用了通常的假设，获得能源就是问题所在。核能的出现导致一些人质疑这种假设。但是，即使有无穷能源，人口增长依然带来不可逃避的问题。正如弗莱姆林(J. H. Fremlin)机智表达的那样，取得能源的难题，被能源浪费的困扰取而代之。分析的算术符号正负倒转；而最终边沁的目标不能达到。

因此，最合适的人口数量肯定是要小于人口的极限数量。定义最合适的困难很大；依我所知，没有人曾郑重处理这问题。达到一个可接受的和稳定的解决方案一定会需要不止一代人的辛勤分析工作和反复劝说。

我们期望每个人都能获得最大好处，但什么是“好”？基于各人情况的不同，某人的理解可能是荒原，另一人则可能是大众的滑雪小屋，某人喜好的是河口盛产水鸭，供猎人射击，另一人也许又是工厂用地。我们一般说比较各人的心头好是不可能的，因为“喜好”是难以衡量的，而难以衡量就意味着难以比较。

理论上这可能是对的；但是在实际生活中，只需要一套判断的标准和权重的体系，这些“不可衡量”就可以变为“可衡量”。比如，大自然的标准就是生存。何等物种较“好”呢？小而可掩藏，或是大而强壮？物竞天择的自然规律会比较我们所不能比较的，这取决于大自然为众多变量的价值自然加权。

人必须模仿这种自然过程来进行研究，毫无疑问，人类在不知不觉中已经开始这样去做了。未来的工作难题将是要做出一个可接受的加权理论。这个难题因协同效应、非线性变化和对未来的预测而变得困难，但（原则上）我们不是不可能解决。

至今，是否有任何文化群体解决了这一实际问题，即使是直觉层面？一个简单事实证明还没有：现今世界没有发达区域在一段时期内人口数量达致零增长。没有任何一个国家、一个区域可以很快达到直觉上认同的最佳数量之后增长率保持为零。

当然，增长率为正数，可以作为人口数量在最佳点之下的证据。但是，以任何理性标准来看，今天世上人口增长最快的地区，其生活质量和状态（一般而言）是最悲惨的。这种联系（无须是一成不变的）令人对所谓“正数增长率表示人口还没有达到最佳点”的乐观假定感到怀疑。

迈向适度的人口数量，我们要驱逐亚当·斯密的实践人口学理论，才可以取得寸进。《国富论》(1776年)广为宣扬“无形之手”，这概念即是个人“只是追求自己的利益”，“但当他这样做的时候，就会有一双看不见的手引导他去达到另一个目标，而这个目标绝不是他所追求的东西。由于追逐他个人的利益，他经常促进了社会利益，其效果比他真正想促进社会效益时所得到的效果大”(Smith, 1937)。亚当·斯密也不敢断言这是一成不变的真理，甚至他的追随者也没有。但他带动的思想主导着社会思潮，干扰着基于理性分析的积极性行动。这种趋势就是假定个人决定事实上是整个社会的最佳决定。如果这假定是正确的，我们可以假设人类会合理控制自身的繁殖，从而产生最佳的人口数量。如果这假定是错误的，我们则必须重新检视种种个人自由，看看哪些是站不住脚的。

2 公地自由的悲剧

反驳“无形之手”在调控人口数量方面的观点，最先见诸1833年一位数学爱好者威廉·福斯特·劳埃德（William Forster Lloyd）撰写的一本鲜为人知的小册子（Lloyd，1833），可称之为“公地的悲剧”（Whitehead，1948）。“悲剧”一词借用自哲学家怀特塞德（Whitehead）的话说：“戏剧悲剧的本质不是不快乐，而是蕴藏于万事万物无情运作的严肃性。”他续后又说：“命运之无可避免，只能以人生不如意事引证，只有这样戏剧才可表现逃避是徒然的。”

公地的悲剧正是如此揭幕的。想象一下，当草原对大众开放而没有限制，每个牧民都会在公地饲养尽可能多的牛只。也许在几个世纪内，这样的政策都是令人满意的，因为频繁部族战争、偷猎和疾病会把人与动物的数目保持在远低于土地承载能力之下。然而最终，人们长久渴望的社会稳定的一天到来，却也到了清算的时刻（人和动物的数目超过了土地能承载的范围），公地的内在逻辑将无情地产生悲剧。

作为理性人，每个牧民都会试图追求取得最大收益。或明或暗地，有意无意地，牧民会问自己：“牛群多添一头，对我有什么效益?”这效应有积极的部分，也有消极的部分。

（1）多一头动物的函数是正成分。出售牛只的收益全归牧民，所以正效益接近+1。

（2）负数部分是多一头动物造成的过度放牧的函数。因为过度放牧的后果由全体牧民承担，所以任何一位牧民做出决定，负效益也只是−1的小部分。

把这些效益成分相加，理性的牧民总结出他只有一个理性选择：多养一头牛，再多养一头……但这也将是分享公地的每一位牧民的结论。悲剧因此而起，每个人都会被这种趋势束缚，驱使他无限制地增加牛只——而世界是有限的。在一个信奉公地自由的社会中，每个人都追求本人的最大利益，而整体则走向毁灭的终点——公地自由带来整体毁灭。

有人会认为这是陈腔滥调。但愿它是！某种程度上来说，我们几千年前就学会了，但物竞天择（自然选择）经常还是被心理否认，纵使个人作为社会的一员而受损，个人还是会因为取得私利而否认真相（Hardin，1964）。教育可以抗衡做错事的自然倾向，但必须一代一代地持续并保持更新。

几年前，在马萨诸塞州莱明斯特市有一件小事足以说明知识的逐渐消失。圣诞节购物期间，市中心的停车计时器用胶袋遮掩，上有告示：“圣诞节后重开。免费停车由市长和市议会提供”。换句话说，针对本来已是短缺的、需求增加的停车空间，城市之父再建立公地制度。[嘲笑一句，我们怀疑他们这倒退的行为是得（选票）大于失。]

大概是同样的道理，可能是自农业的大规模开发或房地产的私有化以来，我们就已明白公地的逻辑。但了解这个逻辑的大多数都是特殊个案，没有得到充分的推广。即使到了现在，牧牛人在西方地区租赁国有土地进行放牧只不过证明他们模棱两可的认知；他们向联邦机关施压，要求增加牛只数目，结果因为过度放牧导致侵蚀和杂草丛生；全球海洋依然因为公地哲理残存而深受其害，海洋国家依然高喊着“四海自由”的口号，他们声言相信“海洋有无穷资源”，令多种鱼类和鲸鱼几乎灭绝（McVay，1966）。

国家公园是公地悲剧的另一个例子。现今是对外开放，没有限制。公园范围是有限的——只有一个约塞米蒂国家公园（Yosemite National Park）——但游客增长没有限制，这导致公园访客的享乐价值逐渐减弱。很简单，我们要尽快改变把公园当作公地的情况，否则对任何人都不会有价值。

我们可以做什么？有几个方案。可以出售为私人产业；可以保留为公共财产，但分配进入的权利。这种分配可以是以财富为基础，用拍卖方式；亦可以根据一些彼此同意的标准来定优劣，可以是彩票，或是先到先进，甚或是由抽签决定。我同意以上提到的方式都令人反感，但我们必须选择，或是默许我们称为国家公园的公地被毁。

3 污染

公地悲剧的反面是污染问题，不是从公地拿走，而是放入——往水中排放污水或化学、放射性和热力废物；往空气中排放有害气体；在视线所及树立令人分神和不悦目的广告。效益的计算和前述一样。理性人发觉他向公地排放废物的成本，是少于排放前进行废物清洁的成本。由于每个人都是如此，只要我们这些独立、自由的投机者继续自作妄为，大家都将受缚于“自家弄脏自家”的情况。

食物篮子的公地悲剧，因为私营农场或类似的经营模式而避免了。但我们周围的空气和水不能轻易地分隔，所以要用不同的方法防止污水流动引发公地悲剧：强制的法律或税务措施，使污染者在排放前处理污染物的成本比不处理低。我们解决这问题的进展非常缓慢。停止我们耗尽地球的直接资源的私产概念，实际上助长了污染。小河岸边工厂的主人——他认为自己的私产应该被一直伸延到小河的中央，而不明白弄脏流经门前的河水不是他的自然权利。法律永远赶不上时代，需要修修补补来适应这“公地”的新意识。

污染问题是人口急速增长的后果。在偏远的未开发地区生活的居民如何弃置废物并没有那么重要。老人以前常说：“水流十里，自我净化。”当他们是小孩时，这神话可能近乎真理，因为人口较少。但随着人口密度的增加，大自然的化学和生物循环负荷越来越重，我们亟须对（公共的水、空气资源的）产权进行重新定义。

4 如何为节制立法？

如果我们将污染情况视为人口密度提升所连带产生的问题，会引申出一项不是普遍了解的道德原则：体制不同，发展程度不同，对行为道德的定义也不同（Fletcher，1966）。如把公地用作污水池，在地区内开发程度较低时并不会危及大众，因为人口较少；而在大都市这样做就不能忍受。150 年前，平原居民杀死野牛，只割下牛舌头做晚餐，其他部位全部丢掉。这种行为在当年可能不被认为是浪费，但是在如今，只余下几千头野牛，同样的行为会令人感到震惊。

顺带一提，一个行为是否道德不能从照片来确定，除非知道某人的行为对周边的全部影响。我们是不能知道某人杀象或放火烧草是否危及他人的。中国古人有言："百闻不如一见"，但可能要用无数的佐证来解读照片。生态学者和改革者一般试图用相片来说服他人。但这是不可靠的，相片不能反映行为的本质及其对周边的影响，我们需要语言来进行理性的表达。

以前整理道德准则时，很多人没有注意到道德是和体系有紧密关系的。传统的道德指令形式："汝不得……"没有顾及特别环境。我们社会的法律依循古老道德的模式，所以不适用于复杂的、拥挤的、多变的世界。一般情况下，我们的倾向是扩大和完善行政法令，因为我们是不可能列出何时在自家后院烧垃圾是安全的，何时是不安全的；或是在没有排放控制的条文下，开大排量高污染的汽车是否是合理的……这些全部情况，所以我们会把制定法令的权力授权给各相关部门。有一个古老的理由令我们担心——谁来监管监管者？约翰·亚当斯（John Adams）说过，我们必须有"法治的政府，不是人治"。如果我们使用行政法令来衡量行为是否符合道德准则，行政部门的权力就太大了，容易变得腐败、贪污，进而产生人治的政府，而不是法治。

立法禁止容易（但执法不一定如是）；但我们如何为"节制"立法？用行政法来仲裁可以达到目的。如果我们纠结于因为对"谁来执法"的争执而不支持利用行政法，就是没必要地限制了可行的办法。我们应当正视这可能会有一些隐含的危机，需要监管者大公无私，特别是当我们面对目前巨大的挑战。我们必须找出方法，为执法者和监管者进行合理授权。

5　自由生育是不能容忍的

在一个由"丛林法则"管治的世界——如果曾经有这样的世界——一个家庭有多少子女不会受公共关注。如果父母生育过多子女，存活的后裔只会少，不会多，因为他们没有能力照顾所有的子女。戴维·拉克（David Lack）和其他人发现这样的负面回馈控制了鸟类的族群繁殖（Lack，1954）。但人类不是鸟类，超码在过去几千年都不是如此。

在每个人类家庭都仅依赖本身的资源的情况下，如果子女因为父母缺乏远见而生育过多导致饥饿死亡，我们的家庭系统就会受到过度生育所引起的"惩罚"，如收入低下、缺衣少食，这似乎是不涉及他人的公共利益的。但是，我们的社会致力于建设一个福利国家（Girvetz，1950），单独家庭的苦难被社会所均摊了，这就会导致在社会福利领域因为人口增加而引发的"公地的悲剧"。

在一个福利国家，我们如何应付因家庭、宗教、种族或阶层（或是任何可以识别和有凝聚力的社群）等原因所导致的过度生育的情况（Hardin，1963）？很多夫妇都相信每个生命都是平等的，他们都有享受公共资源的平等权利，但是无止境地生育会把我们的整个世界"锁止"在一个悲惨的境地。

不幸的，这正是联合国的行动方针。1967年下半年，约30个国家同意"人权宣言描述家庭是社会的自然和基本单位。因此家庭规模的任何选择和决定，无可置疑应由家庭自身做出，不可听命于他人”（Thant，1968）。

要明确否定这项权利的合法性是痛苦的，正如17世纪的马萨诸塞州居民纠结女巫是否存在，这会使人们感到不安。现时，自由主义阵营视批评联合国为禁忌，感觉联合国是“我们最后、最好的希望”，我们不应吹毛求疵，不要被顽固的保守主义者玩弄。但是我们不要忘记罗伯特·路易斯·史蒂文森（Robert Louis Stevenson）的话：“朋友（出于好意或怜悯）所隐瞒的真相，是敌人最灵活的武器。”如果我们深爱真理，就必须公开否定人权宣言的合法性，虽然这是联合国所推广的。我国应当联同金斯利·戴维斯（Davis，1967），试图改变“计划生育——世界人口组织”的同样错误。

6　良心使人自我净化

有人认为长期控制人类生育是违背良知的，这种想法是错误的。查尔斯·高尔顿·达尔文（Charles Galton Darwin）在他祖父的伟大著作百年纪念发言时，就指出这点。达尔文式的论点简单直接。

人各不同。面对限制生育的呼吁，无疑有些人的反应比较积极。而那些有更多孩子的人则会使他们在下一代中的比例较之那些有着更敏感良心的人大得多，并且这种差距会随着一代又一代得到强化。

查尔斯·高尔顿·达尔文如是说：“人类可能要经历几百世代才进化出这种影响生殖的特性；如确实如此，大自然会报复的。避孕人会灭绝，被生殖人品种取代”（Tax，1960）。

这个论点是假设良知和生儿育女的欲望（无所谓是哪一种）是遗传的——所谓遗传是就最一般性的正式意思而言。用洛特卡（A. J. Lotka）的定义来说：无论这态度是经生殖细胞或体外传播，结果都是一样。（如果否定后者的可能性，也否定前者，那么教育有什么意义?）我们是在人口问题的背景下提出这个论点的，但它同样也适用于任何其他事例，如社会通过让人良心发现来呼吁利用公共资源的人为了集体的利益而限制自己的行为。做出这样的呼吁也意味着建立起一套机制，用以消除竞赛中出现的良知。

7　良知的原发性作用

虽然长期呼吁人们良心发现的弊端会导致社会的谴责；但这亦有短期的负面影响。当我们要求滥用公地的人们“因良知之名”而停止行动，我们会对他说什么？他会听到什么？——不只是当时，也是夜深人静、半睡半醒时，他不但会想起我们所使用的词句，还有我们无意识中暗示给他的讯息。有意无意之间，他迟早体会到他接收到两种讯息，而彼此是矛盾的：①（有意的讯息）“如果你不按我们说的做，我们会公开谴责你不是一个负责任的公民”；②（言外之意的讯息）“如果你听话而行，我们会暗中责怪你头脑简单，骂几句就站在一旁，容许我们这些人继续滥用公地。”

每个人都陷于贝特森（Bateson）称之为“进退两难的处境”。他和同僚已经似乎合理地解释了进退两难是精神分裂症的重要成因（Bateson et al.，1956）。进退两难并不一定总是这样有破坏性的，但人若陷于其中，会危及精神健康。尼采如是说：“良心不安，是一种疾病。”

对于那些希望自己能超出法律的限制去控制他人的人来说，能够对别人的良心施法术总是个诱人的想法，位于最上层的统治者也不例外。历史上有哪一位统治者不是成功地号召起劳动者联盟让他们自己克制对工资的需求，或者使企业团结起来以能自愿地指导价格为荣？记忆所及，没有。每一次的用词遣字都着意在令不合作者有犯罪感。

几百年来，似乎内疚感都被认同为是文明生命中有价值，甚至是不可缺少的成分。在这个后弗罗伊德的世界，我们却怀疑这一点。

保罗·古德曼（Goodman，1968）从现代观点来看：“内疚感从来没有带来利益，无论是智力、政策或热情。内疚者只关注自己，不会留意犯错的事物，而且甚至有意义的是，内疚的人关注他们的焦虑，而不是他们自己的利益。”

我们不需要是专业心理学家才能看出焦虑的后果。西方社会刚从两百年的欲望年代走出来；那个时代部分是由禁制性法律所维系，但可能更为见效的是通过产生焦虑的教育机制维系着。亚历克斯·康福特（Alex Comfort）在《焦虑的产生》（*The Anxiety Makers*）描述过，单说的并不好（Comfort，1967）。

因为取证困难，我们甚至可能需要承认有时从某些观点来看，焦虑的后果是可取的。进一步的问题是，作为政策，我们应否鼓励使用一项可能会导致（如非故意的情况）心理疾病的技术？这些日子中，我们时常听到提及父母的责任，这两个相连的词语经常被一些专注于控制生育的组织频繁提及。有人组织庞大的宣传，向全国（或是全世界）的生育者灌输责任感。但什么是良知的意义？当我们引用“责任”而没有相对的约束力，我们是否在吓唬一个享有公地资源的人去做出有违其本身利益的行为？“责任”是物质利益的言语伪装，最终目的是不劳而获。

如果我们一定要用上“责任”这样的词汇，最好是用上查尔斯·弗兰克尔（Charles Frankel）的定义。这位哲学家说：“责任是社会分工的产物”（Frankel，1955）。留意弗兰克尔提出社会责任——不是宣传。

8 达成共识的相互制约

产生责任的社会分工，是建立制约的分工。让我们思考一下银行劫案。抢劫银行的歹徒是把银行当作是公地。我们如何防止这种行为呢？当然不是用语言来唤起他的责任感来试图管制他的行为，只是依随弗兰克尔的指导——用宣传来坚持银行不是公地；我们寻求有限制的分工，确保银行不会成为公地。这样一来我们侵犯了潜在劫匪的自由，我们不会否认或后悔。

抢劫银行的道德很容易明白，因为我们公认完全禁止这种活动。我们情愿说“你不得抢劫银行”，没有例外。但制约也可能产生自律，税务就是一项好的制约措施。为了控制市中心的购物者自觉地适度使用车位，我们引进了投币式计算器，并用交通罚款处理长时间停车。我们无需禁止市民泊车，他要停多久就多久；我们只需让他泊车越久，费用越高。我们不是提出禁令，而是提供一些视情况不同的自由抉择。广告业者可能称之为"说服"，而我更喜欢用"制约"。

对大多数自由主义者来说，"制约"是肮脏的，但不会永远如此。正如其他肮脏的词汇，暴露于光线之下，一次又一次理直气壮地说出来，我们就会接受它。对许多人来说，制约的含意是隐居幕后、不负责任的官僚们的随意决定，但这是多虑了。我所认同的制约是有相互性的，由大多数受影响的人们的共识决定。

彼此同意制约，并不是说我们需要享受制约，或是假装享受。谁人会享受纳税？我们全都为纳税发牢骚。但我们接受强制性税务，因为认识到自愿性纳税只会是没有良知的人（通过逃税）得益。我们开创和支持（尽管会抱怨）纳税以及其他强制性措施来摆脱以公地为荣的心态。

用来替换公地的方案不必是十全十美的，只要比现在更好就行。在财产和其他实质物品的保障下，我们的新方案是使社会事业机构私有化并承认其有合法继承的权力。这体系是否完全公正？作为曾受遗传学教育的生物学者，我持否定见解。对我来说，如果个人承继要有差别的话，法定继承权应该和生物遗传完全关联——那些在遗传角度更适合作为的监护人应该合法地继承更多财产。"虎父无犬子"的说法，隐含于我们的法定继承法律，但经常因基因重组而被嘲弄。笨蛋可以继承百万家财，信托基金可以完整保存全部财产。我们必须承认我们的私有产权法律制度，连同继承权，是不公正的——但我们只能将就，因为我们相信现在没有人能发明一个更好的体制。公地的替代物是什么？这似乎是个不敢去思考的问题，但是总而言之不公正总比全面毁灭来得好。

改革与保持现况的战争总是被双重标准影响而左右。当有改革措施提出时，往往因为反对者找到其中的瑕疵而流产。正如金斯利·戴维斯指出的：现况的支持者时常暗示，只要不是人人都统一，改革就是不可能的，这样的暗示违反史实（Roslansky，1966）。我几乎可以断言，自发拒绝改革建议是基于两项不自觉的假定：①现况是十全十美；或②假设改革的方案不是十全十美的就没有必要改，我们应当不采用行动，等待十全十美的建议。

但是我们不可以全然不动。几千年来，我们所做的就是采取行动。行动可能会产生邪恶。一旦我们知道维持现状意味着行动，我们就可以比较已经发现的优劣势，并和改革建议的优劣势进行比较，以尽我们所能克服经验欠缺的不利条件。基于这样的比较，我们可以做出理性的决定，摒弃那些只有完美体制才能允许的不切实际的设想。

9 对必需品的认同

或许对人口问题最简单的概括是这样的：公地如果对所有人都公正，就必须建立在低人口密度的条件下。随着人口的增加，公地会因各种因素而难以为继。

首先，我们需要放弃在公地采集食物，把农地圈围起来，草原、猎区和渔区列为禁区。这些限制在全世界范围内并不都是绝对的。

其次，我们认为将公地作为废物处置地也是不行的。西方世界普遍接受限制家庭污水排放；我们仍在尽力阻止由汽车、工厂、农药、化肥和核电装置对公地的污染。

我们对公地悲剧的认识还停留在非常幼稚的粗浅认识阶段。我们对于公众媒体电波的传播几乎没有限制。消费者在没有许可的情况下，持续被杂乱无章的音乐猛烈袭击。我们的政府付出亿万美元创造超音速运输，只为能减少 3 个小时把旅客快速地从海岸一端送至另一端，而导致有 5 万人受到音波骚扰。无数的广告弄脏了电台和电视的大气电波，还影响游客们的视野。立法禁止为个人愉悦而利用公地，我们还有很长的路要走。这是否因为我们的清教徒传统视寻乐为罪恶，视痛苦（即广告污染）为美德?

对公地的任何限制，都会侵犯一些人的个人自由。以前，这种侵犯大家都能接受，因为同时代的人不会抱怨其受到的损失。而今，类似的侵犯我们要激烈反对，“权利”和“自由”的诉求不绝于耳。但“自由”是什么意思？当人们彼此同意立法禁止抢劫，人们会享有更多的自由，而不是更少。纠结于共享公地逻辑的人们，无拘无束的结果只会带来全面毁灭。一旦人们意识到彼此制约的益处，他们会变得主动帮助他人实现目标。我相信黑格尔说过的：“自由是对必要性的了解。”

我们必须认识到的最重要一点就是节育的必要性。没有技术性的解决办法，可以从人口过多的忧愁中拯救我们。生育自由会毁灭一切。为了避免做出困难的决定，我们必须对有良知和负责任的父母大加宣传，这种情况必须制止，因为仅对少部分有良知的人宣传会导致在未来全部良知都消失，短期而言焦虑将大大增加。

我们如果要保护和支持其他更宝贵的自由，唯一的办法是放弃生育自由，而且要快。“自由是对必要性的了解”——教育的作用是向大家披露放弃生育自由的必要性。只有这样，我们才可以终结类似的公地悲剧。

参考文献

[1] Bateson, G., Jackson, D. D., Haley, J. et al. 1956. *Behavioral Sciences*, No. 1.

[2] Comfort, A. 1967. *The Anxiety Makers*. London: Nelson.

[3] Davis, K. 1967. *Science*, No. 158.

[4] Fletcher, J. 1966. *Situation Ethics*. Philadelphia: Westminster.

[5] Frankel, C. 1955. *The Case for Modern Man*. New York: Harper.

[6] Fremlin, J. H. 1964. *New Science*, No. 415.

[7] Girvetz, H. 1950. *From Wealth to Welfare*. Stanford, California: Stanford University Press.

[8] Goodman, P. 1968. *The New York Review of Books*, Vol. 10, No. 8.

[9] Hardin, G. 1959. *Journal of Heredity*, No. 50.

[10] Hardin, G. 1963. *Perspective in Biology and Medicine*, No. 6.

[11] Hardin, G. (ed.) 1964. *Population, Evolution and Birth Control*. San Francisco: Freeman.

[12] Lack, D. 1954. *The Natural Regulation of Animal Numbers*. Oxford: Clarendon Press.

[13] Lloyd, W. F. 1833. *Two Lectures on the Checks to Population*. Oxford, England: Oxford University Press.

[14] McVay, S. 1966. *Science American*, No. 8.

[15] Roslansky, J. D. 1966. *Genetics and the Future of Man*. New York: Appleton-Century-Crofts.

[16] Smith, A. 1937. *The Wealth of Nations*. New York: Modern Library.

[17] Tax, S. (ed.) 1960. *Evolution after Darwin*. Chicago: University of Chicago Press.

[18] Thant, U. 1968. *International Planned Parenthood News*, No. 168.

[19] Von Hoernor, S. 1962. Science. No. 137.

[20] Von Neumann, J., Morgenstern, O. 1947. *Theory of Games and Economic Behavior*. Princeton, N. J.: Princeton University Press.

[21] Whitehead, A. N. 1948. *Science and the Modern World*. New York: Mentor.

[22] Wiesner, J. B., York, H. F. 1964. *Scientific American*, Vol. 221, No. 4.

丰富的人居内涵，鲜明的文明特色
——读吴良镛先生新著《中国人居史》

唐晓峰　毛　怡

Abundant Contents of Human Settlements, Distinctive Characteristics of Civilization – Review on *The History of Chinese Human Settlements* by WU Liangyong

TANG Xiaofeng, MAO Yi
(College of Urban and Environmental Sciences, Peking University, Beijing 100871, China)

《中国人居史》

吴良镛著，2014 年
中国建筑工业出版社
564 页，198.00 元
ISBN：9787112167852

吴良镛先生长期关注中国人居问题的历史大局背景。现在，吴先生终于以书的形式将一份系统化的认识展现出来。这便是《中国人居史》。

《中国人居史》一书百余万言，分为九章。第一章“绪论”，首先明确人居史的内涵、研究目的和方法。第二至七章，按时代顺序梳理中国人居建设的历程，以先秦、秦汉、魏晋、隋唐、宋元、明清六个阶段为序，阐明中国人居在不同时代的发展特点；论述所及，从早期人居起源到“天下”人居体系的奠基，从人居空间的成熟完善到科技、文化、商业推动下的人居变革，上至京师下至乡野，无不囊括其中。第八章“意念与范型”是对中国人居文明特色的深入总结，讨论了人居与自然、社会、审美文化的关系以及在治理与设计中的精髓。全书最后一章结合当下社会的转型，对中国美好人居文化的复兴进行展望。

对于中国历史的研究，一直是我国学术界深受重视的一个强项，其传统极其深远。与城市、建筑有关的具有现代学术特点的历史研究，自 1980 年代以来，层出不辍。在中国学术界，有三部通论著作具有代表性，贺业钜的《中国古代城市规划史》（中国建筑工业出版社，1996 年）着重叙述在政治、经济、社会背景下，城市规划发展的概况与特征；杨宽的《中国古代都城制度史研究》（上海古籍出版社，1993 年）以文献资料结合考古发掘，研究并论述了中国古代都城及其制度的发展演变；刘敦桢的《中国古代建筑史》（中国建筑工业出版社，1980 年）则系统地叙述了中国古代建筑的理论与发展成就。这些著作内容详实、引据广博，均是专业领域的经典之作。

作者简介
唐晓峰、毛怡，北京大学城市与环境学院。

吴良镛先生的《中国人居史》不是单纯的建筑史或都城史，也不是乡村史或区域史，而是一部以全新角度考察中国人居文明历程的著作。《中国人居史》的推出，对这个研究领域进行了具有实质意义的拓展。这一拓展打开了一份新思路，将“环境”这个概念带入视野，与聚落建筑共同构成一个大系统。它既是以人居为中心的环境观，也是以环境为视域的人居概念。正是因为这个系统的建立，使每一个具体的城市与建筑的研究，获得了更加宽阔的理论“语境”(context)。在这个理论语境之下，许多新的要素被引入研究的范围，许多事物潜在的多维联系性被揭示出来。

“人居”这个词，过去只是一个一般性的词汇，现在在吴先生这里，成为一个严谨的学术概念，具有独特性、系统性的内涵，并引导出一个理论体系。

随着认识力的加强，我们对于人类社会各方面的归纳、识别在不断进展。已有的政治、经济、文化、社会、文明、军事、财政、交通、聚落等，为我们观察社会提供了特定的视角或视域。然而有一个重要的社会行为类项，却长期缺乏一个概括性的术语。以北京为例，北京城、运河漕运，它们常常属于两个有别的概念范畴，但是如果将二者看作一个体系（它们本来就是一个体系），该称作什么？过去我们没有一个合适的名词，更没有一个合适的术语，现在我们可以遵照吴先生的理论建设，称其为“人居环境”。在北京的人居环境中，还包括道路系统、郊区园林系统、陵园、被改造了的河湖水系等。显然，这些要素都是围绕人类居住这个主题而发展起来的。人居的主题本应是人类社会的一个基础性的主题，但直到现在，才有了一个“所指”明确的概念名词。

人居，不是一个对应单体事物的概念，其表达的是人类的一项实践体系以及与其对应的知识体系，进而是学术体系。它涵盖的范畴已经不是简单的居住（屋檐下的生存），而是一套复杂的居住系统，是社会性的居住，具有社会的整体性、环境的关联性。因此，在吴先生的理论中，又称为“人居环境”。

人居不是简单的一类事实而已，而是包含着价值趋向，这个价值趋向是人类最基本的历史动向之一。这个价值不同于经济价值、政治价值，或者说独立于政治价值、经济价值之外，其具有独特性。所以，人居环境概念的建立（以及其价值的揭示），对于理解人类社会，以至于理解不同的文明，具有完善意义。

我们有各种观察历史文明的角度，以不同的焦点，将我们的认识结构化。“人居历史”是对人类历史文明的新的观察结构，这个结构是以人居为核心的。这个核心在过去是模糊的，往往由“房屋建筑”这些概念所表述，而没有获得清晰的、明确的认识。人居的概念比房屋建筑要广阔得多，在范畴上必然有所突破、升级。

人居实践具有历史性，没有历史考察，不可能认识人居的本质。历史考察，是建立人居理论体系的必要工作。正因为此，人居理论是开放性理论，会随历史而发展、演进。100 年以后的人居理论，在基本精神上具有连贯性，但具体结论（即对人类的时代性实践的具体总结）可能与今天不同，正像我们今天与过去不同一样。所以，本书是一个开创，而不是终结。

因为是历史考察，在环境与聚落、城市的关系问题上，便不再是一份简单的静态的结构，而是呈现出复杂的历史结构。所谓历史结构，突出表现在时序的变异性。在人居历史中，环境要素是累积的，聚落与环境的关系是累进的。这种累积与累进只有在历史考察中显现。在吴先生的书中，远处的河水，近处的井水，屋中的储水，是人居环境结构中“水”这项要素的累进程序。我们习知的在新石器文化遗址中发现的大量陶制储水容器，是吴先生首次揭示出了它们的人居环境意义：“人们首先要有储水的器皿才能离开水源。当陶器初发明时，其主要功能应该是装水。陶器的利用使人们的取水范围逐渐扩大，居住地域也因此逐渐扩大，以致能到远离河流的地点建立村落。因此，陶器成为识别早期人居环境的一个关键的间接要素”（吴良镛，2014）。

在河水、井水、储水之后的进一步发展，是出现了大规模的水利工程。在很多研究中，人们强调水利工程的经济意义，而在人居环境理论中，吴先生强调大型水利工程的环境意义。水利工程，比如灌溉渠道、运河，当然具有经济意义，但最终的、最高的意义在人居。从对环境的选择、利用到环境工程的出现，在人居的历史发展中是一场质的改变。水利工程往往可以从根本上改善人居区域的环境配置，使人居区域整体水平获得抬升。“中国先秦时期的区域发展（包括战国诸侯割据），与水利经济区的开发相适应，并成为各具特色的人居区域。……几乎所有重要的古代城市都是坐落于主要河流沿岸，并且控制着服务于周围乡村的庞大的灌溉系统”（吴良镛，2014）。在这些区域，灌溉系统已经与城市、乡村结成了一个整体人居体系。

衣、食、住、行，是传统的对于人类基本生活内容的世俗分类，在习惯上，住与行被分开。这一看似自然合宜的分类，导致了建筑与交通被分为两个学科。在人居环境理论中，二者则为紧密结合的一个整体。“人居”的核心是居住，但不仅仅是居住，而是一个以居住为核心的人类的生存系统。在中国历史上，“陆路交通的发展带动了沿线人居环境的发展”（吴良镛，2014）。交通体系是人的创造，而一旦被建立起来，它又转变为聚落都邑的环境要素，更准确地说是人文环境要素。

居、行的整体性在当代城市的发展中更是紧密相连的一套系统，城市规划必然是居住与市政道路同时规划，不可能只顾一端而不顾另一端，否则，城市会一团混乱。人居理论提醒我们，人居的各个要素是互相依存、互为条件的。交通是居住规划的条件，但居住也可以是交通规划的条件，对二者必须做到协调发展，共同推进。

对中国人居的发展做历史考察，可以揭示中华文明特殊的人居结构特色，有些特色在今天依然存在，对理解今天具有启示意义，这一类问题的研究，是历史探索的关键贡献之一。吴先生指出：“春秋以前散布的聚落，经战国时代政治社会的改造，为秦汉形成郡县乡里提供了基础，……由县城统率农村，也就成为中国人居环境建设与社会发展的基本单元”（吴良镛，2014）。以往大多聚落史研究，都忽略了中国独有的郡县制对聚落关系形态的影响。与原始的自然分散状态不同，由于郡县制的普遍建立，在聚落关系中出现了一种新的政治社会属性，关系变得更加紧密，在观念上，同县也成为同乡意识的最基础的线索。自上而下的政治调整成为影响聚落关系的新的要素，“县大率方百里，其民稠则减，稀则旷，乡、亭亦如之”[①]。在郡县（度地）体制下，聚落群体的结合单元渐趋于均衡。尤其是在“稀则旷”的地区，使距离较远、松散分布的聚落同样获得政治归属的向心性，结成一个体系。反之，官府对于他们同样具有管理、维护与进行基本建设的职责。这样的在理论上（在现实中也要尽可能做到的）没有漏洞的人居体系，在古代世界，中国可能是唯一的。“天下莫大于朝省，亲民莫近于县宰。虽朝省有法，县宰宜择。县宰正，民自安矣。”② 在关于县的问题上，本书有不同角度的论述，若将它们挑选出来，甚至可以发展出一篇关于县——这个中国特有的人居单元的精彩专论。

聚落的形成需要凝聚力，对历史时期聚落凝聚力的特色极其转化与演变的观察，是人居史研究的一个重要议题。芒福德在《城市发展史：起源、演变和前景》中提出过一个见解，墓地是先民聚居的场所，对死去先人的敬重，在西方，产生了一种聚落的凝聚力，所以“墓地”对于古代城市的起源具有特别重要的意义。在对中国人居史的考察中，吴先生指出：“可以说，在中国传统观念中，促使聚落形成的最初动力，在相当程度上源于‘首领’的人格魅力，或者说是‘活人’的力量。……这与西方聚落的起源存在一定的差异”（吴良镛，2014）。“活人”具有更强烈的现实性，中国城市的现实性体现在其中心是活人的权威而不是死者的神灵。

聚与散，在人居内在空间性上，是一种辩证关系，体现不同的价值观。山林散居是对聚居主体特征的一种文化平衡。当魏晋山林趣味融入人居价值观后，中国人居向广阔的自然环境扩展，使自然山林也成为“可居”的场所。而隋唐时代文人士大夫参与人居建设，为中国人居发展注入了文化动力（吴良镛，2014）。“人居环境建设总是与社会文化发展息息相关，人类历史上的每一次重大的文化事件总是能在人居环境中留下珍贵的印记”（吴良镛，2014）。

对于不同层次的人居区域的界定与观察，是人居史的另一条重要研究线索。在中国历史上，都城地域是最为重要、最为复杂的人居区域。本书在分析关中地区秦汉时代的都城地域时，明确指出，“一方面，要充分发挥首都的职能，满足皇室的生活需求和长治久安的统治；另一方面，又受到关中的空间和地形的限制。在关中平原的广阔地域中，从人行为活动的尺度、自然地形的利用与限制、军事与统治的需求出发，沿渭河谷地发展了都城、郊野、京畿三个层次的地区空间模式，三个层次对此三方面的需求均有考虑，又各有侧重。……渭河作为地区空间发展的轴线，串联起若干都邑，形成沿河谷地带兴旺发达、层次丰富的聚落群，秦汉以后关中地区的空间模式也基本沿用此结构展开”（吴良镛，2014）。再以北魏平城地区为例，“从人居建设看，北魏平城在空间上可以分为三大层次”（吴良镛，2014）。核心层是城郭，以城墙为边界，中间层是近郊，最外层是远郊。核心层包括城市的主体建筑，近郊是重要的水源区，远郊则有大型陵园与云冈石窟，具有超越性意识形态特点。结构是制度的反映，也可能包含规律，在对结构不明了的情况下，做任意规划，势必要失误。

对中国特色的挖掘与论述，是本书极有价值的部分，体现出对中国文明的深度自省与高度自信。从当代意义上说，是对现代化过程中的西方建筑与规划理论之一统天下的突破。书中对于中西人居差异的对比阐述是清晰的、深刻的。

“连续性与整体性，对我们认识中国先秦时期的人居发展具有非常重要的意义。由聚而邑，并最终形成中华文明的人居模式，其人居思想与人居建设一以承继。……事实表明，经过此后秦汉以来两千余年的演进，直到今天，形成中华民族‘兼容并包’、‘多元统一’的局面，为保证中华民族人居文化的丰富多彩做出了贡献”（吴良镛，2014）。整体性往往表现为牢固性、稳定性，这正是中华文明非常突出的历史特色。吴先生从人居理论的角度再一次论证了这个问题。

中国人居结构的坚固性，不在建筑物的材质，而在这个庞大的系统本身。“汉帝国没有把自己的人居成就局限在已成一城一邑，而是着眼于一个宏大的疆域。……我们若脱离了文化，仅从一个作为外表的建筑或宅第来看，汉帝国没有罗马高大坚固的建筑”（吴良镛，2014）。然而从文明的整体性、延续性来看，罗马帝国远远比不上中国。观察中国的人居，不能止于单体的建筑或者独立的聚落，而要注意到全部体制的连续性。“罗马帝国的城市人居是一个开放的、分散且城乡对立的人居模式；中国的天下人居则是一个宏阔的、内聚且城乡连续的人居模式”（吴良镛，2014）。

在中国人居的整体性中，包括人文与自然环境的有机结合，远在汉代，人们对这一点便有了十分清晰的表述。例如晁错在讲到筑城的事情时说：“相其阴阳之和，尝其水泉之味，审其土地之宜，观其草木之饶，然后营邑立城”[③]。吴先生的评论是：“所有的自然或物质的因素，最终经过人工之‘巧’方整合成为人居佳地”（吴良镛，2014）。人工之“巧”，即人类文明。在中华文明中，城市建设往往表现出城市与环境特别要素的对应性，或者天象，或者山川，这类历史实践本身就是人居概念的历史实证。值得注意的是，在人文与自然对应时，不仅是实用性的对应，例如“水泉之味”、“土地之宜”，还有文化的超越性，即所谓“阴阳之和”以及人居的风景化。在人文与自然的结合上，中国的经验具有对世界未来人居发展的启示意义。

人居体系，相对于“社会组织”，具有更多的物质性，或者说，它是社会组织的一种物质性的投影。可以说，研究人居体系，是对研究社会组织体系的重要补充，或者说是一种视角转换。因为人居体系与社会组织的密切关联性，在建设人居体系的实践中，需要有广阔的社会视野，当下的人居建设已经不是狭义的建筑学所能完成的任务。

建筑——广义建筑——人居环境，吴先生这一思路的进展是与20～21世纪城市建设的实践同步而来的。吴先生写的是历史，但写作的动力是来自当代的实践体验。在这一点上，类似美国《城市发展史：起源、演变和前景》的作者芒福德。芒福德在该书序言中提出：“为了使我们对当今的迫切任务有足够的认识，我专门回溯了城市的起源。我们需要构想一种新的秩序，这种秩序须能包括有机的和人的，最后包括人类的全部功能和任务。只有构想出这样一种新的秩序，我们才能为城市找到一种新的形式”（芒福德，2005）。吴先生在中国的数千年经验中，提炼出对于人居（不仅仅是城市）未来发展的具有启示意义的价值与原则，正因为此，《中国人居史》不仅仅是一部历史讲述，而是一部投向未来的思想理论著作。

历史研究不是怀旧，“中国古代人居是一个开放的、不断发展的领域，把历史的东西用新的观点挖掘出来，这就是创新”（吴良镛，2014）。

注释

①（汉）班固:《汉书》卷十九《百官公卿表第七》，中华书局，2000年。

② (明) 宋濂:《元史》卷一百五十七《列传第四十四刘秉忠》，中华书局，1976 年。
③ (汉) 班固:《汉书》卷四十九《列传第十九晁错》，中华书局，2000 年。

参考文献

[1] (美) 刘易斯·芒福德著，宋俊岭、倪文彦译:《城市发展史: 起源、演变和前景》，中国建筑工业出版社，2005 年。
[2] 吴良镛:《中国人居史》，中国建筑工业出版社，2014 年。

《城市与区域规划研究》征稿简则

本刊栏目设置

本刊设有 7 个固定栏目：

1. 主编导读。介绍本期主题、编辑思路、文章要点、下期主题安排。

2. 特约专稿。发表由知名学者撰写的城市与区域规划理论论文。每期 1～2 篇，字数不限。

3. 学术文章。城市与区域规划理论、方法、案例分析等研究成果。每期 6 篇左右，字数不限。

4. 国际快线（前沿）。国外城市与区域规划最新成果、研究前沿综述。每期 1～2 篇，字数约 20 000 字。

5. 经典集萃。介绍有长期影响、实用价值的古今中外经典城市与区域规划论著。每期 1～2 篇，字数不限，可连载。

6. 研究生论坛。国内重点院校研究生研究成果、前沿综述。每期 3 篇左右，每篇字数 6 000～8 000 字。

7. 书评。国内外城市与区域规划著作书评。每期 3～6 篇，字数不限。

设有 2 个不固定栏目：

8. 人物。根据当前事件进行国内外著名城市与区域专家介绍。每期 1 篇，字数不限，全面介绍，列主要论著目录。

9. 学术随笔。城市与区域规划领域知名学者、大家的随笔。

用稿制度

本刊收到稿件后，将对每份稿件登记、编号及组织专家匿名评审，刊登与否由编委会最后审定。如无特殊情况，本刊将会在 6 个月内告知录用结果。在此之前，请勿一稿多投。来稿文责自负，凡向本刊投稿者，即视为同意本刊以纸质图书版本以及包括但不限于光盘版、网络版等数字出版形式出版。稿件发表后，本刊会向作者支付一次性稿酬并赠样书 2 册。

投稿要求

本刊投稿以中文为主（海外学者可用英文投稿），但必须是未发表的稿件。英文稿件如果录用，本刊可以负责翻译，由作者审查定稿。投稿请将电子文件 **E-mail** 至：**urp@tsinghua.edu.cn**。

1. 文章应符合科学论文格式。主体包括：①科学问题；②国内外研究综述；③研究理论框架；④数据与资料采集；⑤分析与研究；⑥科学发现或发明；⑦结论与讨论。
2. 稿件的第一页应提供以下信息：①文章标题、作者姓名、单位及通信地址和电子邮件；②英文标题、作者姓名的英文和作者单位的英文名称。稿件的第二页应提供以下信息：①文章标题；②200 字以内的中文摘要；③3～5 个中文关键词；④英文标题；⑤100 个单词以内的英文摘要；⑥3～5 个英文关键词。
3. 文章正文中的标题、插图、表格、符号、脚注等，必须分别连续编号。一级标题用“1”、“2”、“3”……编号；二级标题用“1.1”、“1.2”、“1.3”……编号；三级标题用“1.1.1”、“1.1.2”、“1.1.3”……编号。
4. 插图要求：300dpi，16cm×23cm，黑白位图或 EPS 矢量图，由于刊物为黑白印制，最好是黑白线条图。图表一律通栏排，表格需为三线表（图：标题在下；表：标题在上）。
5. 所有参考文献必须在文章末尾，按作者姓名的汉语拼音音序或英文名姓氏的字母顺序排列，并在正文相应位置标出（翻译作品或文集、访谈演讲类以及带说明性文字的参考文献请放脚注）。体例如下：

   [1] Amin, A., Thrift, N. J. 1994. *Holding down the Globle*. Oxford University Press.

   [2] Brown, L. A. et al. 1994. Urban System Evolution in Frontier Setting. *Geographical Review*, Vol. 84, No. 3.

   [3] 陈光庭：“城市国际化问题研究的若干问题之我见”，《北京规划建设》，1993 年第 5 期。

   [4]（德）汉斯·于尔根·尤尔斯、（英）约翰·B. 戈达德、（德）霍斯特·麦特查瑞斯著，张秋舫等译：《大城市的未来》，对外贸易教育出版社，1991 年。

   正文中参考文献的引用格式采用如“彼得（2001）认为……”、“正如彼得所言：‘……’（Peter，2001）”、“彼得（Peter，2001）认为……”、“彼得（2001a）认为……。彼得（2001b）提出……”。
6. 所有英文人名、地名应有规范译名，并在第一次出现时用括号标注原名。

《城市与区域规划研究》征订

《城市与区域规划研究》为小16开，每期300页左右。欢迎订阅。

订阅方式

1. 请填写“征订单”，并电邮或邮寄至以下地址：

   联系人：刘炳育

   电　话：（010）82819553、82819552

   电　邮：urp@tsinghua. edu. cn

   地　址：北京市海淀区清河中街清河嘉园甲一号楼A座22层

   《城市与区域规划研究》编辑部

   邮　编：100085

2. 汇款

   ① 邮局汇款：地址同上。

   收款人姓名：北京清大卓筑文化传播有限公司

   ② 银行转账：户　名：北京清大卓筑文化传播有限公司

   开户行：北京银行北京清华园支行

   账　号：01090334600120105468638

《城市与区域规划研究》征订单

每期定价	人民币42元（含邮费）				
订户名称				联系人	
详细地址				邮编	
电子邮箱		电话		手机	
订阅	年　期至		年　期	份数	
是否需要发票	□是　发票抬头				□否
汇款方式	□银行		□邮局	汇款日期	
合计金额	人民币（大写）				
注：订刊款汇出后请详细填写以上内容，并把征订单和汇款底单发邮件到 urp@tsinghua. edu. cn。